中等职业教育改革创新教材

网站建设与维护

主　编　张艳旭
副主编　杜大志
参　编　李光宇　刘艳慧　齐逊海
　　　　张玉根　王　谦　刘子安

机械工业出版社

本书是按照“以就业为导向”的指导思想进行编写的。它打破传统的教学思路，选取学生熟悉的企业动态网站作为项目载体，以制作网站并最终发布与优化为主线组织教学任务，将网站的制作与维护融合在项目任务中。本书分为两个项目，项目 1 是利用模板创建商城网站，它依据网站制作与应用的工作过程分为 11 个任务，从分析网站策划书、申请域名与空间、配置 Web 服务器，到制作网站，以及最后的网站发布与优化，对每个具体任务都作了详细的分析及操作讲解。项目 2 是使用 Dreamweaver 软件创建论坛网站，详细讲解了 Dreamweaver 软件中的一些制作动态网页的工具。为方便读者学习，本书配有电子教学资源包，读者可到机械工业出版社教材服务网（www.cmpedu.com）免费注册下载，或联系编辑（010-88379194）咨询。

本书可作为中等职业学校计算机专业和计算机培训班的教材，也可作为网站制作业余爱好者的自学用书。

图书在版编目（CIP）数据

网站建设与维护 / 张艳旭主编. —北京：机械工业出版社，2013.9（2025.1 重印）

中等职业教育改革创新教材

ISBN 978-7-111-43612-6

Ⅰ. ①网… Ⅱ. ①张… Ⅲ. ①网站－开发－中等专业学校－教材②网站－维护－中等专业学校－教材 Ⅳ. ①TP393.092

中国版本图书馆 CIP 数据核字（2013）第 181021 号

机械工业出版社（北京市百万庄大街 22 号　邮政编码 100037）

策划编辑：梁　伟　责任编辑：蔡　岩

责任校对：刘　岚　封面设计：陈　沛

责任印制：单爱军

北京虎彩文化传播有限公司印刷

2025 年 1 月第 1 版第 9 次印刷

184mm×260mm · 14 印张 · 286 千字

标准书号：ISBN 978-7-111-43612-6

定价：39.00 元

电话服务　　　网络服务

客服电话：010-88361066　机　工　官　网：www.cmpbook.com

010-88379833　机　工　官　博：weibo.com/cmp1952

010-68326294　金　书　网：www.golden-book.com

封底无防伪标均为盗版　机工教育服务网：www.cmpedu.com

《网站建设与维护》

主　编　张艳旭

副主编　杜大志

参　编　李光宇　刘艳慧　齐逊海

　　　　张玉根　王　谦　刘子安

前 言

2010年，国家实施中等职业教育改革发展示范学校建设项目，其重点内容之一就是以人才培养对接用人需求、专业对接产业、课程对接岗位、教材对接技能为切入点，深化教学内容改革。因此在项目建设中以工学结合、校企合作人才培养模式改革为重点，以课程体系建设为核心，打破传统的课程体系和教学模式，根据职业资格标准和岗位任职要求，对岗位工作任务、工作过程和职业能力进行分析，构建基于“工作过程”的课程体系。同时，学校还与企业合作开发专业核心课程，引入企业、行业工作规范和技术标准，以典型任务、真实产品、真实生产过程等为载体，设计学习情境，改革教学内容、教学方法、教学手段和课程评价方式。基于此，我们组织骨干教师，并吸收行业企业专家参与开发出机电技术应用、汽车运用与维修、会计电算化、计算机应用、果树花卉生产技术等专业24门核心课程。

每种教材本着“行动导向、任务引领、学做结合、理实一体”的原则编写。在编写教材的前期，我们召开有行业企业专家参与的研讨会，鼓励骨干教师到企业调研，并分析提炼典型职业活动；在编写过程中，我们要求教材内容重点突出学生基础知识学习、基本技能训练、职业素养培养。

本教材为《网站建设与维护》，它是以两个企业动态网站建设项目为载体，通过完成网站建设的每个任务实现基本技能点和操作技巧训练，两个项目分别采用模板制作网站和Dreamweaver软件开发网站，每个任务由“任务描述”“任务实施”“任务小结”“举一反三”4个模块组成。

项目1是利用模板创建一个商城网站，它依据网站制作与应用的工作过程分为11个任务，首先介绍了网站策划书，申请域名和空间，配置Web服务器；然后将网站分为会员管理模块、管理员管理模块、产品管理模块、新闻管理模块和留言管理模块，详细描述了利用网站模板开发网站各个模块的过程；最后介绍了网站备案、网站发布、网站优化。项目2使用Dreamweaver软件开发了一个论坛网站，主要涉及连接、记录集、动态数据、重复的区域、记录集分页、转到详细页、记录集导航状态、主详细页集、插入记录、用户身份验证等技术。

本书是校企合作的结晶，由多年从事计算机职业教育、有丰富教学经验的教师和企业技术人员联合开发。本书由张艳旭任主编，杜大志任副主编，参与编写的人员还有李光宇、刘艳慧、齐逊海、张玉根、王谦、刘子安。其中项目 1 的任务 1、2 由李光宇编写，任务 3、4 由刘艳慧编写，任务 5、6 由杜大志编写，任务 9、10 由齐逊海编写，任务 11 由张玉根编写，任务 7、8 和项目 2 由杜大志与企业专家王谦、刘子安联合编写。全书由张艳旭统稿、校稿、验证，由龙网商务信息技术有限公司负责提供网站素材，总经理王谦负责操作步骤与操作技巧的技术支持。

由于编者水平有限，书中难免有不妥之处，敬请读者批评指正。

教材编写委员会
2013 年 7 月

目 录

前言

项目 1　制作古城 IT 商城

本项目以古城 IT 商城网站为项目载体，以制作网站并最终发布与优化为主线组织教学任务，将网站的制作与维护融合在项目任务中，利用模板制作动态网站。本项目依据网站制作与应用的工作过程分为 11 个任务，从分析网站策划书、申请域名与空间、配置 Web 服务器，到制作网站，以及最后的网站发布与优化，对每个任务中的各个具体小任务都做了详细的分析及操作讲解。

任务 1　分析网站策划书

互联网内容丰富多彩，其中的信息大多通过网页和网站与用户进行交互。网页的实现形式多种多样，无论是短小精悍的个人主页，还是结构清晰、信息丰富的大型网站，网站需求分析和网站策划书都要放在首位，因为它们直接关系到网站的功能是否完善，质量是否能够得到保证。

子任务 1　读懂网站策划书

任务描述

能够读懂网站策划书，根据网站策划书总结要进行的网站建设与维护工作。

任务实施

一个企业网站的成功与否与建站前的网站策划有着极为重要的关系，在建立网站前应明确建设网站的目的，确定网站的功能，确定网站规模、投入费用，进行必要的市场分析等。只有详细地策划，才能避免在网站建设中出现问题，使网站建设能顺利进行。下面是本书要完成的第一个项目“古城 IT 商城网站”的网站策划书，以后的内容将根据这个网站策划书制作网站。

古城 IT 商城网站策划书

古城 IT 商城公司是为了演示网站开发和维护过程而虚构的一家公司，假设它主营 IT 商品，包括品牌台式计算机、笔记本电脑、手机、数码相机等产品。它准备建设一个网站，用于网上展示、宣传、销售产品，通过网站进行售后服务等。

1. 建设网站前的市场分析

目前互联网上主要的B2C综合网上购物平台有淘宝网、京东商城、苏宁易购、国美商城等。这些公司已经成立、运行多年，在市场上占有重要的份额。

古城IT商城公司准备建立一个集产品购买，产品信息发布、学习、交流于一体的社区，全面打造出一个专业的IT产品购物与咨询的网站，旨在第一步成为本市B2C市场最大的专业销售台式计算机、笔记本电脑等IT产品的网购平台。

2. 建设网站目的及功能定位

通过一次投资建设网上商城网站后，可以实现：

1）产品销售：7×24h永不关门的产品展示、商品销售平台。

2）订单来源：提供自助式的订单填写向导、历史订单追溯等销售服务，提高了销售服务水平，降低了销售服务的人力成本。

3）售后服务：在网站上提供相关产品的有关知识、使用说明、选购指南等，引导、帮助消费者购买产品。保留顾客历史账单，这有助于加强顾客的消费体验，并使公司能进行顾客消费行为分析。

4）品牌价值：在订单、投诉、购买指南等方面细致的体验有助于培养网站顾客的品牌忠诚度。

3. 网站技术解决方案

根据网站的功能和公司的费用预算决定使用的技术解决方案为：

1）由专业网站开发公司负责申请域名。

2）向互联网空间提供商租空间。

3）使用网站模板创建网站。

4）网站服务器操作系统要求用Windows2003。

5）网站开发平台为ASP；数据库为Access。

这种解决方案的好处是费用低、网站建设周期短、容易维护，并且功能齐全。

4. 网站内容及实现方式

网站内容是网站吸引浏览者最重要的因素，应根据网站的目的和功能规划网站内容。古城IT商城网站的前台内容主要包括网站首页、IT商城、评测中心和行业新闻等。网站前台说明图如图1-1-1所示，网站后台说明图如图1-1-2所示。

5. 网页设计

网页设计的要求如下。

1）人性化：通过引导性文字语言、图形语言、个性互动式等，使网站平台更利于客户浏览，以吸引并留住客户。

2）方便性：网站操作简便、易用，内容分布合理，符合客户的行为习惯。

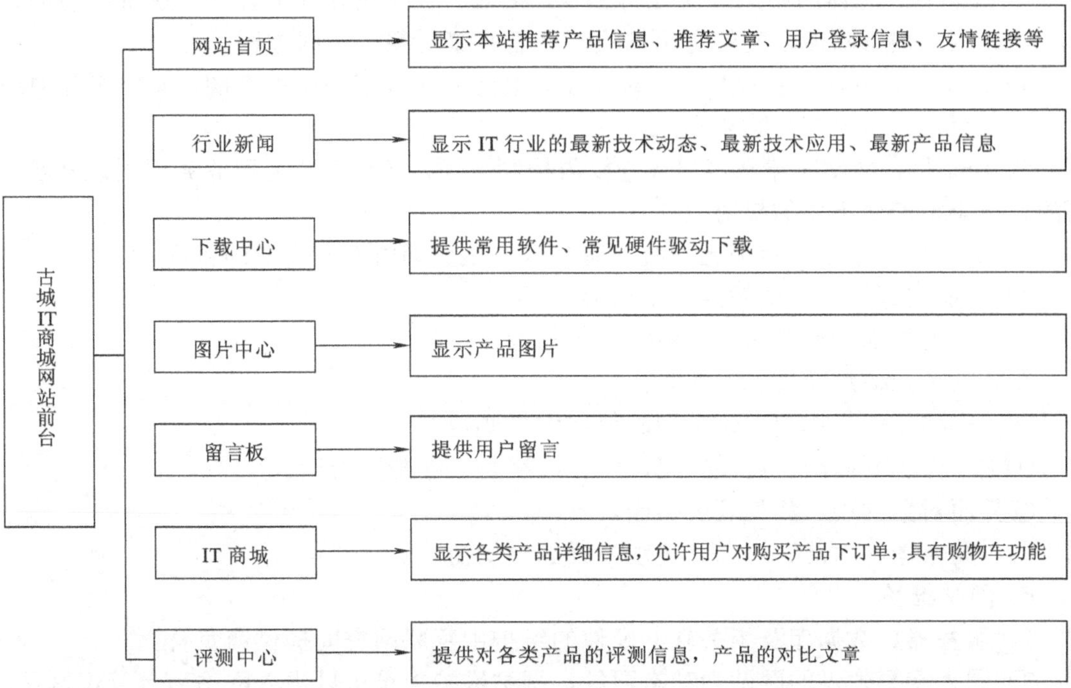

图 1-1-1 网站前台说明图

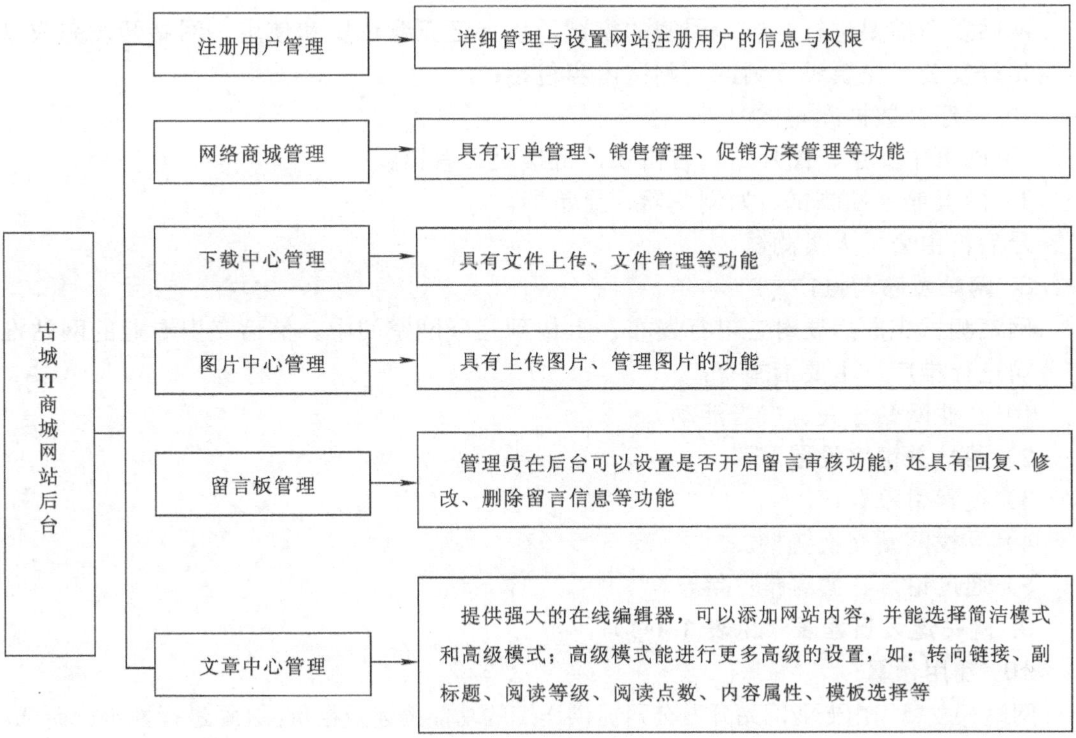

图 1-1-2 网站后台说明图

3）逻辑性：整体网站策划流程符合客户心理，且在充分分析客户行业特征的基础上，建立网站内部功能之间的逻辑转换，让客户享受整个访问过程。

4）科学性：网站栏目策划、定位科学，既能充分代表网站的意图，又能充分调动访客继续点击，引导客户购买产品。

5）控制性：网站在建立客户行为权限控制方面，必须符合公司业务规则，根据不同的客户类型产生不同的权限。

6）交互性：建立异步沟通系统（留言板）达到即时双向沟通的目标。

7）界面友好性：主要做到以下内容。

①同样的界面对象要具有一致性、连续性。

②各种提示信息要简单、清晰。

③色彩要统一、协调，避免同时使用太多颜色。

④文字内容要简洁、重点突出，字体、字号、字形要合适。

⑤界面对象的动、静处理要得当。

⑥布局合理、简洁、协调、美观，画面要均衡。

6. 网站维护

1）服务器、数据库及相关软、硬件的维护由互联网空间提供商负责。

2）因为将要建设的网站为动态网站，网站维护人员可以进入网站后台管理网站，所以内容的更新由公司指定专人负责，最少每周更新一次。

7. 网站测试

网站发布前要进行细致、周密的测试，以保证正常浏览和使用。网站开发完成以后网站开发公司先要进行测试，测试内容包括：

1）程序及数据库测试。

2）网页中文字、图片是否有错误，链接是否有错误。

3）网页兼容性测试，如浏览器、显示器。

最后再由公司人员测试。

8. 网站发布与推广

网站测试完成后要对它进行发布，上传到互联网空间中。然后交由专业的网站推广公司进行推广。主要措施有：

1）企业网站公关、广告活动。

2）网站关键字设置。

3）搜索引擎登记。

4）寻找网站交换链接。

5）通过论坛、博客推广等。

9. 网站建设日程表（见表 1-1-1）

10. 费用预算

网站开发费用由专业网站开发公司提供详细的功能描述及报价，公司进行性价比研究。具体内容略。

表 1-1-1 网站建设日程表

（单位：天）

项目内容	1～4	5～5	6～7	8～20	21～22	23～23	24～30	负责人
网站资料收集与分析，生成网站策划书								
申请域名								
申请空间								
选择网站模板								
利用网站模板开发网站								
网站备案								
网站发布测试								
网站优化与推广								

小知识

1. 什么是网站策划

网站策划是指在网站建设前对市场进行分析、确定网站的目的和功能，并根据需要对网站建设中的技术、内容、费用、测试、维护等作出策划。网站策划对网站建设起到计划和指导作用，对网站的内容和维护起到定位作用。

2. 网站策划书包含的内容

（1）建设网站前的市场分析

1）调查相关行业的市场，分析市场的情况和特点，确定能否利用互联网为公司服务。

2）分析市场上主要的竞争对手，分析竞争对手的互联网利用情况及其网站策划、功能和作用。

3）分析公司的自身条件，包括公司概况、市场优势和建设网站的能力（费用、技术、人力等），明确可以利用网站提升哪些竞争力。

（2）建设网站的目的及功能定位

1）明确建立网站的目的。建立网站的目的有树立企业形象，宣传产品，进行电子商务；建立行业性网站；企业发展的需要，市场开拓的延伸等。

2）根据公司的需要和计划，确定网站要达到的目的和作用、网站的功能及功能类型。网站的功能类型包括企业型网站、应用型网站、商业型网站、行业型网站、电子商务型网站；企业网站又分为企业形象型、产品宣传型、网上营销型、客户服务型、电子商务型等。

3）明确网站的可扩展性。

（3）网站技术解决方案

根据网站的功能确定网站技术解决方案。

1）确定是采用自建服务器，还是租用虚拟主机。

2）选择操作系统，确定是用 Unix、Linux 还是 Windows2000/NT。通过分析投入成本、功能、开发、稳定性和安全性等来确定。

3）是采用系统性的解决方案，如 IBM、HP 等专业公司提供的企业上网方案、电子商务解决方案，还是自己开发。

4）是采用模板自助建站、建站套餐还是个性化开发。

5）网站安全性措施，防黑、防病毒方案。如果采用虚拟主机，则该项由专业公司负责处理。

6）明确网站开发环境。网站开发平台主要有 ASP、ASP.NET、JSP、PHP；数据库主要有 SQL、Access、Oracle 等。

（4）网站内容及实现方式

网站内容是网站吸引浏览者最重要的因素，事先应该对人们希望阅读的信息进行调查，并在网站发布后调查人们对网站内容的满意度，及时调整网站内容。无内容或不实用的信息不会吸引客户浏览，因此，确定网站内容和实现方式非常重要，它主要包括以下几个方面。

1）根据网站的目的和功能规划网站内容，一般企业网站的常见内容有公司简介、产品介绍、服务内容、价格信息、联系方式、在线留言、网上订单、招贤纳士、在线论坛、英文版等。

2）根据网站的目的及内容确定网站要整合的功能。如 Flash 引导页、会员系统、网上购物系统、在线支付系统、问卷调查系统、信息搜索查询系统、流量统计系统等。如果是电子商务类网站则还要提供会员注册功能、信息搜索查询功能、详细的商品信息、订单确认、付款、个人信息保密措施、相关帮助等。

3）确定网站结构导航中每个频道的子栏目。如公司简介中可以包括总裁致词、发展历程、企业文化、核心优势、生产基地、科技研发、合作伙伴、主要客户、客户评价等；客户服务可以包括服务热线、服务宗旨、服务项目等。

4）确定网站内容的实现方式。 如显示产品中心是使用动态程序数据库还是静态页面；营销网络是采用列表方式还是地图展示。

（5）网页设计

1）网页美工设计要与企业整体形象一致，要符合企业 CI（Corporate Identity System，企业识别系统）规范。要注意网页色彩、图片的应用及版面策划，保持网页的整体一致性。

2）在新技术的采用上要考虑主要目标访问群体的分布地域、年龄阶层、网络速度和阅读习惯等。

3）制订网页改版计划，确定改版内容和时间间隔。

（6）网站维护

1）服务器及相关软、硬件的维护，对可能出现的问题进行评估，制定响应时间。

2）数据库维护，有效地利用数据是网站维护的重要内容，因此数据库的维护要受到重视。

3）内容的更新、调整等。

4）制定相关网站维护的规定，将网站维护制度化、规范化。

5）动态信息的维护通常由企业自行安排相应人员进行在线的更新管理；静态信息（即没有使用动态程序数据库支持）可由专业网站开发公司进行维护。

（7）网站测试

网站发布前要进行细致、周密的测试，以保证正常浏览和使用。主要测试内容包括：

1）服务器稳定性、安全性。

2）程序及数据库测试。

3）网页中文字、图片是否有错误；链接是否有错误。

4）网页兼容性测试，如浏览器、显示器。

5）根据需要的其他测试。

（8）网站发布与推广

网站测试完成后要对它进行发布，发布到互联网上。为了让更多的人了解本网站、浏览本网站，还要对网站进行推广，常见的网站推广有：

1）企业网站公关、广告活动。

2）网站关键字设置。

3）搜索引擎登记。

4）寻找网站交换链接。

5）通过论坛、博客推广等。

（9）网站建设日程表

为了按时、按质完成网站，还要制定网站建设日程表，规划任务的开始完成时间、负责人等。

（10）费用预算

1）企业建站费用的初步预算，一般根据企业的规模、建站的目的、上级的批准而定。

2）专业建站公司提供详细的功能描述及报价，企业进行性价比研究。

3）网站的价格从几千元到十几万元不等。如果排除模板式自助建站和牟取暴利的因素，则网站建设的费用一般与功能要求是成正比的。

以上为网站策划书中应该体现的主要内容，根据不同的需求和建站目的，内容也会随之增加或减少。在建设网站之初一定要进行细致的规划，才能达到预期的建站目的。

通过分析网站策划书可以得出以后将完成的工作有：

1）为网站申请域名。

2）为网站申请空间。

3）配置网站开发环境。

4）寻找或购买网站开发模板。

5）开发网站。

6）对网站进行备案。

7）发布网站并测试。

8）推广与优化网站。

小提示

网站设计师和客户进行沟通生成网站策划书时，很多客户对自己的需求并不是很清楚，需要不断引导和帮助分析。例如，当网站设计师问："您做网站的目的是什么？"，他回答："没有目的，只是因为别人都有，我没有。"这样的客户就需要耐心说明，仔细分析，挖掘出他潜在、真正的需求。

配合客户写一份详细且完整的网站策划书会花很多时间，但这一过程必不可少，而且一定要让客户满意、签字认可。这样可以杜绝很多因为需求不明或理解偏差造成的失误和网站建设项目失败。

任务小结

通过本任务了解了网站策划书，知道了网站策划书包含的内容，能够根据网站策划书分析所要完成的工作。

举一反三

1）通过搜索互联网、专业书籍，找到现有的网站策划书实例，并对它进行分析。

2）如果要为一个生产益智玩具的厂家创建一个网站，则请尝试编写网站策划书。

子任务2　设计工作流程

任务描述

根据网站策划书设计出网站建设工作流程。

任务实施

在子任务1中分析了古城IT商城网站策划书，总结了网站建设与维护需要完成的工作。现将这些工作设计成以下工作流程，如图1-1-3所示。

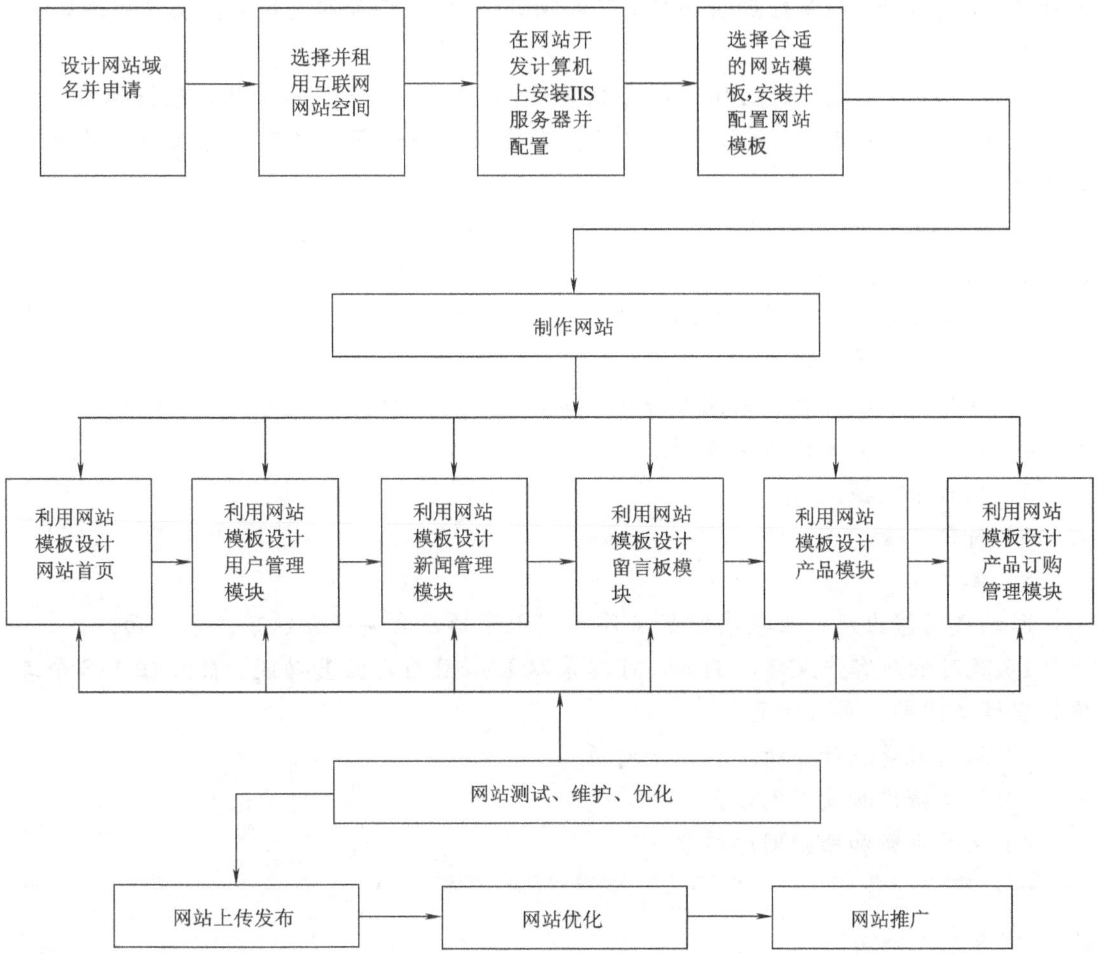

图 1-1-3 工作流程图

小知识

根据网站策划书建设网站时，有几个环节需要特别注意，它们分别是:

1. 整体形象设计

在进行详细设计的同时，网页设计师开始设计网站的整体形象和首页。整体形象设计包括标准字、Logo、标准色彩、广告语等。首页设计包括版面、色彩、图像、动态效果、图标等风格设计，也包括banner、菜单、标题、版权等模块设计。首页一般设计1~3个不同风格，完成后，供客户选择。注意：在客户确定首页风格之后，请客户签字认可。以后不得再对版面风格有大的变动，否则视为第二次设计。

2. 开发制作

在这一阶段，网页设计师进入全力开发阶段，需要提醒的是，测试人员需要随时测试网页，发现 Bug 立刻记录并反馈修改。不要等到完全制作完毕再测试，这样会浪费大量的时间和精力。项目经理需要经常了解项目进度，协调和沟通各网页设计师的工作。

3. 调试完善

在网站初步完成后，上传到服务器，对网站进行全范围的测试，包括速度、兼容性、交互性、链接正确性、程序健壮性和超流量测试等，发现问题及时解决并记录下来。

4. 宣传推广

宣传推广的基本方法有：

1）网页里设置适当的 META 标签。

2）各搜索引擎登录。

3）准备新闻稿件在各新闻公告板发表。

4）合理使用 E-mail 邮件列表。

5）广告条交换。

6）付费广告。

5. 维护

网站成功推出后，长期的维护工作才刚刚开始，需要做到以下几个方面：

1）及时响应客户反馈，例如，可以采取 E-mail 自动回复功能，然后在 1~3 个工作日里解决问题，再次回复。

2）网站流量统计分析和相应的对策。

3）尽量推广和使用网址。

4）及时更新和维护网站内容。

任务小结

本任务通过分析网站策划书，确定网站开发工作内容和工作流程。

举一反三

1）通过搜索互联网、专业书籍，找到现成的网站策划书实例，认真分析，确定工作内容和工作流程。

2）总结开发网站需要完成的工作。

任务 2　申请域名和空间

通过对网站的需求分析，确定了网站的主题和要实现的各种功能。在创建网站之初还有很多准备工作要做，其中，为网站申请域名与空间将影响到网站发展的重要环节。本任务将通过两个子任务，掌握申请域名和空间的基本方法。

子任务1 申请域名

任务描述

掌握域名的作用及申请方法。

任务实施

在网站建设之初首先要为网站准备好空间与域名。域名不能随便使用，在使用之前必须先申请。

小知识

IP地址和域名

网络是基于网络协议进行通信和连接的，每一台主机都有一个唯一的标识，即IP地址，以区别在网络上的成千上万个用户和计算机。网络在区分所有与之相连的网络和主机时，均采用了一种唯一、通用的地址格式，即每一个与网络相连接的计算机和服务器都被指派了一个独一无二的地址。为了保证网络上每台计算机IP地址的唯一性，用户必须向特定机构申请注册，该机构根据用户单位的网络规模和近期发展计划，分配IP地址。网络中的地址方案分为两套：IP地址系统和域名地址系统。这两套地址系统其实是一一对应的关系。IP地址用二进制数来表示，每个IP地址长32bit，由4个小于256的数字组成，数字之间用圆点间隔，例如，100.10.0.1表示一个IP地址。由于IP地址是数字标识，使用时难以记忆和书写，因此在IP地址的基础上又发展出一种符号化的地址方案，来代替数字型的IP地址。每一个符号化的地址都与特定的IP地址对应，这样网络上的资源访问起来就容易得多了。这个与网络上的数字型IP地址相对应的字符型地址，就被称为域名。

域名申请过程

域名分为免费域名和商用域名，免费域名一般是指免费二级域名，某些投资商通过注册简短的域名来提供免费二级域名服务，注册者可以免费注册一个格式为“你的用户名+二级域名”，然后利用“你的用户名+二级域名”实现域名解析、域名转发等服务功能。商用域名一般是某公司的网址，使用这个域名是需要收费的，一般是按年收费。商用域名的申请会比较麻烦，中间需要签订合同，也可以找专业网站做代理，直接在线操作即可。

因为免费域名申请网站种类繁多，而且很多在后期转为收费申请，所以本书不对免费域名的申请进行介绍。

1）登录花生壳网站（网址 http://www.oray.com），进入域名服务页面，如图1-2-1

所示。

图 1-2-1　登录花生壳网站

2）单击“注册”进入到护照注册页面，并根据需求填写用户信息，如图 1-2-2 所示。

图 1-2-2　注册护照

3）单击“提交”按钮，注册成功，如图 1-2-3 所示。

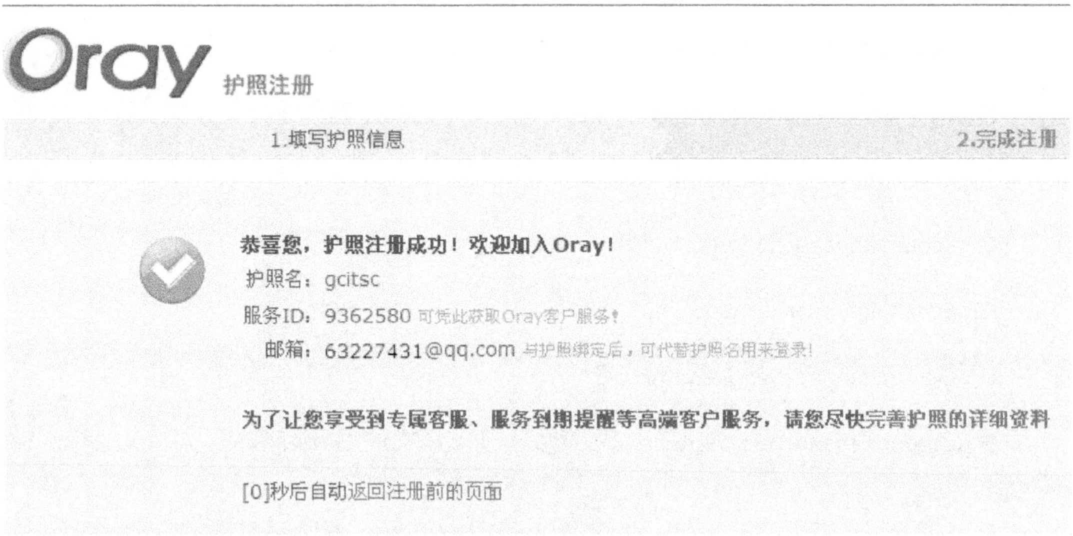

图 1-2-3 注册成功

4）注册成功后，将自动跳转到域名注册页面，首先进行注册前的查询，以便查找想要注册的域名是否已被注册，如图 1-2-4 所示。

图 1-2-4 查询域名

5）查询结果将显示，哪些域名已经被注册不能使用，哪些域名没有被注册可以使用，如图 1-2-5 所示，域名 guchengitshangcheng.com 还没有被注册可以注册使用。

6）如果所查询的域名已被注册，则会显示无法进行注册。以“baidu”为例，查询结果如图 1-2-6 显示。

图 1-2-5　查询结果

图 1-2-6　查询结果

7）在图 1-2-5 所示的页面中，选中“guchengitshangcheng.com”域名，单击“注册选定域名”链接按钮，进入如图 1-2-7 所示的页面并按要求填写表格信息。

图 1-2-7　填写注册信息

注册完成并付费后，经过备案就可以使用了。

小知识

域名管理：

通用顶级域名以及国家和地区顶级域名系统的管理由互联网名称与数字地址分配机构 ICANN 负责。分配到每个国家的顶级域名由每个国家的 NIC 管理。中国的 CN 域名由中国互联网络信息中心 CNNIC 负责管理。

域名的注册遵循先申请先注册原则，管理机构对申请人提出的域名是否违反了第三方的权利不进行任何实质审查。同时，每一个域名的注册都是独一无二的，因此，在网络上域名是一种有限的资源。

任务小结

本任务通过实例了解了域名的概念以及注册域名的过程。

举一反三

1）通过网络，了解域名的更多知识。

2）申请一个免费域名。

3）通过网络了解其他注册商业域名的网站。

子任务2　申请空间

任务描述

掌握为网站申请空间的方法与流程。

任务实施

网站空间就是网站在网络当中的“家”，也就是储存网站的网络空间。网站空间也称为虚拟主机，通常企业开发网站都不会自己架设服务器，而是选择虚拟主机空间作为放置网站内容的网站空间。网站空间能存放网站文件和资料，包括文字、文档、数据库、网站的页面、图片等。

小知识

网站空间的选择

网站建成之初，要购买一个网站空间才能发布网站内容。选择网站空间时，主要应考虑的因素包括网站空间的大小、操作系统、对一些特殊功能如数据库的支持，网站空间的稳定性和速度，网站空间服务商的专业水平等。以下是通常需要考虑的因素：

1）网站空间服务商的专业水平和服务质量。这是选择网站空间的第一要素，如果选择了质量比较低下的空间服务商，则很可能会在网站运营中遇到各种问题，甚至经常出现网站无法正常访问的情况，或者遇到问题时很难得到及时的解决，这样都会严重影响网络营销工作的开展。

2）虚拟主机的网络空间大小、操作系统、对一些特殊功能如数据库等是否支持。可根据网站程序所占用的空间，以及预计以后运营中所增加的空间来选择虚拟主机的空间大小，应该留有足够的余量，以免影响网站正常运行。一般来说虚拟主机空间越大价格也相应较高，因此，需要在一定范围内权衡，也没有必要购买过大的空间。虚拟主机可能有多种不同的配置，如操作系统和数据库配置等，需要根据自己网站的功能来进行选择，如果可能，则最好在网站开发之前就先了解一下虚拟主机产品的情况，以免在网站开发之后找不到合适的虚拟主机提供商。

3）网站空间的稳定性和速度。这些因素将影响网站的正常运作，需要有一定的了解，如果可能，则在正式购买之前，先了解一下同一台服务器上其他网站的运行情况。

4）网站空间的价格。现在提供网站空间服务的服务商很多，质量和服务也千差万别，价格同样有很大差异，一般来说，著名的大型服务商的虚拟主机产品价格要贵一些，而一些小型公司价格比较便宜，可根据网站的重要程度来决定选择哪种层次的虚拟主机提供商。选择具有《中华人民共和国增值电信业务经营许可证》的服务商更放心。

申请空间

为“古城 IT 商城网站”申请网站空间，需要空间支持 ASP 和 Access 数据库，并且至少需要 100MB 的空间。为了网站能够拥有较好的服务质量，选择申请付费空间。

登录美橙互联网站“http://www.cndns.com”，在首页目录中选择“虚拟主机”菜单下的“双线主机”选项，如图 1-2-8 所示。

图 1-2-8 登录网站

小提示

网络空间提供商通常会提供多种线路及环境模式的主机选择。其中单线主机是指电信或者网通线路中只有一条，另外一个网络访问你的网站速度会比较慢。选择双线的话可以避免这一问题。

选择“标准 100 型双线”类型，单击“立即购买”进入到注册页面，如图 1-2-9 所示。

填写注册用户名（即 FTP 登录账号）及密码，并选择付费年限，如图 1-2-10

所示。

图 1-2-9　选择空间类型

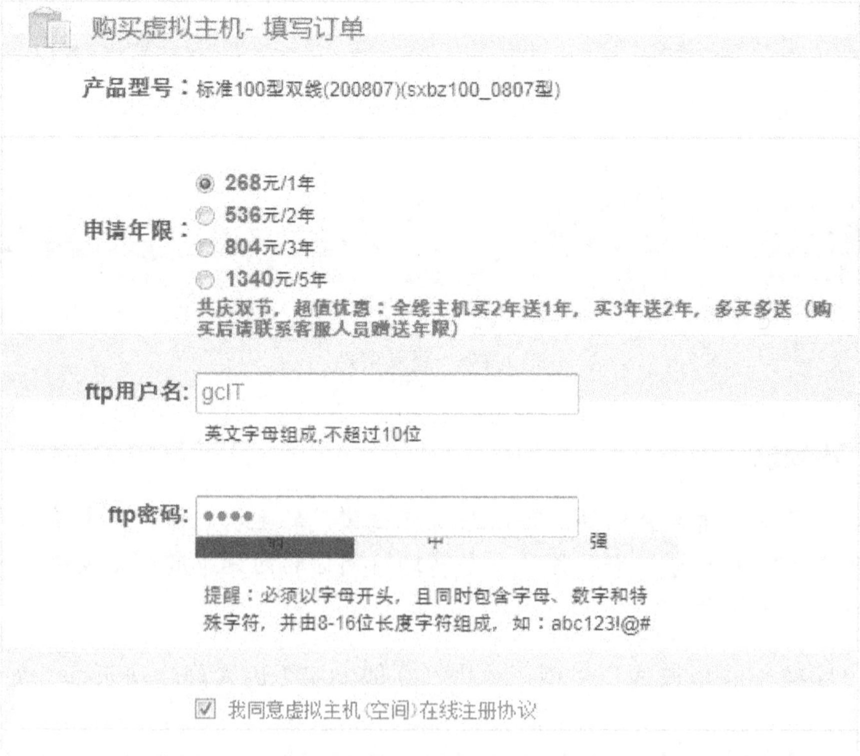

图 1-2-10　注册空间账号

如果没有注册美橙的会员，需要先注册再登录，如图 1-2-11 所示。

图 1-2-11 注册会员

注册完成后，按照站点提示完成付费，即可获得空间的使用权。使用 FTP 工具，即可将网站上传至所申请的空间，并对空间进行管理。

任务小结

本任务学习的是空间的申请方法，在申请之前要明确需要注册哪种类型的空间，并根据网站需求使用的技术来申请。要重点考虑空间是否支持所开发的网站程序语言和附属增加的插件功能，再就是以后随着网站的使用频率和具体情况，能不能针对空间的各种参数进行后续的升级服务。

举一反三

1）尝试申请一个免费空间，体验与申请收费空间过程的不同。

2）在申请的免费空间中上传一个简单网站，体验空间的使用方法。

任务3　配置Web服务器

为了实现网站的交互功能，动态网页中含有服务器端脚本，它的执行需要服务器解释或编译。把开发的动态网页发布到互联网上，就需要把这些动态网页发布到服务器上并进行设置。目前流行的Web服务器平台有多种，本任务就讲授配置ASP平台的Web服务器和PHP平台的Web服务器。

子任务1　配置ASP平台Web服务器

任务描述

ASP是一个Web服务器端的开发环境，利用它可以产生和执行动态的、互动的、高性能的Web服务应用程序。IIS是一种Web（网页）服务组件，其中包括Web服务器、FTP服务器等，分别用于网页浏览、文件传输等方面，它使得在网络（包括互联网和局域网）上发布信息成为一件很容易的事。本任务就是通过配置ASP平台Web服务器掌握ASP运行环境的安装和配置。

任务实施

配置环境为：Windows2003 + IIS6.0 + Dreamweaver，这也是本书使用的环境。

1. IIS的安装

1）在安装Windows2003操作系统时自动安装IIS6.0，如果没有安装，那么从操作系统“控制面板”中找到并双击“添加/删除程序”，单击“添加/删除Windows组件”，打开“Windows组件向导”对话框，选择“应用程序服务器”，单击“详细信息”按钮，打开“应用程序服务器”对话框，选择“Internet信息服务（IIS）”，如图1-3-1所示。

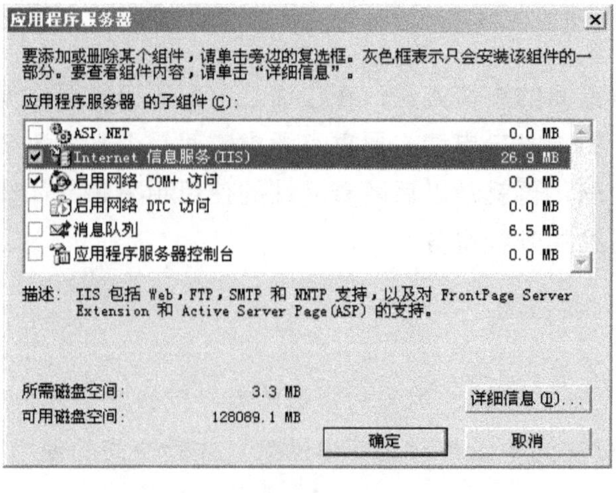

图1-3-1　选择Internet信息服务（IIS）

2）单击“确定”按钮，放入 Windows2003 安装盘，单击“下一步”按钮出现安装界面，进行安装。完成界面如图 1-3-2 所示。

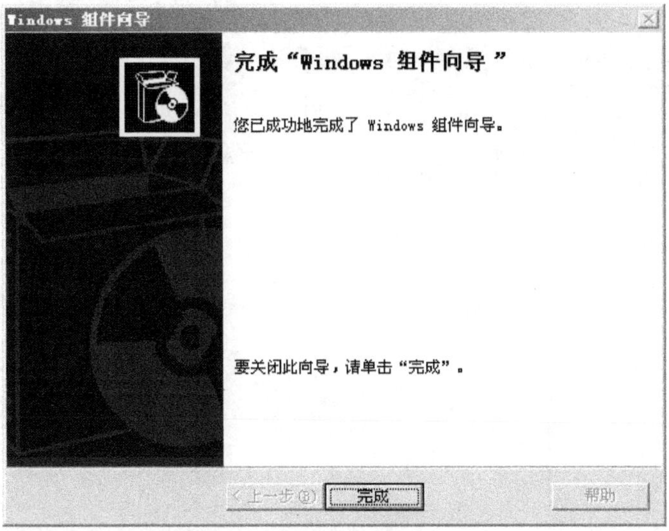

图 1-3-2　IIS 安装成功

3）安装完毕后，需要测试一下是否安装成功。打开浏览器，在浏览器的地址栏内输入 http://localhost 或 http://127.0.0.1，如果出现如图 1-3-3 所示的建设中的欢迎界面，则说明安装成功。

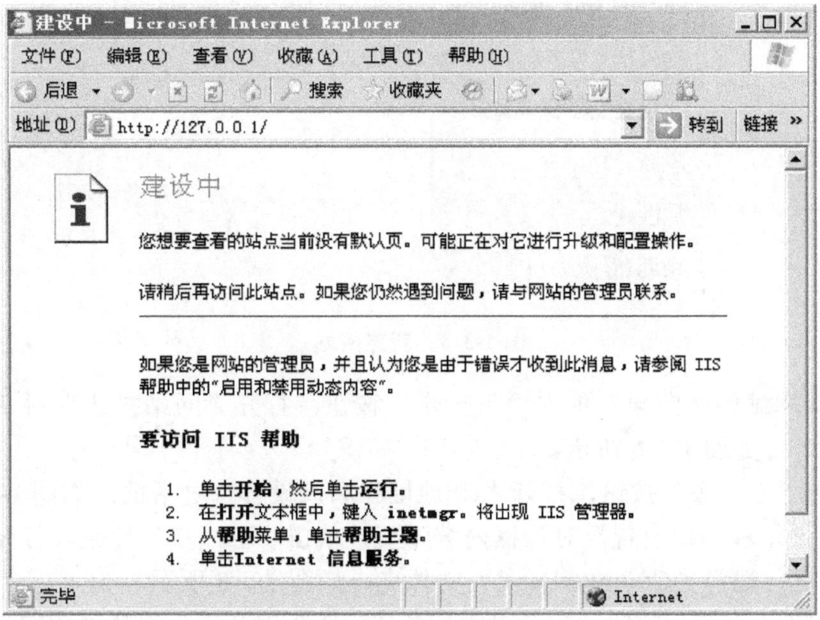

图 1-3-3　测试 IIS 安装成功

2. 在 IIS 中创建网站 PowerEasy

1）启动 IIS 服务器，界面如图 1-3-4 所示，选择网站并单击鼠标右键，在弹出的快捷菜单中选择“新建”命令，单击下级子菜单中的“网站”，如图 1-3-5 所示。

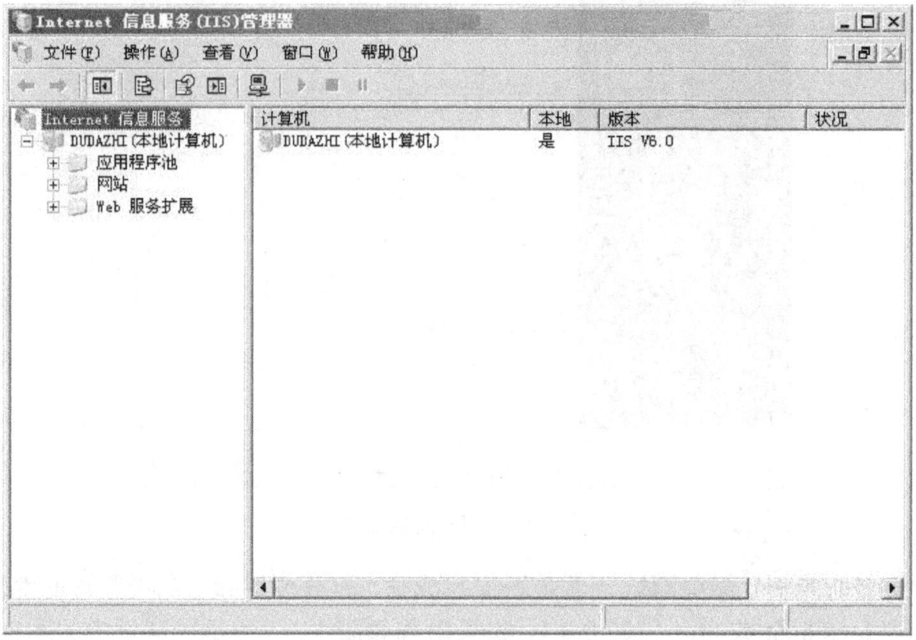

图 1-3-4　IIS 主界面

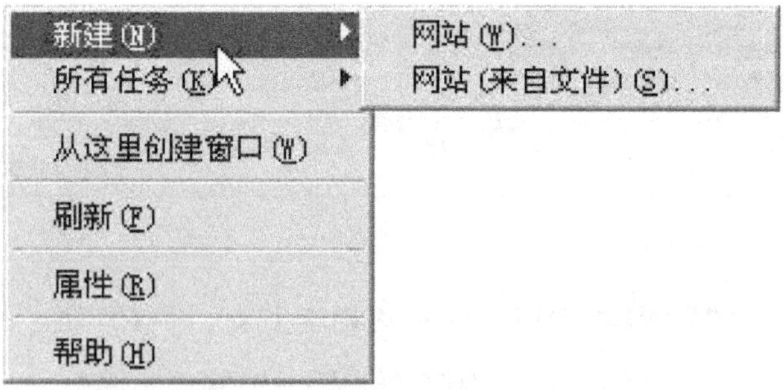

图 1-3-5　新建网站

2）启动网站创建向导，单击“下一步”按钮，打开“网站描述”对话框，输入“PowerEasy”，如图 1-3-6 所示。

3）单击“下一步”按钮，打开“IP 地址和端口设置”对话框，如图 1-3-7 所示。

4）“IP 地址和端口设置”对话框内容不变，单击“下一步”按钮。打开“网站主目录”对话框，选择“C:\PowerEasy\”文件夹，如图 1-3-8 所示。

5）单击“下一步”按钮，打开“网站访问权限”对话框，选择“读取”和“运行脚本”，如图 1-3-9 所示。

6）单击“下一步”按钮，打开“网站创建成功”对话框，单击“完成”按钮，创建结束。

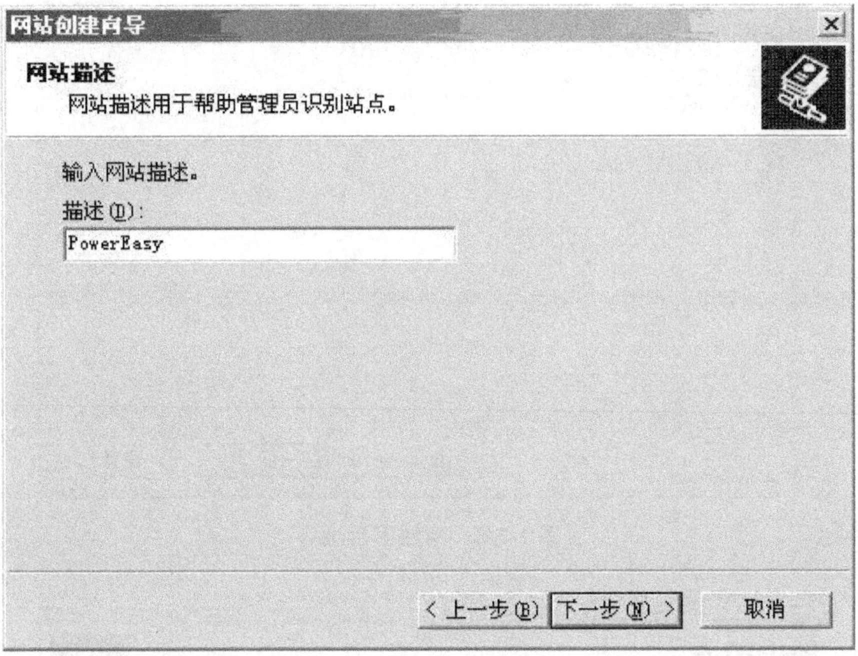

图 1-3-6　网站描述

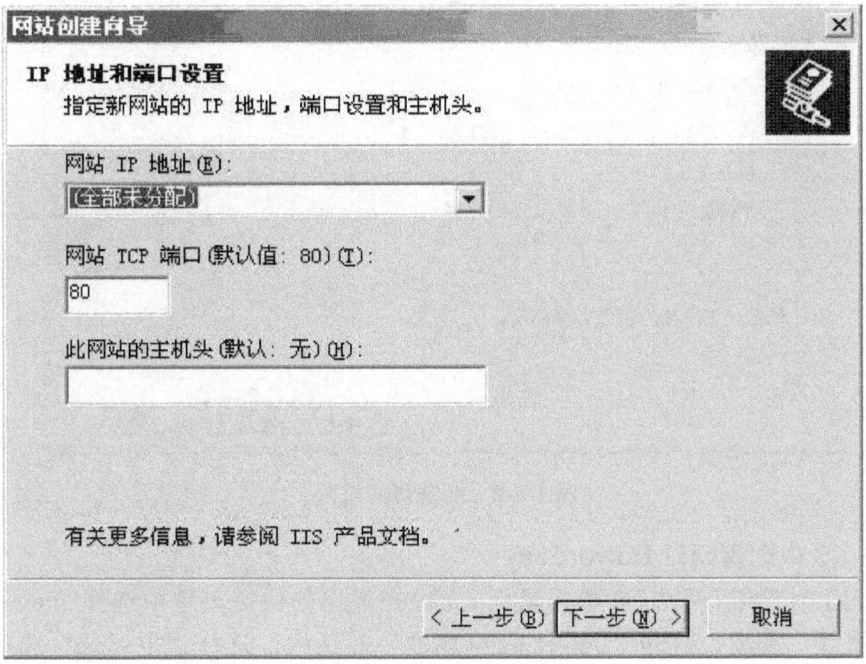

图 1-3-7　IP 地址和端口设置

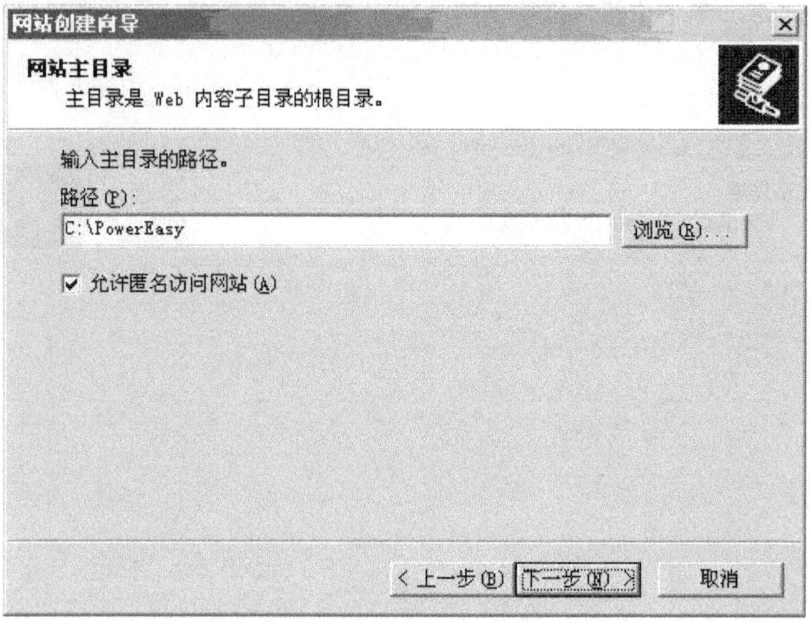

图 1-3-8　网站主目录

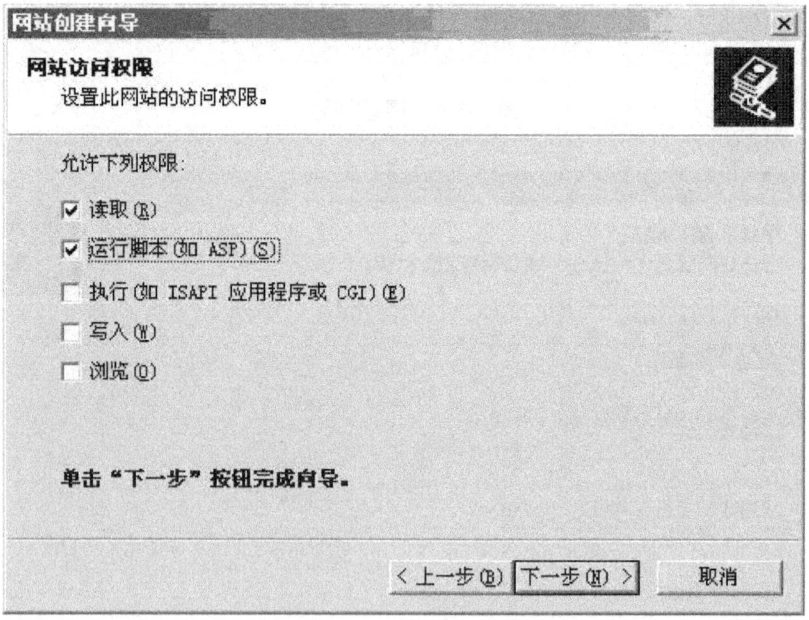

图 1-3-9　网站访问权限

3. 在 IIS 中配置网站 PowerEasy

1）在 IIS 中选择“网站”并单击鼠标右键，在弹出的快捷菜单中选择“PowerEasy”，单击其“属性”选项，打开“Power Easy 属性”对话框，选择“主目录”选项卡，如图 1-3-10 所示。

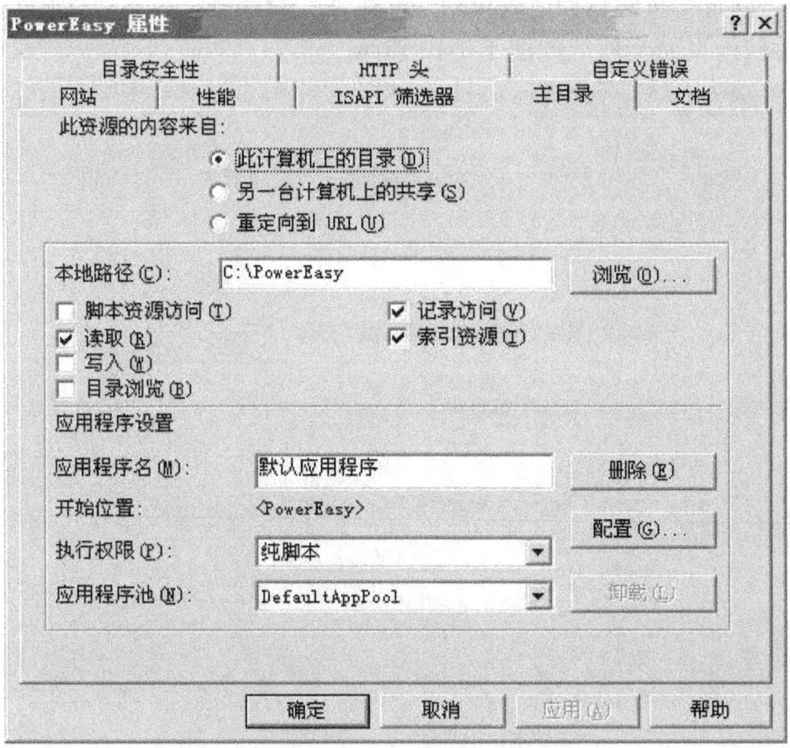

图 1-3-10　“主目录”选项

2）单击“配置”按钮，弹出“应用程序配置”对话框，选择“选项”选项卡，选中“启用父路径”复选框，如图 1-3-11 所示。

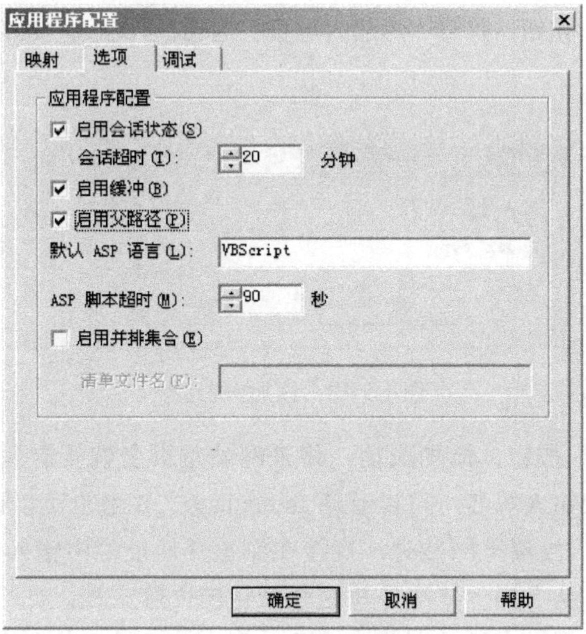

图 1-3-11　启用父路径

3）单击“确定”按钮返回“PowerEasy 属性”对话框。单击“文档”选项卡，设置系统默认访问的页面文件，如图 1-3-12 所示。

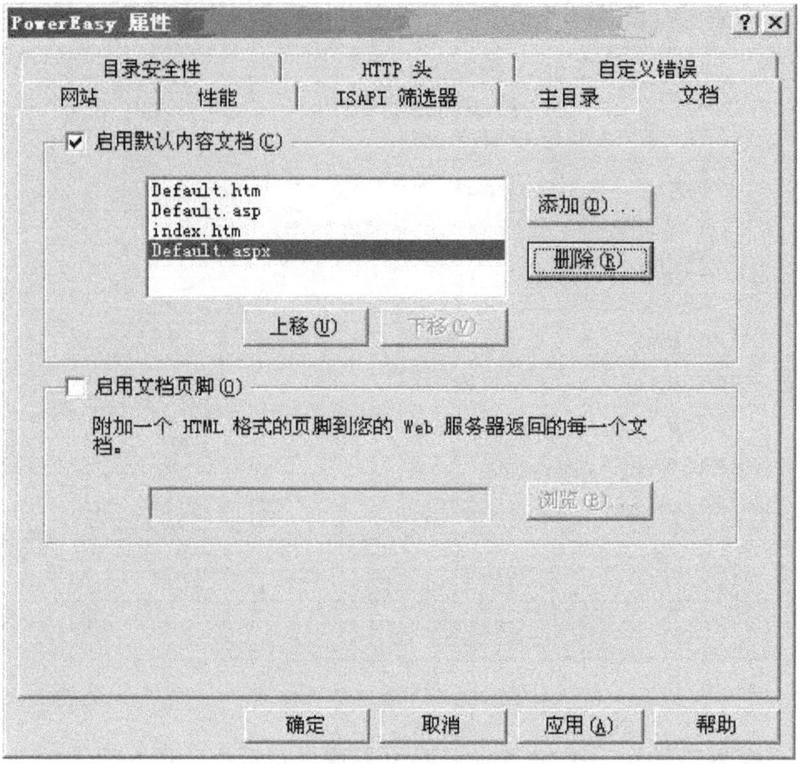

图 1-3-12　文档选项

4）单击“添加”按钮，打开“添加内容页”对话框，输入“index.asp”，如图 1-3-13 所示。

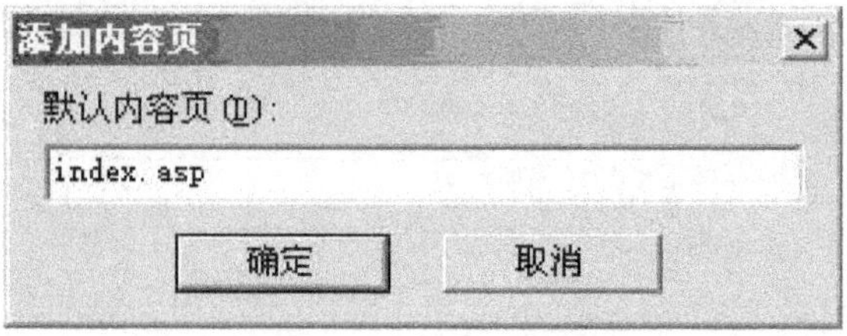

图 1-3-13　添加内容页

5）单击“确定”按钮，添加成功。将来网站首页名就要定为 index.asp，这样在浏览器地址栏中直接输入域名，可以省略 index.asp 文件名也可以访问首页。

6）设置好以后，当浏览网站时，直接在浏览器地址栏中输入网站域名，IIS 自动在网站的主目录下，从上到下依次寻找这些默认的内容文档。如果找到了，那么就打开并显示该文件。否则，在目录浏览模式下，列出该目录下的所有文件。

因为在 PowerEasy 网站下要运行的是 ASP 动态网页，所以还要设置“Web 服务扩展”下的“Active Server Pages”项为允许，如图 1-3-14 所示。

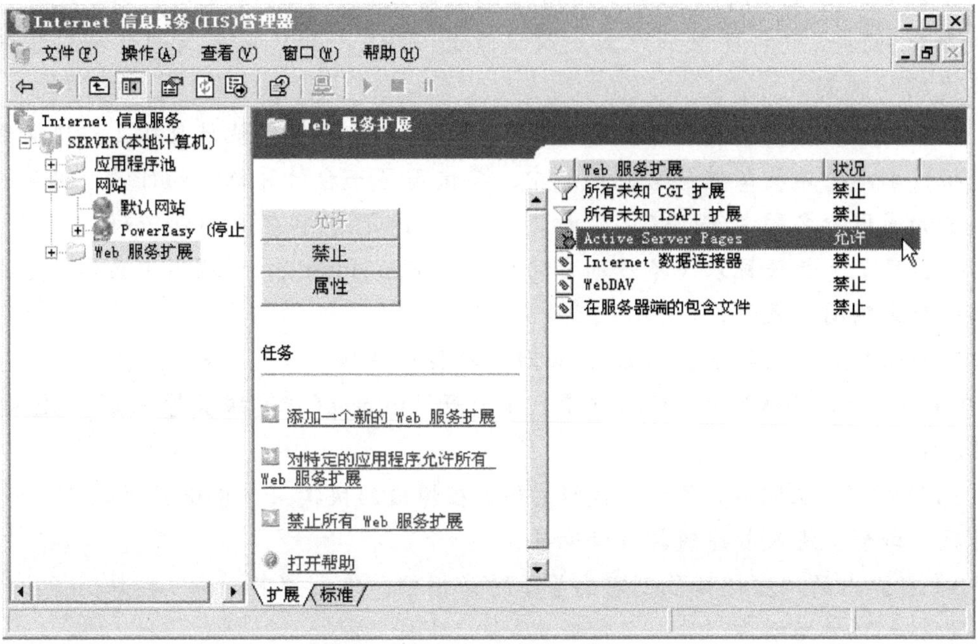

图 1-3-14　Web 服务扩展设置

至此，网站建设准备工作已基本完成。

小知识

1. IIS 简介

IIS 是 Internet Information Server 的缩写，它是微软公司主推的服务器。IIS 与 Windows NT Server 完全集成在一起，因而用户能够利用 Windows NT Server 和 NTFS（NT File System，NT 的文件系统）内置的安全特性，建立强大、灵活而安全的 Internet 和 Intranet 站点。

IIS 支持与语言无关的脚本编写和组件，通过 IIS，开发人员就可以开发新一代动态的、富有魅力的 Web 站点。IIS 不需要开发人员学习新的脚本语言或者编译应用程序，IIS 完全支持 VBscript，Jscript 开发软件以及 Java，它也支持 CGI 和 WinCGI，以及 ISAPI 扩展和过滤器 。

IIS 的一个重要特性是支持 ASP。IIS 3.0 版本以后引入了 ASP，可以很容易地显示动态内容和开发基于 Web 的应用程序。对于诸如使用 VBscript、Jscript 开发软件，或者由 Visual Basic、Java、Visual C++开发系统，以及现有的 CGI 和 WinCGI 脚本开发的应用程序，IIS 都提供强大的本地支持。

2. 虚拟目录

虚拟目录是为服务器硬盘上不在主目录下的一个物理目录或者其他计算机

上的主目录而指定的好记的名称或“别名”。因为别名通常比物理目录的路径短，所以它更便于用户输入。同时，使用别名还更加安全，因为用户不知道文件在服务器上的物理位置，所以无法使用该信息来修改文件。通过使用别名，还可以更轻松地移动站点中的目录。无需更改目录的 URL，而只需更改别名与目录物理位置之间的映射。

如果网站包含的文件位于并非主目录的目录中，或在其他计算机上，则必须创建虚拟目录以将这些文件包含到网站中。要使用另一台计算机上的目录，必须指定该目录的通用命名约定（UNC）名称，并为访问权限提供用户名和密码。

虚拟目录和物理目录（不带别名的目录）都在 Internet 管理器中显示。虚拟目录用一个齿轮图标表示。

下面以在默认网站下创建 corp_web 虚拟目录举例。

1）从“控制面板”的“管理工具”中打开“Internet 信息服务管理器”，进入 IIS 管理界面。

2）选择“默认网站”并单击鼠标右键，在弹出的快捷菜单中选择“新建”→“虚拟目录”命令，进入创建虚拟目录向导。

3）在弹出的“虚拟目录创建向导”对话框中，单击“下一步”按钮。弹出“虚拟目录别名”对话框。

4）输入虚拟目录别名“corp_web”，如图 1-3-15 所示。单击“下一步”按钮，弹出“网站内容目录”对话框。

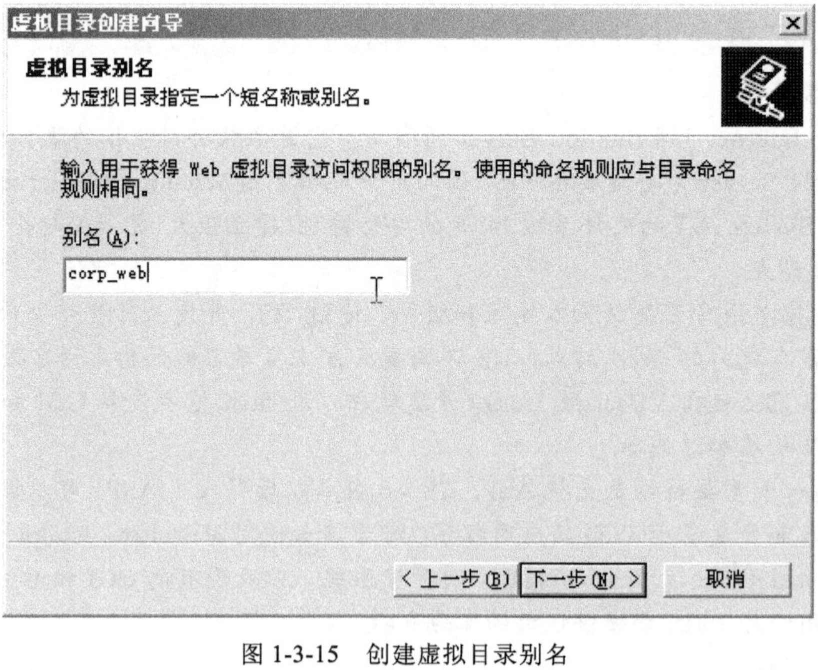

图 1-3-15　创建虚拟目录别名

5）输入虚拟目录对应的物理路径，或单击“浏览”按钮，从弹出的“浏览文件夹”

对话框中选择路径，如图 1-3-16 和图 1-3-17 所示。单击“下一步”按钮，弹出“访问权限”对话框。

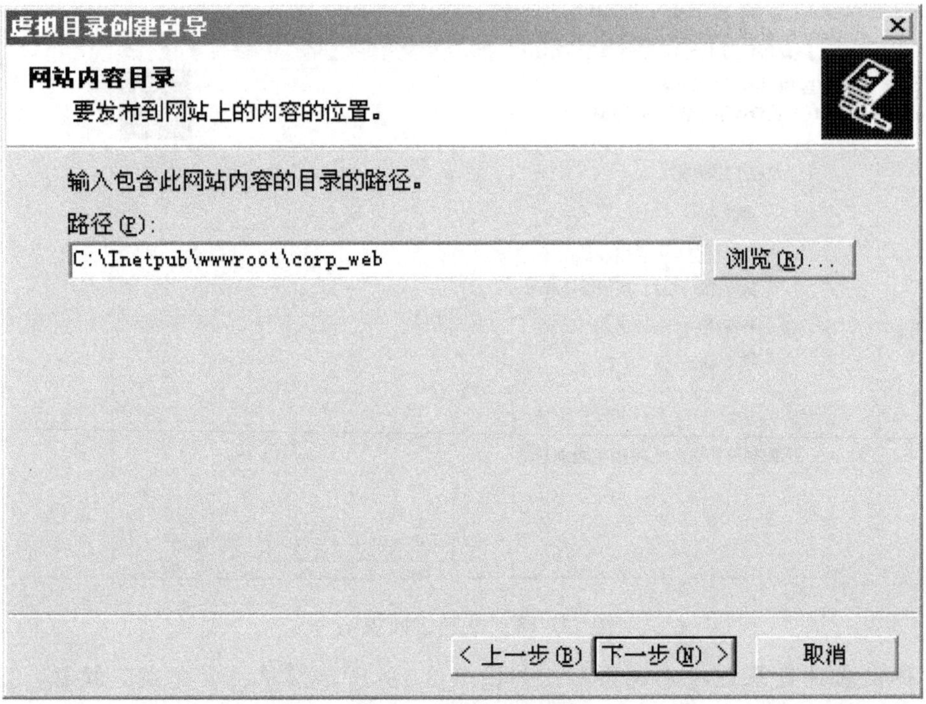

图 1-3-16　网站内容目录

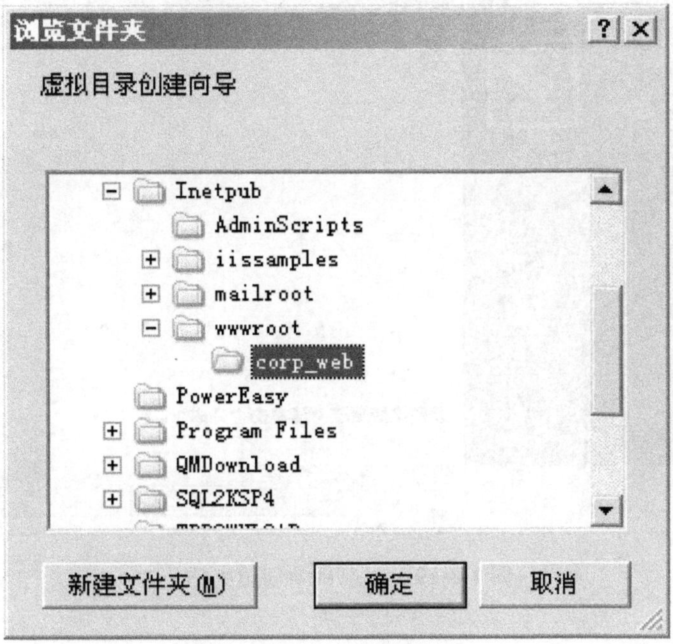

图 1-3-17　选择物理路径

6）选中“读取”和“运行脚本（如 ASP）”等权限项，如图 1-3-18 所示。再单击“下一步”按钮。

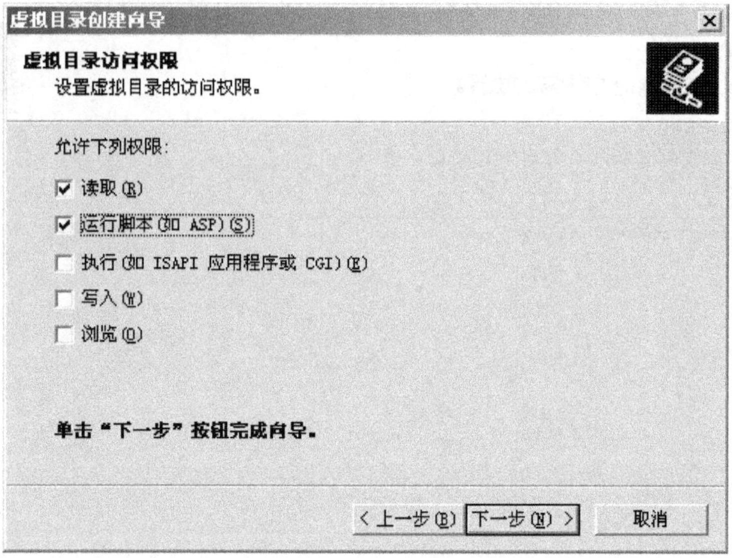

图 1-3-18　设置访问权限

7）弹出虚拟目录创建完成界面，如图 1-3-19 所示。单击“完成”按钮，虚拟目录创建完成。

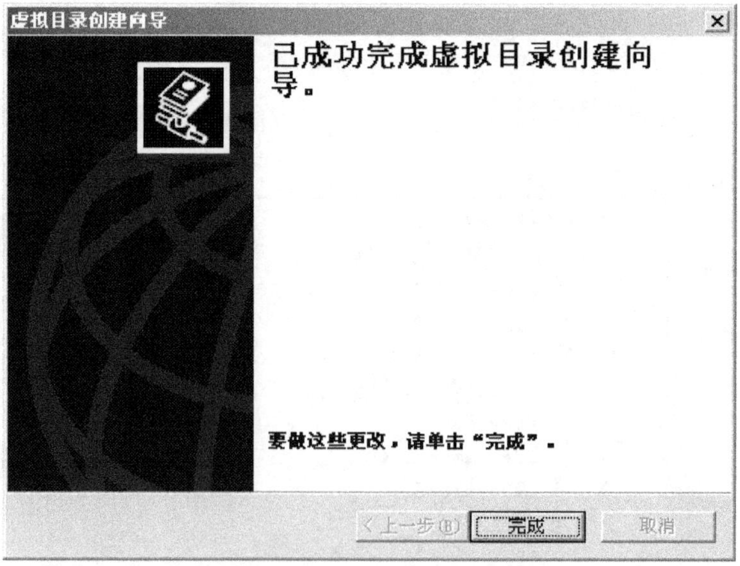

图 1-3-19　虚拟目录创建完成

3. ASP

ASP 是一种服务器端脚本编写环境，可以用来创建和运行动态网页或 Web 应用程序。ASP网页可以包含HTML标记、普通文本、脚本命令以及COM组件等。利用ASP可以向网页中添加交互式内容（如在线表单），也可以创建使用HTML网页作为用户界面的Web应用程序。

ASP特点：

1）使用VBScript 、Jscript等简单易懂的脚本语言，结合HTML代码，即可快速地完成网站的应用程序。

2）容易编写，无须编译，可直接在服务器端执行。

3）使用普通的文本编辑器，如Windows的记事本，即可进行编辑设计。

4）与浏览器无关，用户端只要使用可执行HTML代码的浏览器，即可浏览ASP网页内容。

5）ASP源程序，不会被传到客户浏览器，因此，可以避免所写的源程序被他人剽窃，也提高了程序的安全性。

6）使用浏览器即可输入、更新和删除数据库中的数据。

任务小结

通过完成本任务需要掌握以下内容：

1）IIS的功能。

2）IIS的安装。

3）创建并配置虚拟目录。

4）创建并配置网站。

举一反三

1）通过查阅资料，了解HTML网页设计及ASP网站建设的知识及相关技术。

2）通过一个简单例子，配置并测试网站的运行环境。

3）启动IIS，创建一个网站myweb，在myweb下创建虚拟目录news和product，并为虚拟目录设置默认文档都为index.asp。

子任务2 配置PHP平台Web服务器

任务描述

PHP是一种HTML内嵌式的语言，是在服务器端执行的嵌入HTML文档的脚本语言，语言风格类似于C语言，被广泛地运用。通过本任务完成安装和配置PHP平台Web服务器。

任务实施

本书配置环境为：Apache2.2 + PHP5.2 + MySQL5.0。

1. MySQL 的安装与配置

（1）安装 MySQL

打开下载的 MySQL 安装文件 MySQL-5.0.zip，双击解压缩，运行“setup.exe”，出现如图 1-3-20 所示的界面，MySQL 安装向导启动。

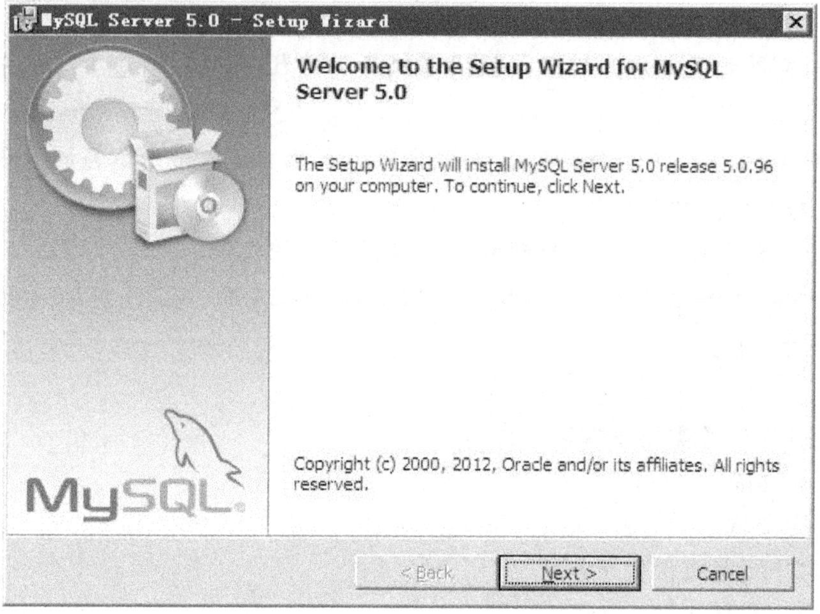

图 1-3-20　MySQL 安装界面

小知识

MySQL 简介:

MySQL 是一个中、小型关系型数据库管理系统，由瑞典 MySQL AB 公司开发，目前属于 Oracle 公司。MySQL 是一种关系型数据库管理系统，将数据保存在不同的表中，而不是将所有数据放在一个大仓库内，这样就增加了速度并提高了灵活性。MySQL 的 SQL 语言是用于访问数据库的最常用标准化语言。它分为免费版和商业版，由于其体积小、速度快、总体拥有成本低，尤其是开放源码这一特点，一般中小型网站的开发都选择 MySQL 作为网站数据库。由于其免费版的性能卓越，搭配 PHP 和 Apache 可组成良好的开发环境。

目前 Internet 上流行的网站构架方式是 Apache+MySQL+PHP，即使用 Apache 为 Web 服务器，MySQL 作为数据库，PHP 作为服务器端脚本解释器。由于这 3 个软件都是免费或开放源码软件，因此，使用这种方式不用花一分钱就可以建立起一个稳定、免费的网站系统。

单击“Next”按钮，显示选择安装类型对话框，如图 1-3-21 所示。

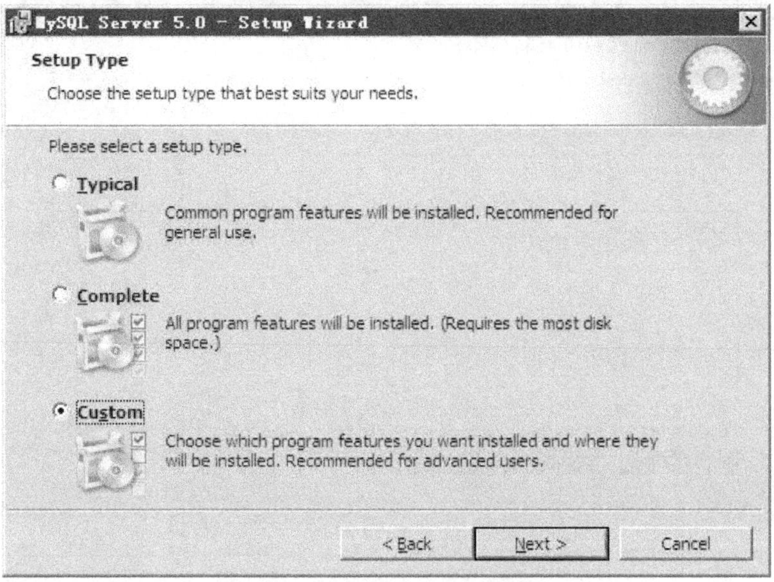

图 1-3-21 选择安装类型

安装类型有“Typical（默认）”“Complete（完全）”“Custom（用户自定义）”3 个单选按钮。本任务选择“Custom”单选按钮，单击“Next”按钮，打开“自定义安装”对话框，如图 1-3-22 所示。

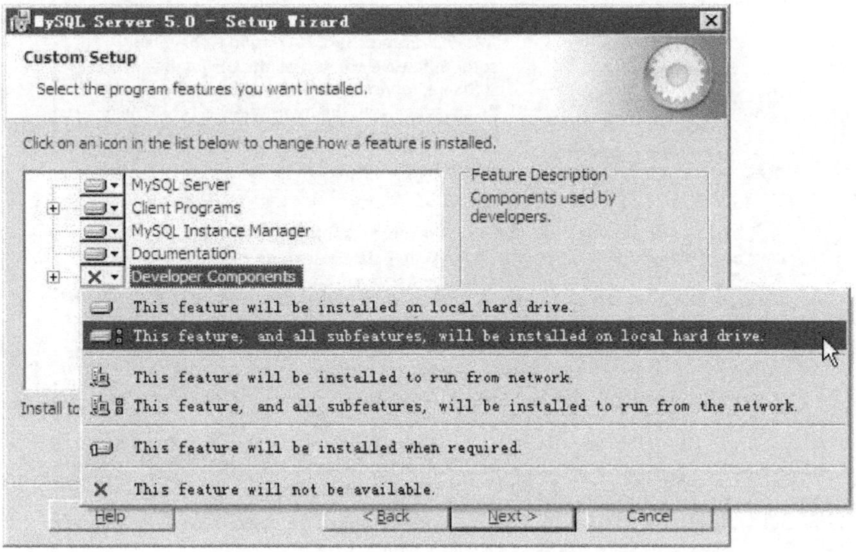

图 1-3-22 “用户自定义”安装类型

单击“Developer Components”，在弹出的菜单中选择“This feature，and all subfeatures，will be installed on local hard drive.”，即“此部分及下属子部分内容，全部安装在本地硬盘上”。对上面的“MySQL Server”“Client Programs”“Documentation”也如此操作，以保证安装所有文件。单击“Change...”按钮，手动指定安装目录，如图 1-3-23 所示。

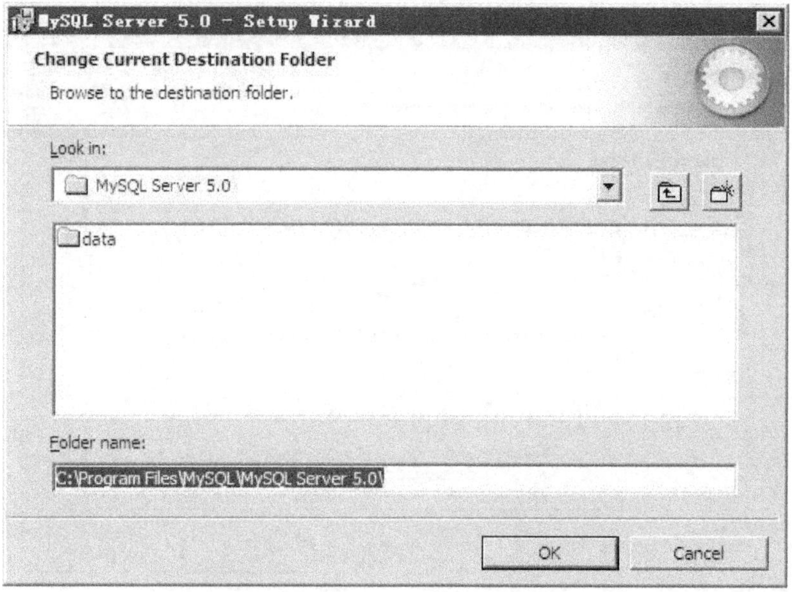

图 1-3-23　指定安装目录

输入安装目录，为“D:\MySQL”。单击“OK”按钮继续。返回如图 1-3-22 所示的界面，单击“Next”按钮继续。显示如图 1-3-24 所示的对话框。

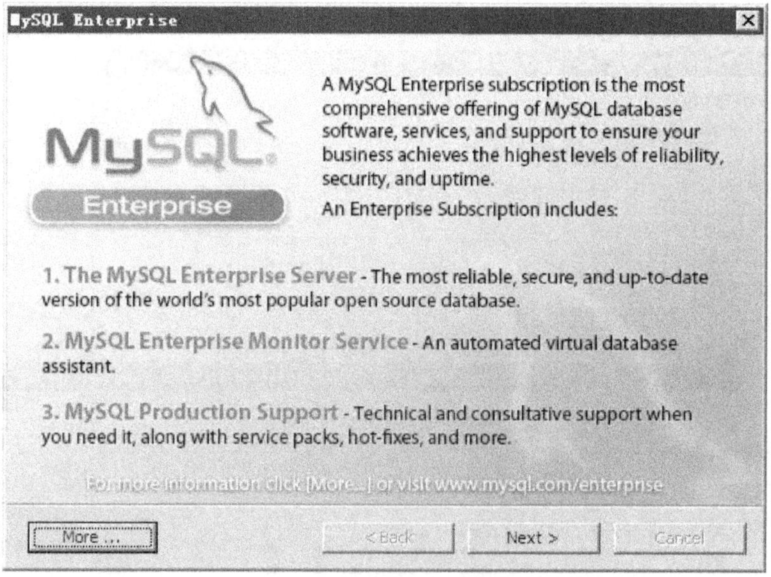

图 1-3-24　MySQL 信息

小提示

建议安装文件不要与操作系统放在同一分区，这样可以防止系统备份还原的时候，数据被清空。

单击“Next”按钮，显示如图 1-3-25 所示的对话框。

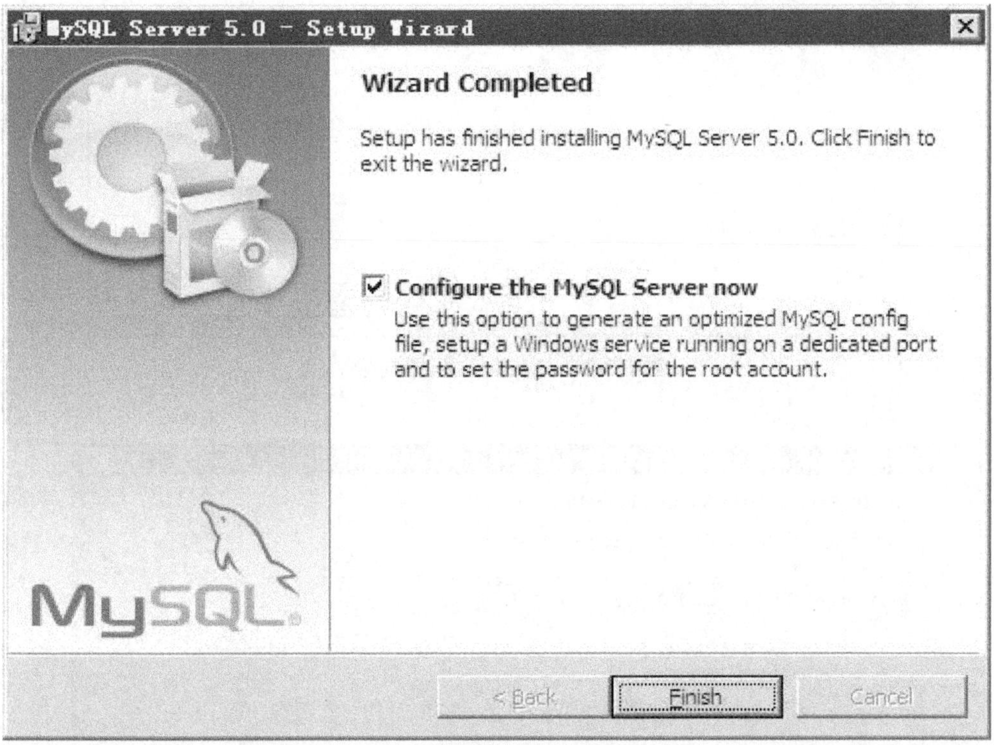

图 1-3-25　安装完成

（2）配置 MySQL

现在软件安装完成，这里有一个很好的功能，MySQL 配置向导，不用像以前一样，自己手动配置 my.ini 了，选中“Configure the MySQL Server now”选项，单击“Finish”按钮完成软件的安装并启动 MySQL 配置向导，显示如图 1-3-26 所示的 MySQL 配置向导启动对话框。

单击“Next”按钮，显示选择配置方式对话框，如图 1-3-27 所示。

配置方式有“Detailed Configuration（手动精确配置）”“Standard Configuration（标准配置）”两种，选择“Detailed Configuration”，单击“Next”按钮，显示选择服务器类型对话框，如图 1-3-28 所示。

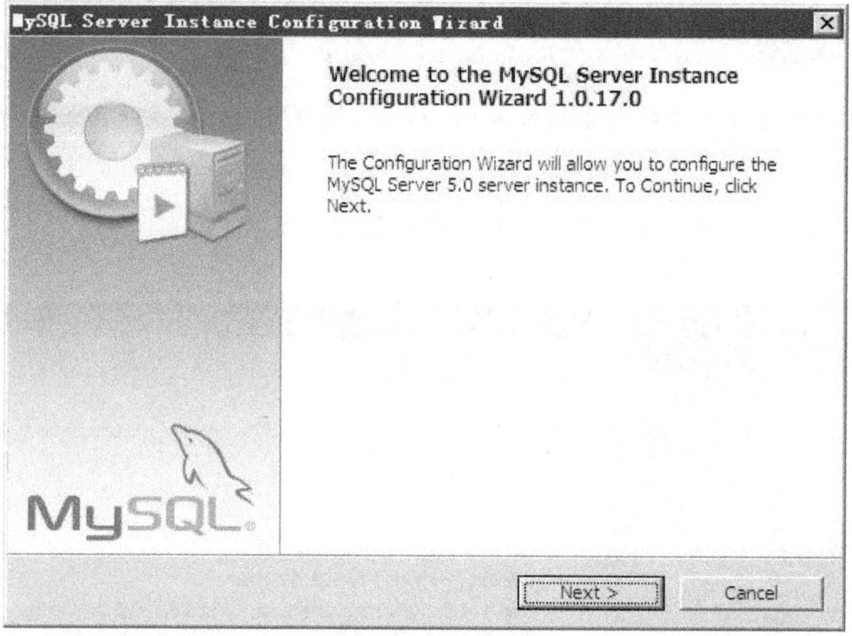

图 1-3-26　MySQL 配置向导

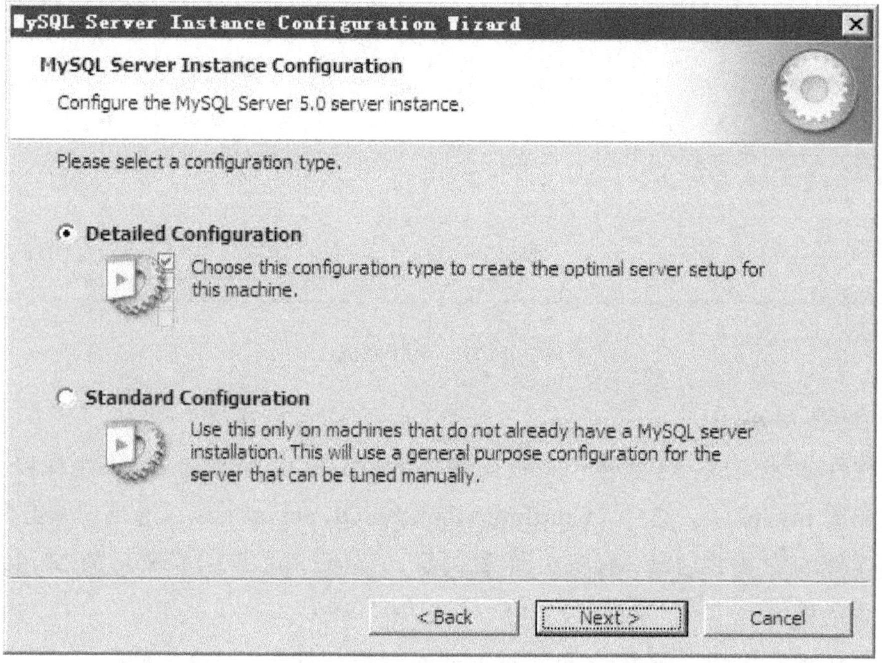

图 1-3-27　选择配置方式

服务器类型有"Developer Machine（开发测试类，MySQL 占用很少资源）""Server Machine（服务器类型，MySQL 占用较多资源）""Dedicated MySQL Server Machine（专门的数据库服务器，MySQL 占用所有可用资源）"，根据自己的类型选择，一般选择

"Server Machine"，既不会占用太少资源，也不会占满资源。单击"Next"按钮，显示选择 MySQL 数据库用途的对话框，如图 1-3-29 所示。

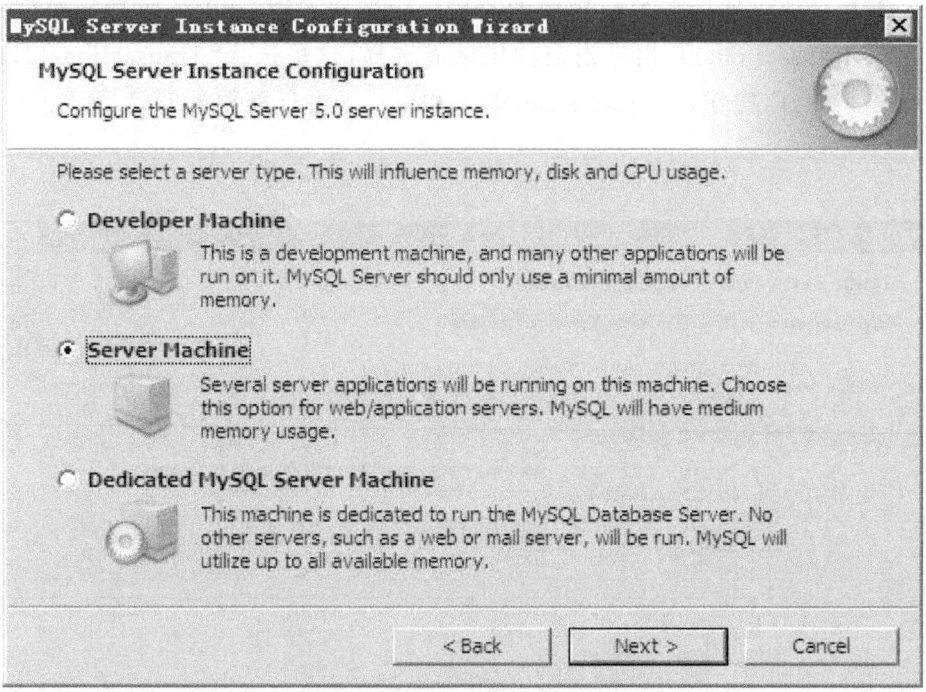

图 1-3-28 选择服务器类型

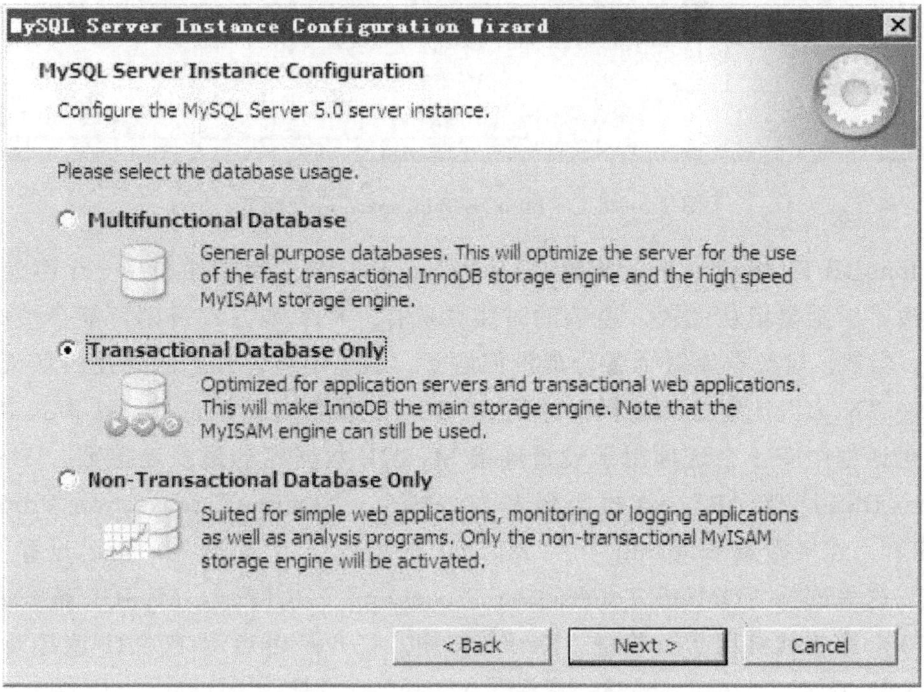

图 1-3-29 选择 MySQL 数据库的用途

MySQL 数据库的用途有“Multifunctional Database（通用多功能型）”“Transactional Database Only（服务器类型，专注于事务处理）”“Non-Transactional Database Only（非事务处理型，主要做监控、记数用，对 MyISAM 数据类型的支持仅限于 Non-Transactional）。根据自己的用途而选择，这里选择“Transactional Database Only”，单击“Next”按钮，显示对 InnoDB Tablespace 进行配置的对话框，如图 1-3-30 所示。

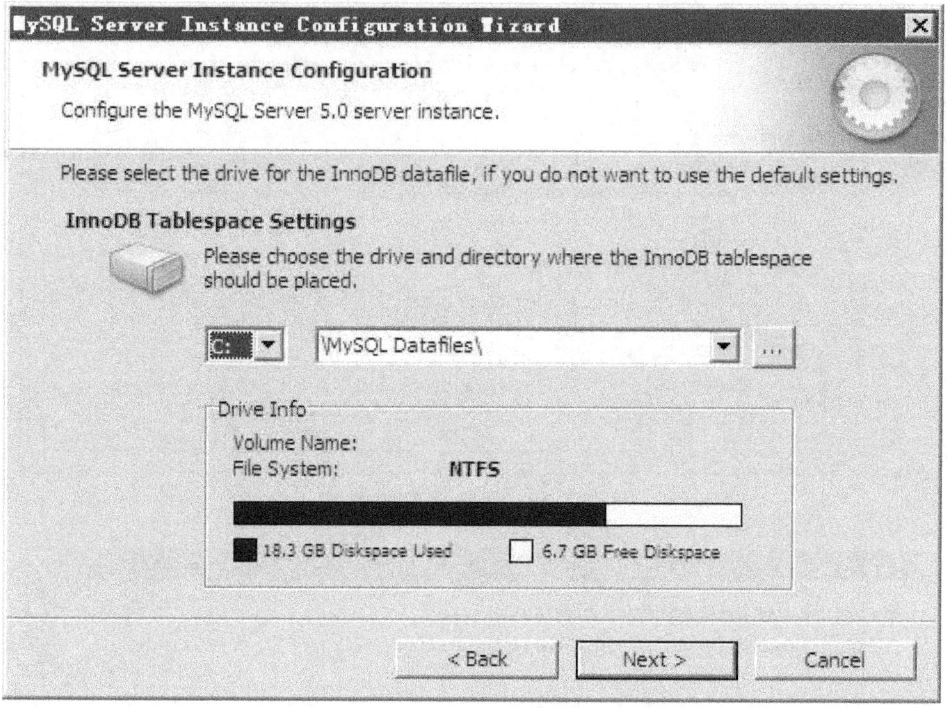

图 1-3-30　对 InnoDB Tablespace 进行配置

对 InnoDB Tablespace 进行配置，就是为 InnoDB 数据库文件选择一个存储空间，如果修改了，则要记住位置，重装的时候要选择一样的地方，否则可能会造成数据库损坏，当然，对数据库做个备份就没问题了，这里不再详述。此处使用默认位置，直接单击“Next”按钮显示选择网站的 MySQL 连接数对话框，如图 1-3-31 所示。

在对话框中有 3 个选项用于设置连接 MySQL 数据库的最多连接数：“Decision Support（DSS）/OLAP”，连接数最多为 20 个；“Online Transaction Processing（OLTP）”，连接数最多为 500 个；“Manual Setting”，手动输入，自己设置使用的连接数，这里选择“Online Transaction Processing（OLTP）”，MySQL 数据库同时允许 500 个连接就够用了，单击“Next”按钮，打开是否启用 TCP/IP 连接对话框，如图 1-3-32 所示。

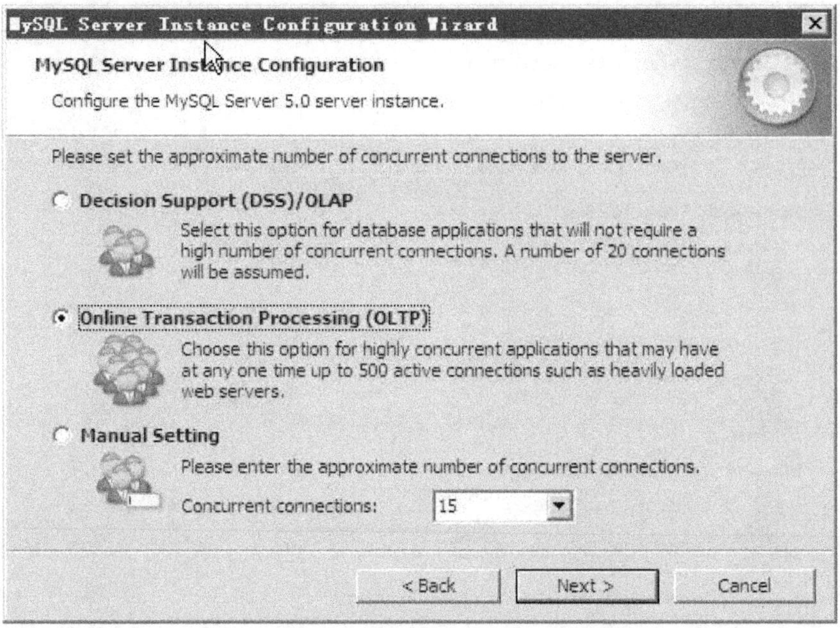

图 1-3-31　选择网站的 MySQL 访问量

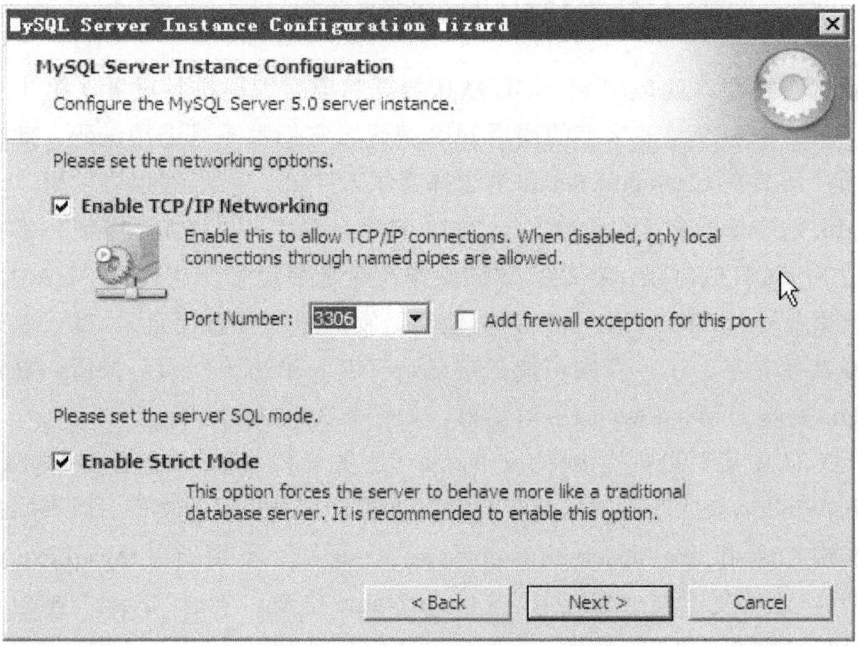

图 1-3-32　启用 TCP/IP 连接

选择“Enable TCP/IP Networking”前的复选框，启用 TCP/IP 连接，如果不启用，那么就只能在自己的计算机上访问 MySQL 数据库了，所以要启用。设定端口，Port Number：3306，单击“Next”按钮，显示对 MySQL 默认数据库语言编码进行设置的对话框，如图 1-3-33 所示。

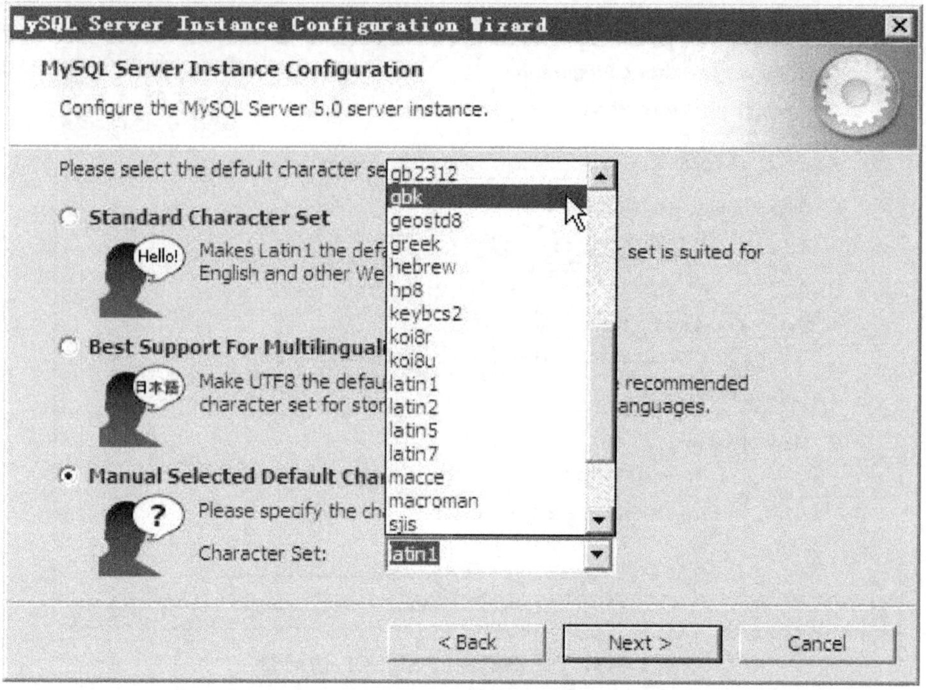

图 1-3-33　对 MySQL 默认数据库语言编码进行设置

此步骤比较重要，就是对 MySQL 默认数据库语言编码进行设置，第 1 个选项是西文编码，第 2 个选项是多字节的通用 utf8 编码，它们都不是通用编码，此处应选择第 3 个选项，然后在 Character Set 那里选择或填入“gbk”，当然也可以用“gb2312”，区别就是 gbk 的字库容量大，包括了 gb2312 的所有汉字，并且加上了繁体字和其他的文字。使用 MySQL 的时候，在执行数据操作命令之前运行一次“SET NAMES GBK”（运行一次就行了，GBK 可以替换为其他值，视这里的设置而定），就可以正常地使用汉字（或其他文字）了，否则不能正常显示汉字。单击“Next”按钮，显示选择是否将 MySQL 安装为 Windows 服务对话框，如图 1-3-34 所示。

在图 1-3-34 中还可以指定 Service Name（服务标识名称），是否将 MySQL 的 bin 目录加入到 Windows PATH（加入后，就可以直接使用 bin 下的文件，而不用指出目录名，比如连接“mysql.exe -uusername–ppassword”即可，不用指出 mysql.exe 的完整地址，很方便），此处复选框全部选中，Service Name 不变。单击“Next”按钮，显示修改密码对话框，如图 1-3-35 所示。

这一步询问是否要修改默认 root 用户（超级管理）的密码（默认为空），“New root password”如果要修改，则在此处输入新密码（如果是重装服务器，并且之前已经设置过密码，那么此处更改密码可能会出错，需留空，并去掉“Modify Security Settings”前面复选框的勾选，安装配置完成后另行修改密码），在“Confirm（再输入一遍）”内再输入一次密码，防止输错。“Enable root access from remote machines”是指是否允许

root 用户在其他机器上登录，如果要保证安全，那么就不要选择，如果要方便使用，那么就选中此项。“Create An Anonymous Account”是指新建一个匿名用户，匿名用户可以连接数据库，不能操作数据，包括查询，一般就不需选择此项，设置完毕，单击“Next”按钮显示设置生效对话框，如图 1-3-36 所示。

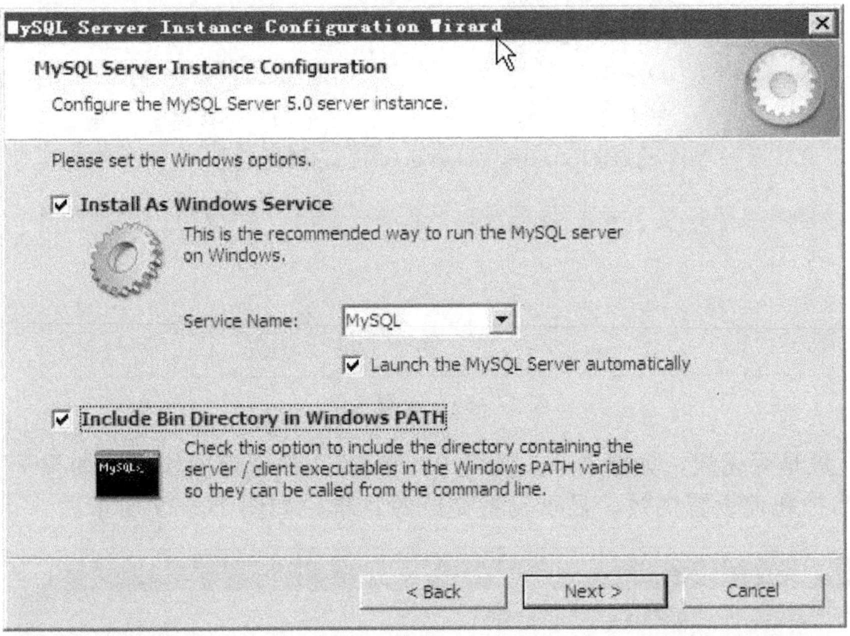

图 1-3-34 选择是否将 MySQL 安装为 Windows 服务

图 1-3-35 修改密码

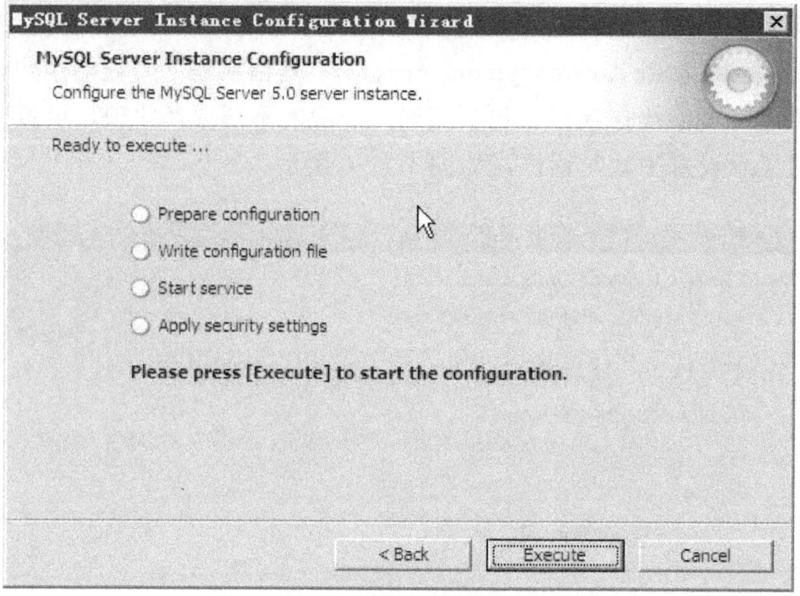

图 1-3-36　设置生效

确认设置是否无误，如果有误，则单击“Back”按钮返回检查。如果无误则单击“Execute”按钮使设置生效，显示设置完成对话框，如图 1-3-37 所示。

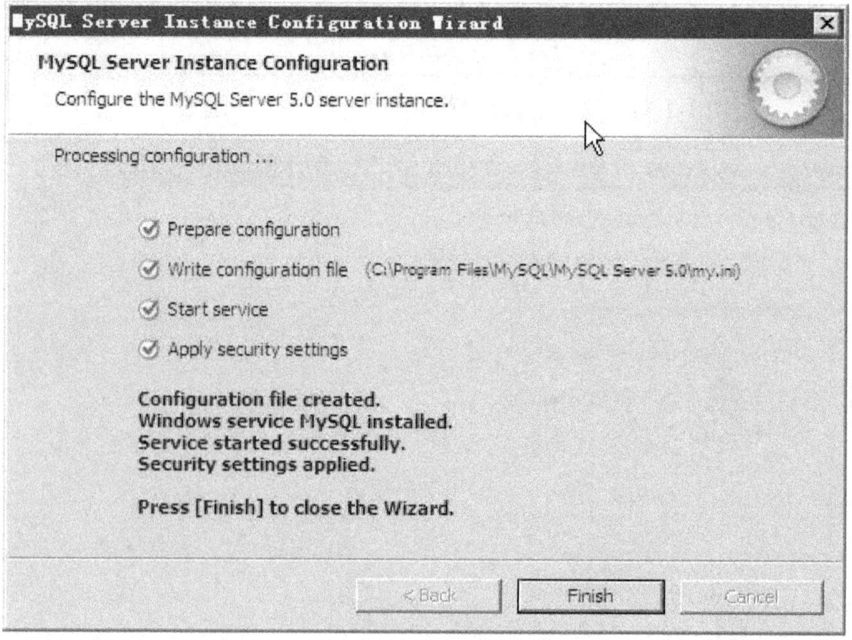

图 1-3-37　设置完成

设置完毕，单击“Finish”按钮结束 MySQL 的安装与配置。有时会出现一个比较常见的错误，就是不能“Start service”。通常出现在以前安装有 MySQL 的服务器上，解决的办法是：

1）如果先彻底卸载以前安装的 MySQL 服务器再安装。

2）如果第 1 种方法不行，则将 MySQL 安装目录下的 data 文件夹备份到其他地方，然后删除。在安装完 MySQL 后，将安装生成的 data 文件夹删除，再将刚备份的 data 文件夹移回来，最后重启 MySQL 服务就可以了，在这种情况下，可能需要检查一下数据库，需要修复一次，防止数据出错。

2. 安装 Apache，配置成一个普通网站服务器

小知识

Apache 简介:

Apache 可以运行在几乎所有广泛使用的计算机平台上，由于其跨平台和安全性被广泛使用，因此已成为世界上最流行的 Web 服务器端软件之一。Apache 源于 NCSAhttpd 服务器，经过多次修改，成为世界上最流行的 Web 服务器软件之一。Apache 取自 "a patchy server" 的读音，意思是充满补丁的服务器，因为它是自由软件，所以不断有人来为它开发新的功能、新的特性、修改原来的缺陷。Apache 的特点是简单、速度快、性能稳定，并可作为代理服务器来使用。

（1）安装 Apache

运行下载好的 httpd-2.2.22-win32-x86-openssl-0.9.8t.msi。出现 Apache HTTP Server 2.2 的安装向导界面，单击"Next"按钮，显示软件安装使用许可条例对话框。选择"I accept the terms in the license agreement"，单击"Next"按钮，显示服务器信息对话框，如图 1-3-38 所示。

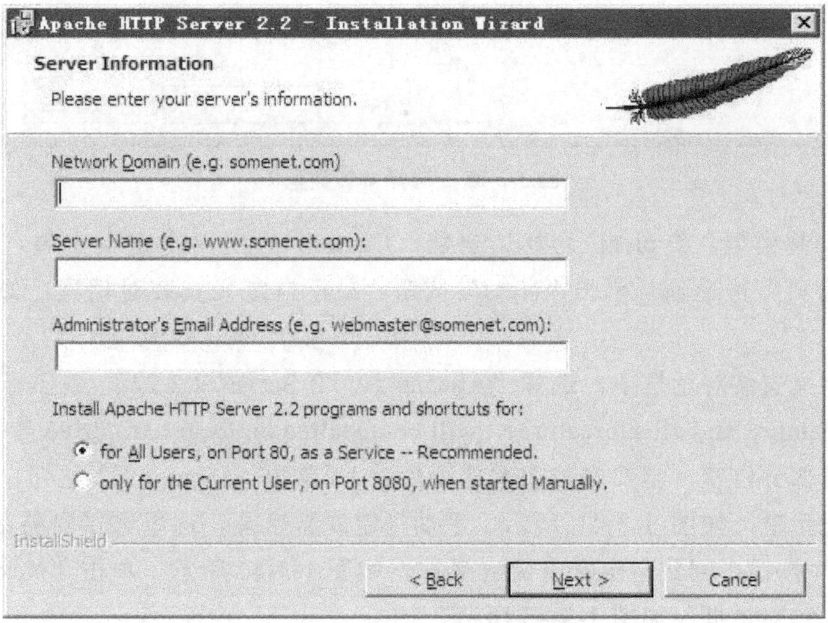

图 1-3-38　设置服务器信息

设置系统信息，在 Network Domain 下输入域名（比如，goodwaiter.com），在 Server Name 下输入服务器名称（比如，www.goodwaiter.com，也就是主机名加上域名），在 Administrator's Email Address 下输入系统管理员的联系电子邮件地址（比如，yinpeng@xinhuanet.com），上述 3 条信息仅供参考，其中联系电子邮件地址会在当系统故障时提供给访问者，这 3 条信息均可任意填写，无效的也行。下面有两个选择，图 1-3-38 中选择的是为系统所有用户安装，使用默认的 80 端口，并作为系统服务自动启动；另外一个是仅为当前用户安装，使用端口 8080，手动启动。单击“Next”按钮显示安装类型对话框，如图 1-3-39 所示。

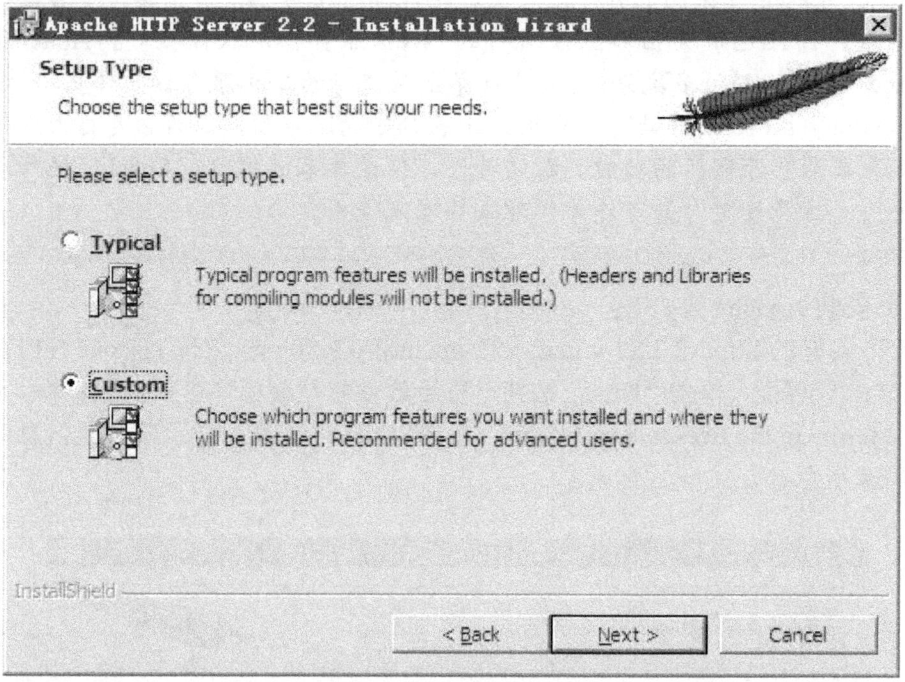

图 1-3-39　选择安装类型

选择安装类型，Typical 为默认安装，Custom 为用户自定义安装，这里选择 Custom，有更多可选项。单击“Next”按钮，显示自定义安装对话框，如图 1-3-40 所示。

在自定义安装对话框中，选择“Apache HTTP Server 2.2.22”，在其子菜单中选择“This feature，and all subfeatures，will be installed on local hard drive.”，即“此部分及下属子部分内容，全部安装在本地硬盘上”。单击“Change...”按钮，显示改变安装目录对话框，如图 1-3-41 所示，手动指定安装目录。这里选择安装在“D:\”，单击“OK”按钮，回到自定义安装对话框，如图 1-3-42 所示。单击“Next”按钮，显示准备安装对话框，如图 1-3-43 所示。

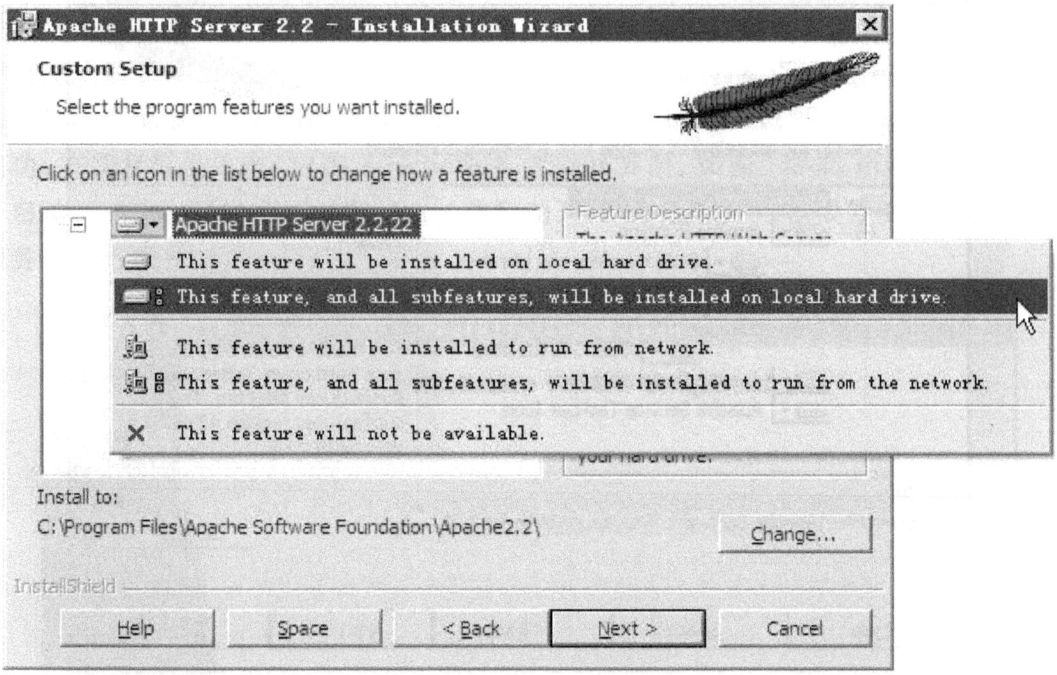

图 1-3-40　选择安装选项

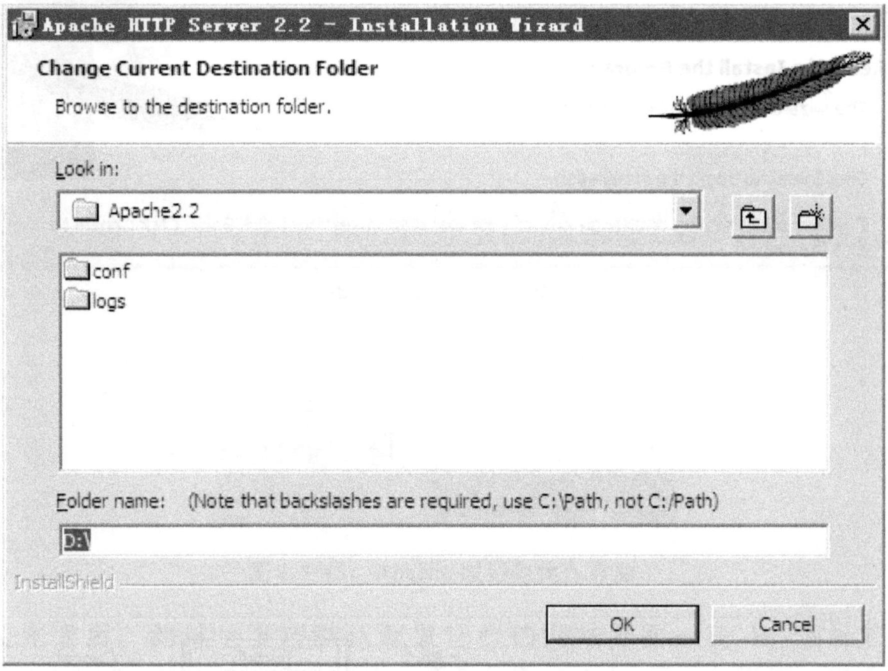

图 1-3-41　手动指定安装目录

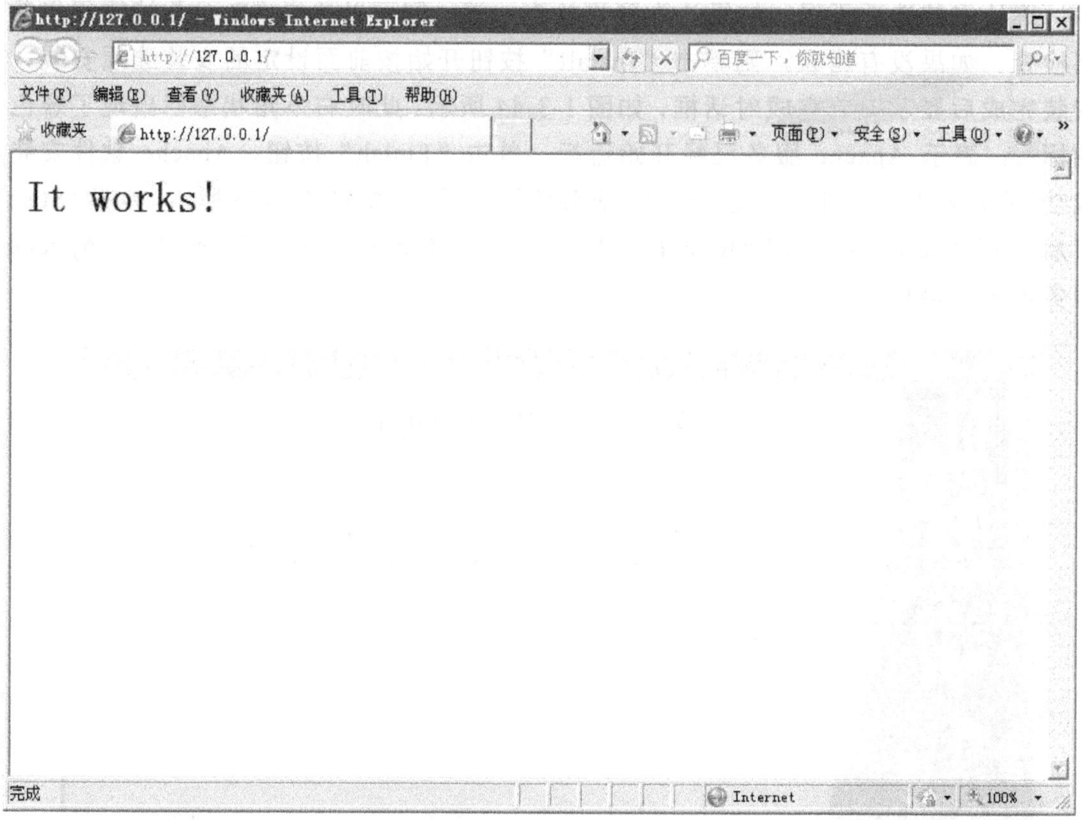

图 1-3-46　测试页面

（2）配置 Apache 服务器

现在开始配置 Apache 服务器。如果不配置，则安装目录下的 Apache2\htdocs 文件夹就是网站的默认根目录，在里面放入网站文件即可。单击“开始”→“所有程序”→“Apache HTTP Server 2.2”→“Configure Apache Server”→“Edit the Apache httpd conf Configuration File”菜单项，如图 1-3-47 所示。打开 httpd 配置文件，如图 1-3-48 所示。

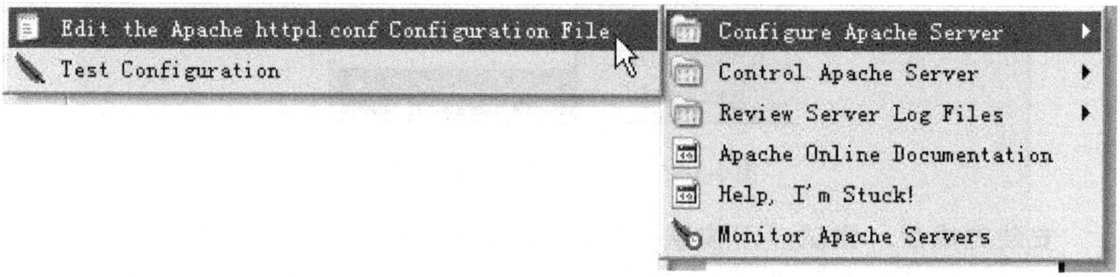

图 1-3-47　打开配置文件

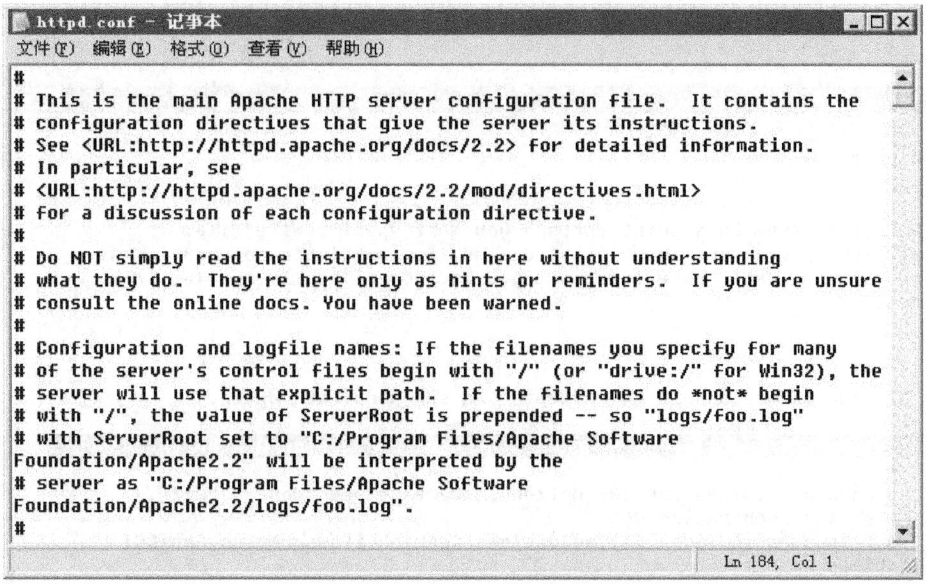


```
#
# This is the main Apache HTTP server configuration file.  It contains the
# configuration directives that give the server its instructions.
# See <URL:http://httpd.apache.org/docs/2.2> for detailed information.
# In particular, see
# <URL:http://httpd.apache.org/docs/2.2/mod/directives.html>
# for a discussion of each configuration directive.
#
# Do NOT simply read the instructions in here without understanding
# what they do.  They're here only as hints or reminders.  If you are unsure
# consult the online docs. You have been warned.
#
# Configuration and logfile names: If the filenames you specify for many
# of the server's control files begin with "/" (or "drive:/" for Win32), the
# server will use that explicit path.  If the filenames do *not* begin
# with "/", the value of ServerRoot is prepended -- so "logs/foo.log"
# with ServerRoot set to "C:/Program Files/Apache Software
Foundation/Apache2.2" will be interpreted by the
# server as "C:/Program Files/Apache Software
Foundation/Apache2.2/logs/foo.log".
#
```

图 1-3-48　Apache 配置文件

小提示

每次改变配置文件内容保存后，必须重新启动 Apache 服务器才能生效，可以用前面讲的小图标方便地控制服务器随时“重新启动”。

查找关键字“DocumentRoot”(即网站根目录)，如图 1-3-49 所示，然后将双引号(“ ”)内的地址改成网站根目录，地址格式请按照图上的格式输入，主要是一般文件地址的“\”在 Apache 里要改成“/”。

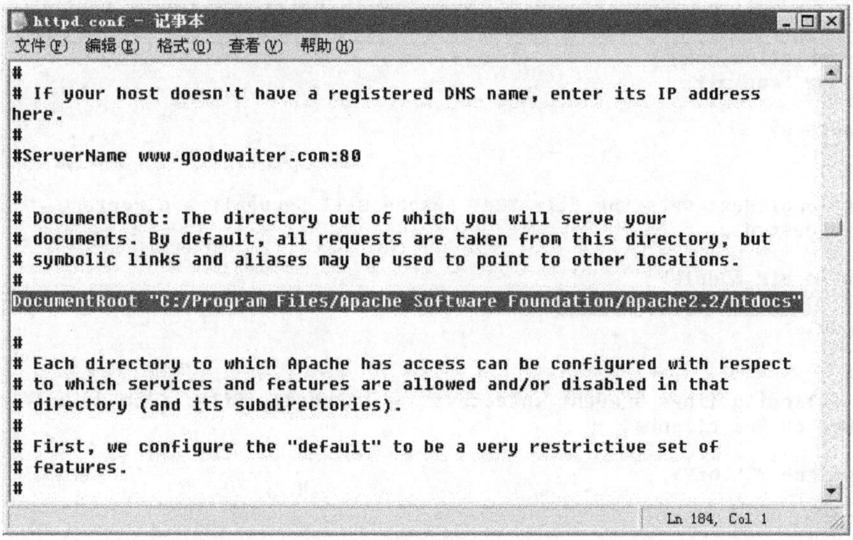


```
#
# If your host doesn't have a registered DNS name, enter its IP address
here.
#
#ServerName www.goodwaiter.com:80

#
# DocumentRoot: The directory out of which you will serve your
# documents. By default, all requests are taken from this directory, but
# symbolic links and aliases may be used to point to other locations.
#
DocumentRoot "C:/Program Files/Apache Software Foundation/Apache2.2/htdocs"

#
# Each directory to which Apache has access can be configured with respect
# to which services and features are allowed and/or disabled in that
# directory (and its subdirectories).
#
# First, we configure the "default" to be a very restrictive set of
# features.
#
```

图 1-3-49　查找关键字“DocumentRoot”

同样，通过查找关键字找到“Directory”，修改其地址，如图 1-3-50 所示。

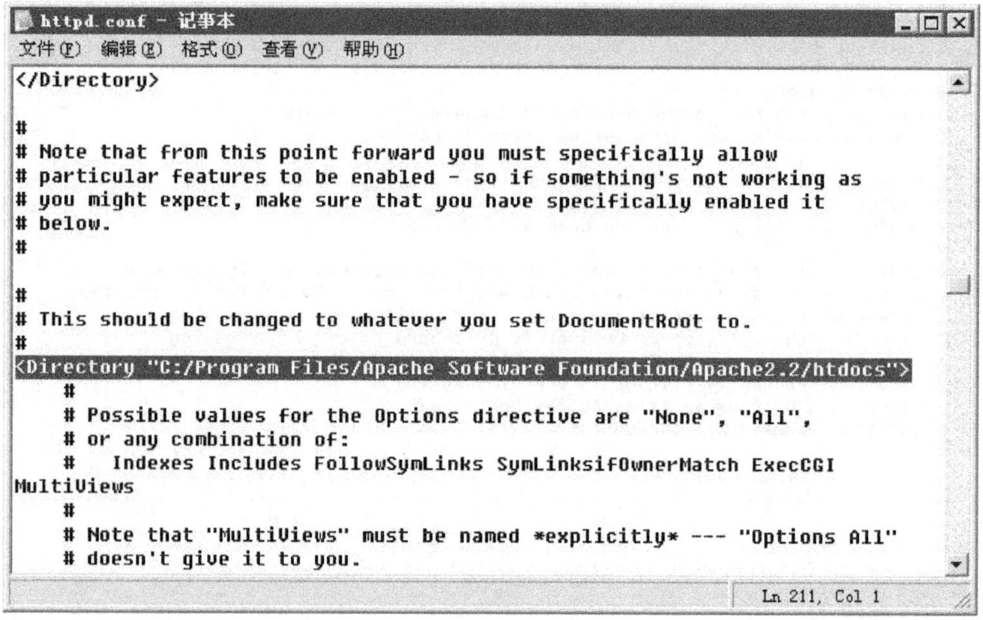

```
httpd.conf - 记事本
文件(F) 编辑(E) 格式(O) 查看(V) 帮助(H)
</Directory>

#
# Note that from this point forward you must specifically allow
# particular features to be enabled - so if something's not working as
# you might expect, make sure that you have specifically enabled it
# below.
#

#
# This should be changed to whatever you set DocumentRoot to.
#
<Directory "C:/Program Files/Apache Software Foundation/Apache2.2/htdocs">
    #
    # Possible values for the Options directive are "None", "All",
    # or any combination of:
    #   Indexes Includes FollowSymLinks SymLinksifOwnerMatch ExecCGI
MultiViews
    #
    # Note that "MultiViews" must be named *explicitly* --- "Options All"
    # doesn't give it to you.
Ln 211, Col 1
```

图 1-3-50　查找关键字“Directory”

通过查找关键字找到 DirectoryIndex，是目录索引，在仅指定目录的情况下，默认显示的文件名，可以添加很多，系统会根据从左至右的顺序来优先显示，以单个半角空格隔开，比如，有些网站的首页是 index.htm，就在光标那里加上“index.html”，如图 1-3-51 所示。文件名是任意的，不一定必须是“index.html”，比如，“test.php”等也可以。

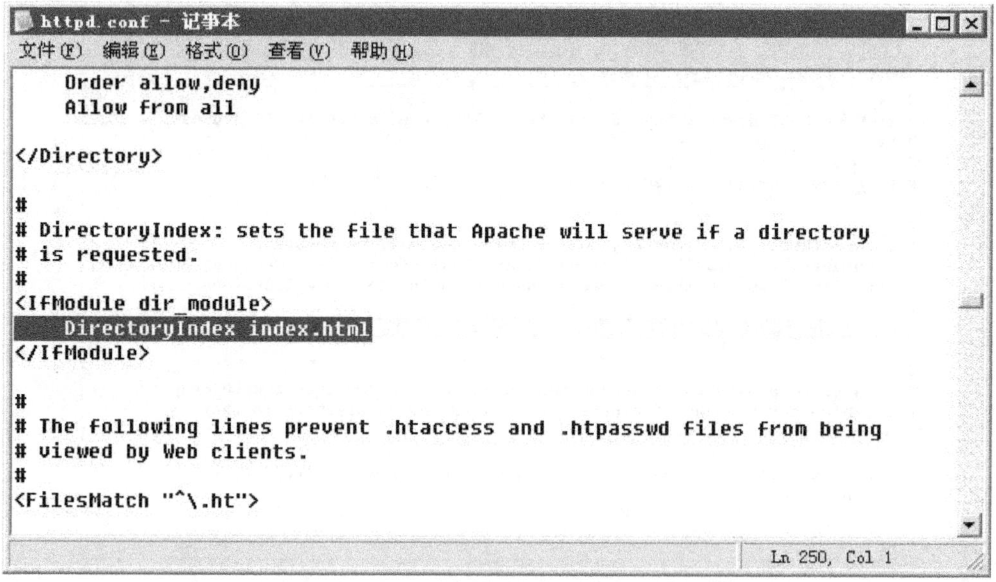

```
httpd.conf - 记事本
文件(F) 编辑(E) 格式(O) 查看(V) 帮助(H)
    Order allow,deny
    Allow from all

</Directory>

#
# DirectoryIndex: sets the file that Apache will serve if a directory
# is requested.
#
<IfModule dir_module>
    DirectoryIndex index.html
</IfModule>

#
# The following lines prevent .htaccess and .htpasswd files from being
# viewed by Web clients.
#
<FilesMatch "^\.ht">
Ln 250, Col 1
```

图 1-3-51　查找关键字“DirectoryIndex”

至此，简单的 Apache 配置就结束了，利用先前的小图标重新启动，所有的配置就都生效，这就配置成了一个网站服务器，如果加载了防火墙，那么请打开 80 或 8080 端口，或者允许 Apache 程序访问网络，否则别人不能访问。如果有公网 IP（一般 ADSL 或电话拨号上网的都是），那么就可以邀请所有能上网的朋友使用“http://”+“IP 地址”的格式来访问网站了；如果没有公网 IP，那么也可以把内网 IP 地址告诉局域网内的其他用户，让他们通过“http://”+“内网 IP 地址”访问此网站。

3. PHP 的安装与配置

将 PHP 与 apache 结合使网站服务器支持 PHP 服务器脚本程序。

（1）安装 PHP

将下载的 PHP 安装文件 php-5.2.17-Win32-VC6-x86.zip 解压缩到“D:\php”文件夹。

（2）配置 PHP

查看解压缩后的文件夹内容，找到“php.ini-dist”文件，将其重命名为“php.ini”，打开编辑，找到参数“register_globals = Off”，如图 1-3-52 所示，这个值是用来打开全局变量的，比如，表单送过来的值，如果这个值设置为“Off”，就只能用“$_POST['变量名']、$_GET['变量名']”等来取得送过来的值；如果设置为“On”，就可以直接使用“$变量名”来获取送过来的值，当然，设置为“Off”就比较安全，不会让人轻易将网页间传送的数据截取。这个值是否改成“On”可根据网站情况决定，比如是安全重要还是方便重要。本书将它改为“On”。

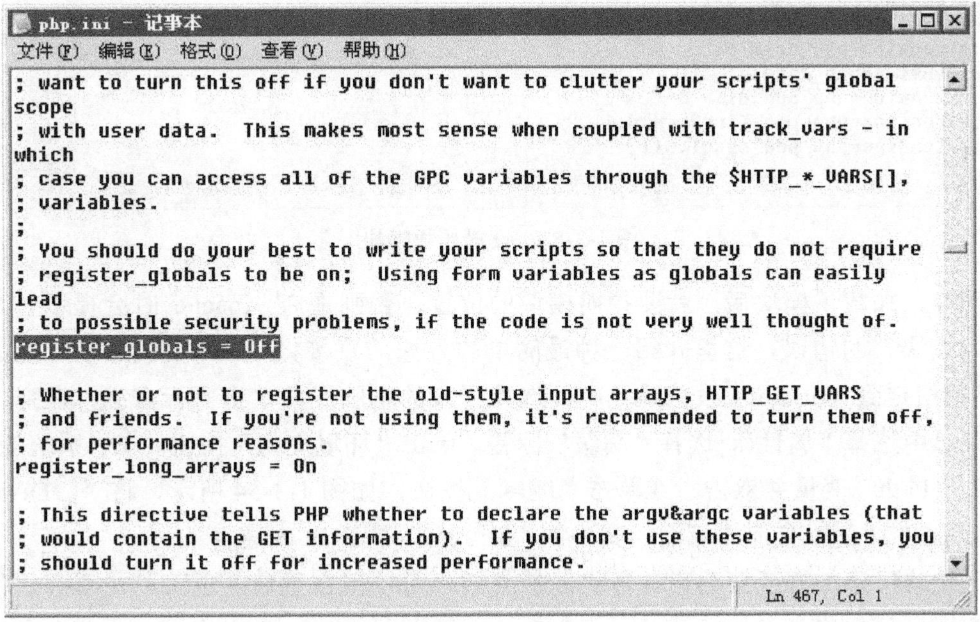

图 1-3-52　找到参数“register_globals=Off”

如图 1-3-53 所示，“extension=模块文件名”功能是使 PHP 能够直接调用该模块，前边加分号“；”表示注释此条命令。选择要加载的模块，去掉前面的“；”，就表示要加载此模块，加载的越多，占用的资源就越多。例如要用 MySQL，就要把“；extension=php_mysql.dll”前的“；”去掉，所有的模块文件都放在 PHP 解压缩目录的“ext”之下，如图 1-3-53 所示的是把所有能加载的模块都加载上了，前面 “；”没去掉，是因为“ext”目录下默认没有此模块，加载会提示找不到文件而出错。一般只加载需要的，编辑好后保存并关闭。

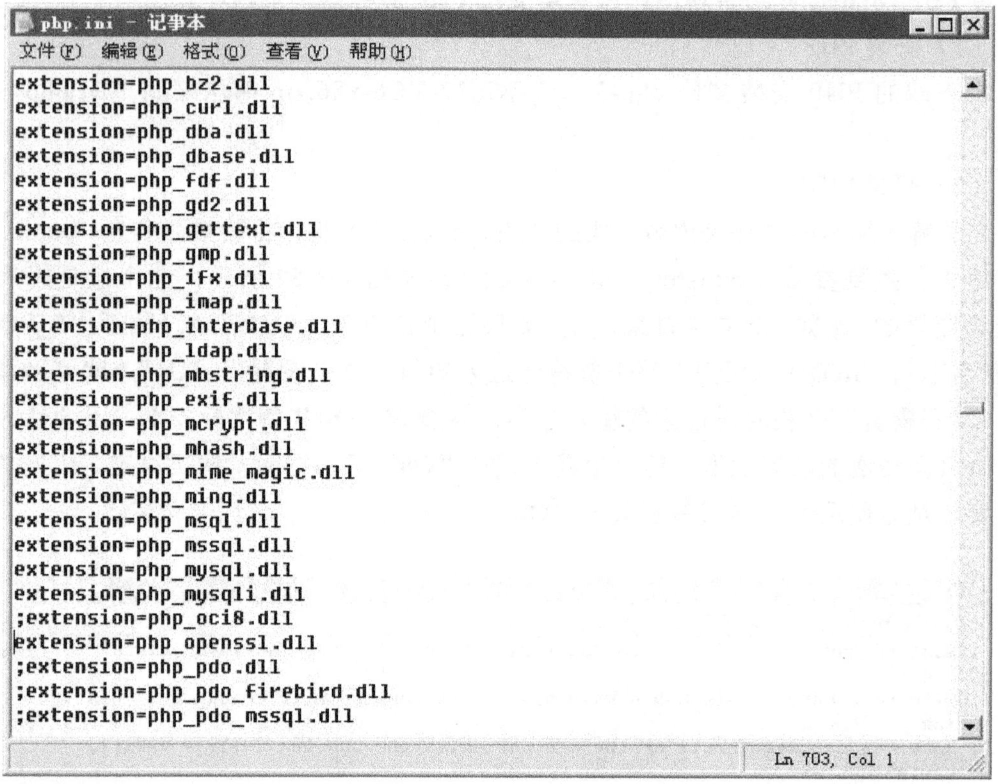

图 1-3-53　设置加载模块

同样，加载了模块后，就要指明模块的位置，否则重启 Apache 时会提示“找不到指定模块”的错误，这里介绍一种最简单的方法，直接将 PHP 安装路径、里面的 ext 路径指定到 Windows 系统路径中。选择“我的电脑”并单击鼠标右键，在弹出的快捷菜单中选择“属性”，选择“高级”标签，单击“环境变量”按钮，在“系统变量”下找到“Path”变量并双击，或单击“编辑”按钮，如图 1-3-54 所示，将“；D:\php；D:\php\ext”加到原有值的后面，其中的“D:\php”是 PHP 安装目录。

系统路径添加好后要重启计算机才能生效，可以现在重启，也可以在所有软件安装或配置好后重启。

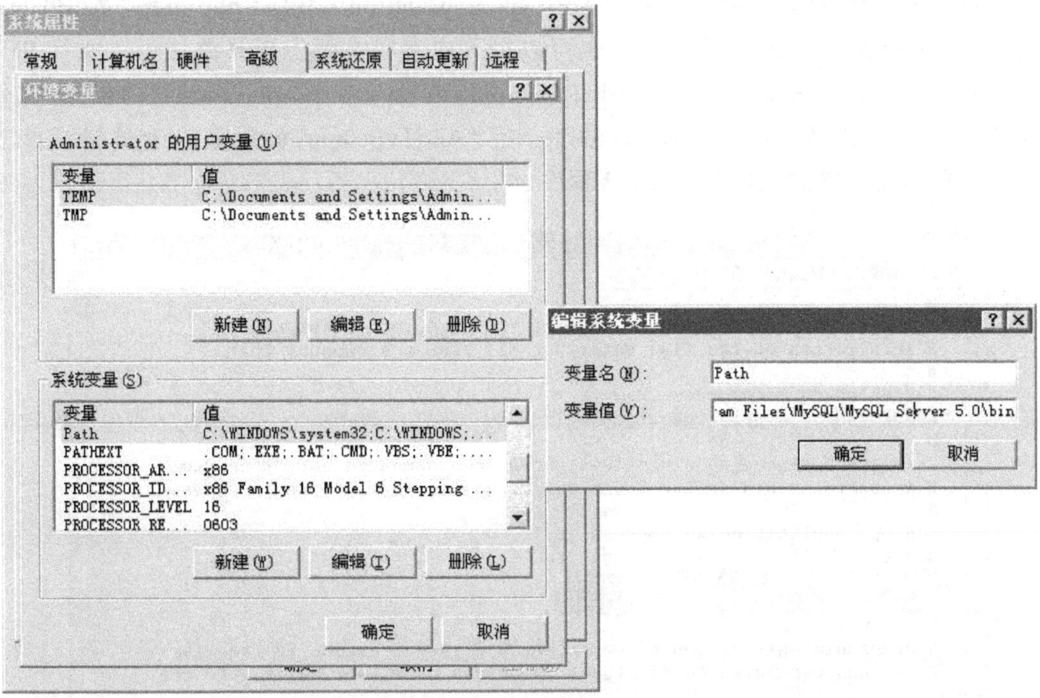

图 1-3-54 将 PHP 安装路径、ext 路径指定到 Windows 系统路径

现在开始将 PHP 以 module 方式与 Apache 相结合，使 PHP 融入 Apache，打开 Apache 的配置文件 httpd，添加如图 1-3-55 所示的两行代码，第一行“LoadModule php5_module D:/php/php5apache2_2.dll”是指以 module 方式加载 PHP，第二行“PHPIniDir”“D:/php”是指明 PHP 配置文件 php.ini 的位置，其中的“D:/php”为先前选择的 PHP 解压缩的目录。

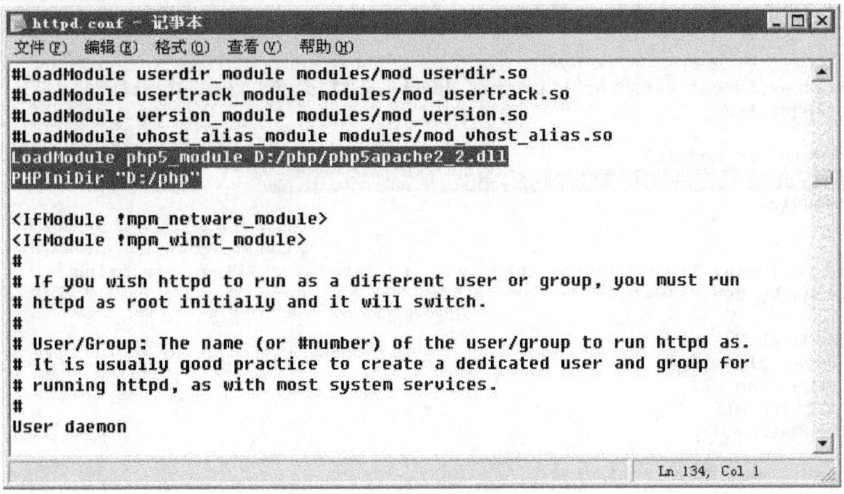

图 1-3-55 Apache 的配置文件

在如图 1-3-56 所示的位置加入“AddType application/x-httpd-php .php”“AddType application/ x-httpd-php .html”两行，也可以加入更多，实际上就是添加可以执行 PHP 的文件类型，比如，再加上一行“AddType application/x-httpd-php .htm”，则.htm 文件也可以执行 PHP 程序了，甚至还可以添加一行“AddType application/ x-httpd-php .txt”，让普通的文本文件格式也能运行 PHP 程序。

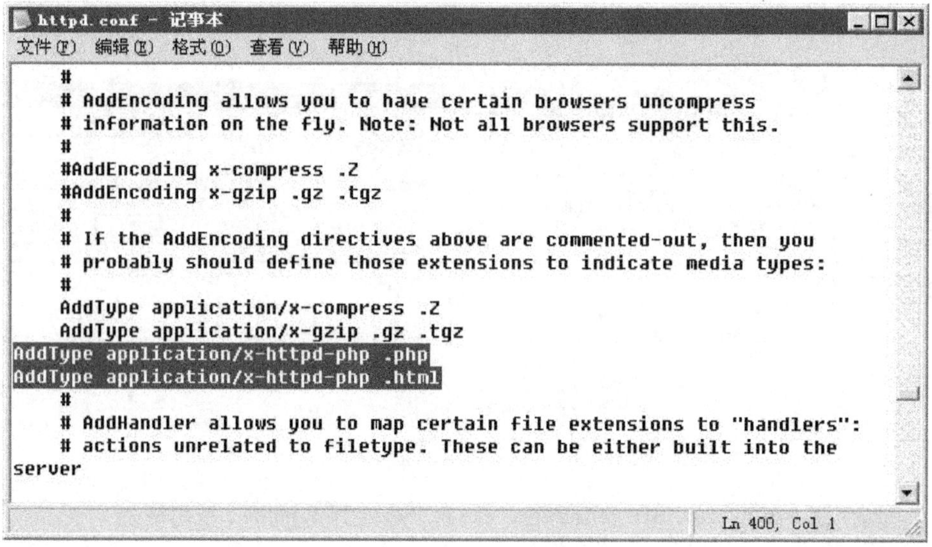

图 1-3-56　修改配置文件

前面所说的目录默认索引文件需要改一下，因为现在加了 PHP，有些文件就直接存为.php 了，所以可以把“index.php”设为默认索引文件，如图 1-3-57 所示，优先顺序可以自己决定，编辑完成后，保存并关闭记事本。

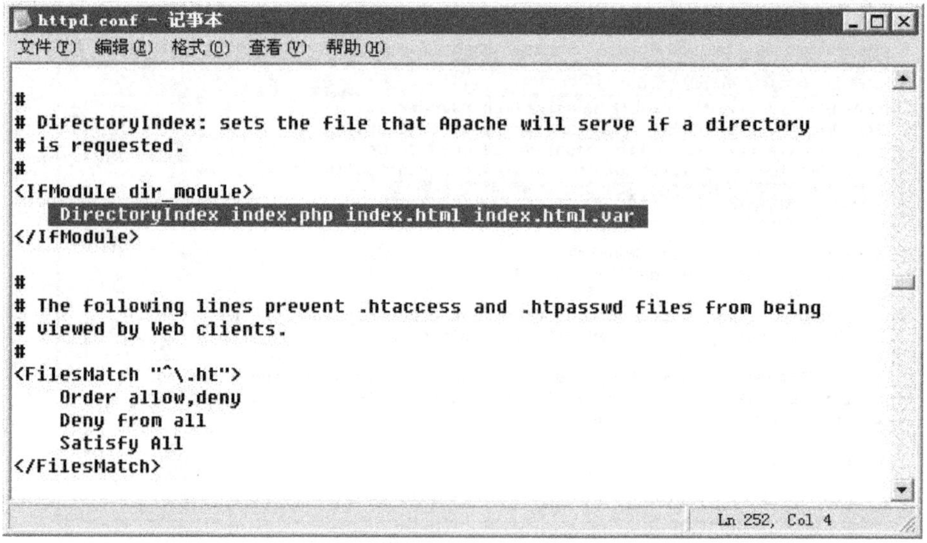

图 1-3-57　把“index.php”设为默认索引文件

现在 PHP 的安装与 Apache 的结合已经全部完成，用屏幕右下角的小图标重启 Apache，Apache 服务器就支持 PHP 了。

小知识

PHP 简介:

PHP 是英文超级文本预处理语言 Hypertext Preprocessor 的缩写。PHP 是一种 HTML 内嵌式的语言，是一种在服务器端执行的嵌入 HTML 文档的脚本语言，语言的风格类似于 C 语言，被广泛地运用。

任务小结

通过完成本任务需要掌握以下内容：

1）安装并配置 Apache2.2 Web 服务器。

2）安装并配置 PHP5.2。

3）安装 MySQL5.0 数据库管理系统。

4）配置 PHP 网页运行环境。

举一反三

1）通过互联网查找并掌握配置文件 httpd.ini 的常用参数的作用与用法。

2）通过互联网查找并掌握配置文件 php.ini 的常用参数的作用与用法。

任务4　应用网站模板设计网站

现在互联网上有很多网站生成模板、自助建站系统，它可以极大地提高网站建设效率，甚至如果找到合适的模板，可以只修改模板内容即可直接使用，不用修改网页代码。本任务将介绍如何搜索合适的模板、修改模板基本信息、利用模板完善网站首页。

子任务1　应用网站模板

任务描述

现在互联网上有很多网站生成模板、自助建站系统，利用搜索引擎搜索合适的网站模板、自助建站系统，并开始应用，可以极大地提高网站建设效率。本任务就是搜索合适的网站模板并应用，为创建古城 IT 商城网站作准备。

任务实施

1. 搜索合适的网站模板、自助建站系统

经过分析客户需求，分析网站的栏目、样式、功能模块，开发此网站，可以使用网站模板。这样可以提高网站开发效率、降低成本。

利用搜索引擎，在互联网上搜索合适的网站模板。

经过搜索、下载测试，决定使用动易网站管理系统，因为动易网站管理系统具有客户要求的所有功能模块，能够实现客户要求的功能；而且具有丰富的外观模板，能够满足客户的色彩搭配要求。

小知识

创建网站的方法

1. 自己开发

使用网页开发工具、数据库系统，手工开发网站。

2. 下载网站源代码，进行修改开发

在互联网上有很多网站源代码，各种版式的都有，有免费的，有收费的。在开发网站时，可以在互联网上搜索合适的网站源代码，然后购买或下载，最后修改源代码生成网站。这种开发方法可以提高开发效率，节约开发成本。

常见的网站源代码下载网站有：

站长之家：http://down.chinaz.com/

源码网：http://www.downcodes.com/

源码之家：http://www.mycodes.net/

3. 利用模板、自助建站系统

自助建站系统就是一套网站生成系统，通过模板和预建的模块来构建网站的Web应用程序，可以通过所见即所得的方式完成网站内容和网站布局的管理。CMS（Content Management System，内容管理系统）网站管理系统是自助建站的必选工具。传统的网页制作非常麻烦，CMS 管理系统专门有建好的模板，只要套上去就创建好网站了，非常简单，对建站的人的技术要求不高。

自助建站的优点如下：

1）使用自助建站系统，价格低，性价比高，节省资金。

2）根据市场的变化，可随时更改内容信息。

3）强大的产品展示平台，支持产品任意分类，产品可附带任意图片，同时具有详细的产品说明能力。

4）具有灵活的网站自定义能力，可以随时对栏目页面进行内容更新，网站建立后，仍然可以随时更换网站外观模板、网站标题。

自助建站系统有两种：

1）利用网页模板生成工具，在本地生成网页，然后发送到服务器上。

2）直接在线利用模板生成网页，因为在线网页可以是动态的，也可以是静态的。

在互联网上有很多自助建站系统，有免费使用的，有收费的。有的功能强大，但使用起来难度很大，有的比较简单，但使用容易。

常见的一些自助建站系统分类如下：

1）内容管理系统（CMS），如动易网站管理系统、EmpireCMS、PHP168CMS、DedeCMS、PhpCMS、KesionCMS 等。

2）个人博客系统（blog），如 wordpress、Z-blog、emlog、bo-blog、sablog 等。

3）企业成品网站系统，如万网梦工厂、宏博企业网站系统、华域资源建站宝盒等。

4）社区系统，如 Spacebuilder、Discuz、phpwind、supesite 等。

动易网站管理系统是国产 AspCMS 中非常强大的系统，包括个人版、学校版、政府版、企业版。后台功能包括：信息发布、类别管理、权限控制、信息采集，而且跟第三方的程序，比如论坛、商城、blog 可以完美结合，基本上可以满足一个大中型网站的要求。

2. 动易网站管理系统的安装配置

（1）安装动易组件

1）双击“动易安转软件”文件夹中的 PE2006_DLL.exe，启动动易网站模板组件的安装程序，如图 1-4-1 所示。

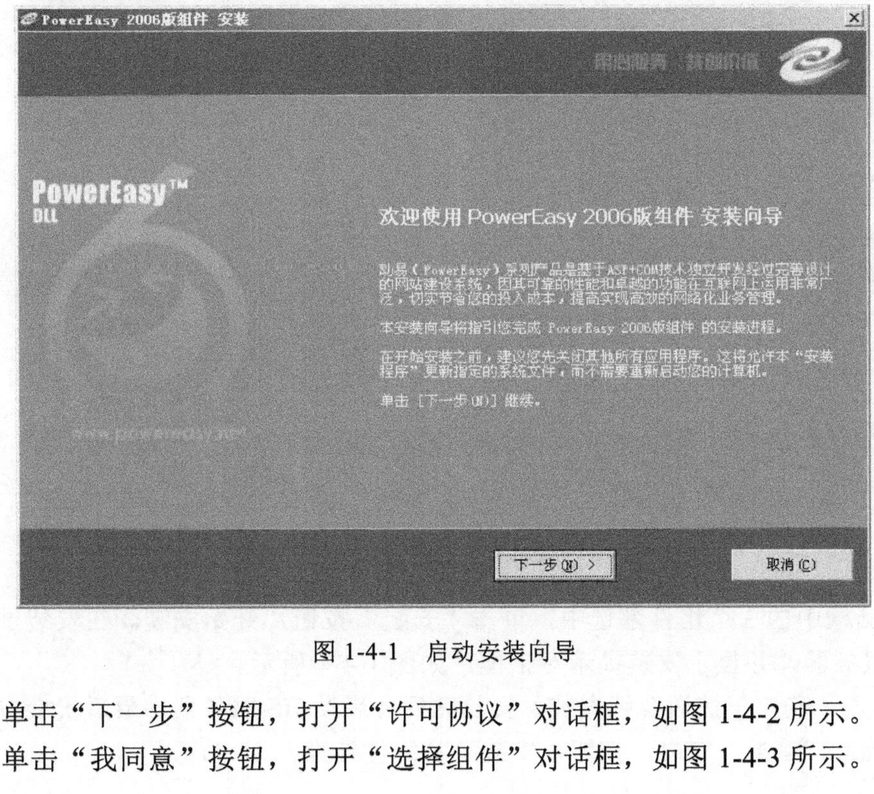

图 1-4-1 启动安装向导

2）单击“下一步”按钮，打开“许可协议”对话框，如图 1-4-2 所示。

3）单击“我同意”按钮，打开“选择组件”对话框，如图 1-4-3 所示。

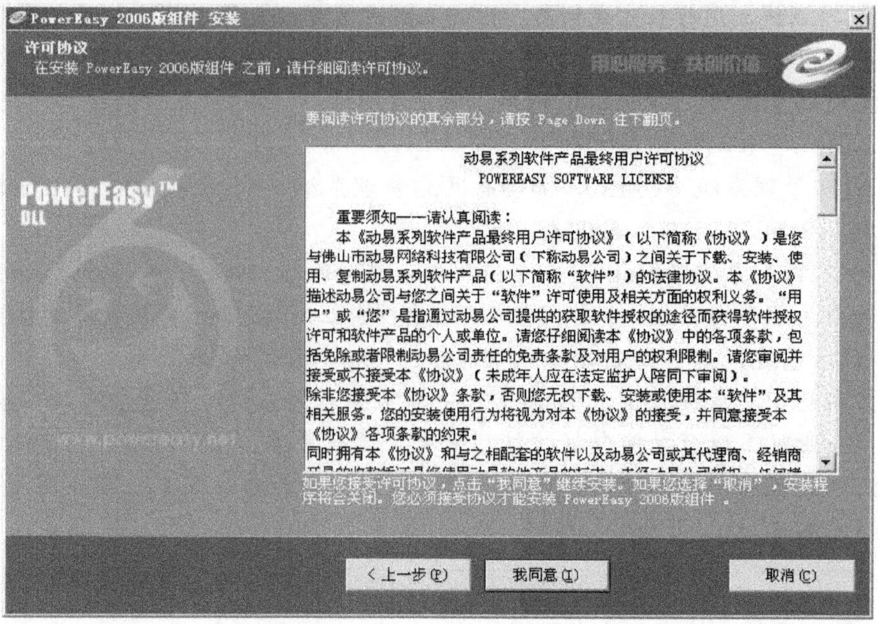

图 1-4-2　许可协议

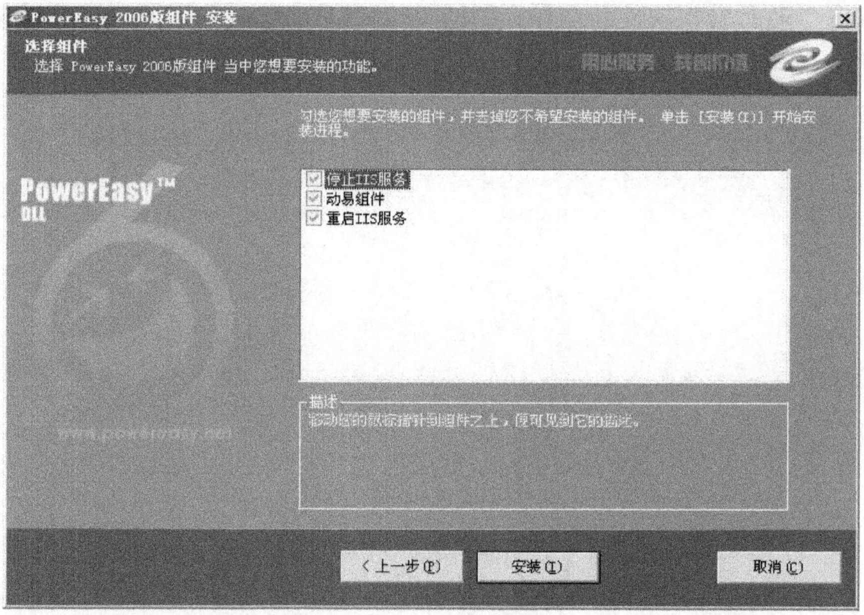

图 1-4-3　选择组件

将对话框中的 3 个组件都选中，单击“安装”按钮，开始安装。在安装过程中会停止 IIS 服务器，并显示安装提示对话框，如图 1-4-4 所示。

4）单击“确定”按钮继续安装，安装完后会启动 IIS 服务器。最后安装成功，如图 1-4-5 所示。单击“完成”按钮，安装动易组件结束。

图 1-4-4 安装提示

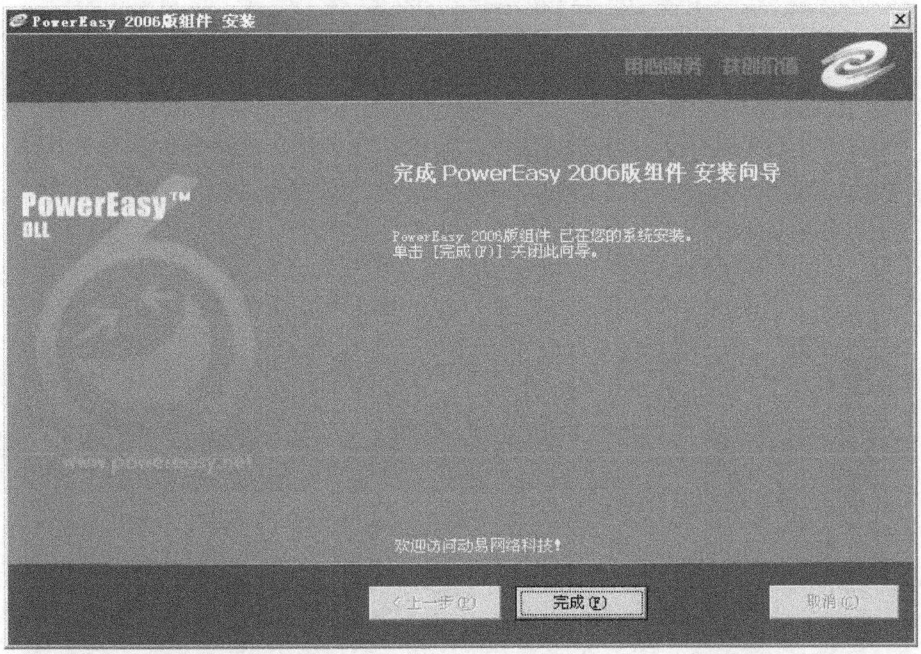

图 1-4-5 安装成功

（2）安装动易网站模板

1）双击“动易安装软件”文件夹中的PowerEasy2006.exe，开始安装，如图 1-4-6 所示。

2）单击“下一步”按钮，打开“许可协议”对话框，单击“我同意”按钮，打开“选择安装位置”对话框，设置文件安装路径为 C:\PowerEasy\，如图 1-4-7 所示。单击“安装”按钮开始安装，安装结束后显示安装完成对话框，单击“完成”按钮即可。

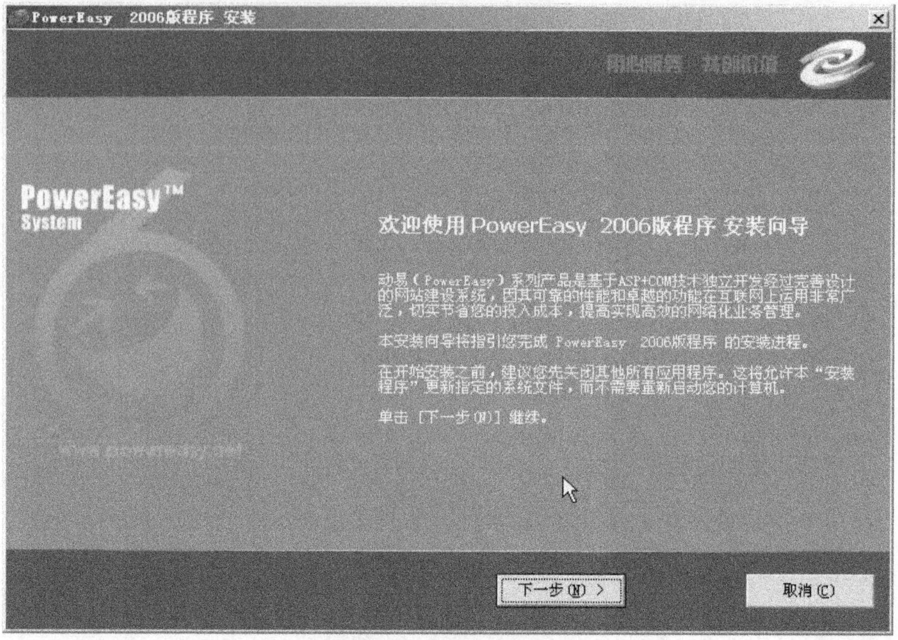

图 1-4-6　启动安装向导

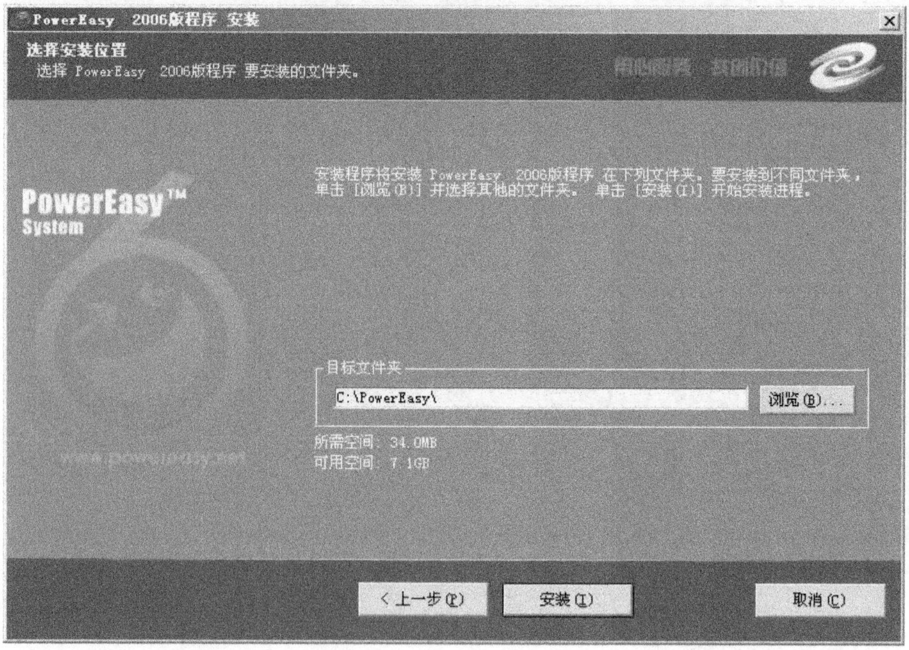

图 1-4-7　选择安装位置

3）打开 C:\PowerEasy\文件夹，选择“Database”文件夹并单击鼠标右键，在弹出的快捷菜单中选择“属性”选项，打开“Database 属性”对话框，如图 1-4-8 所示。

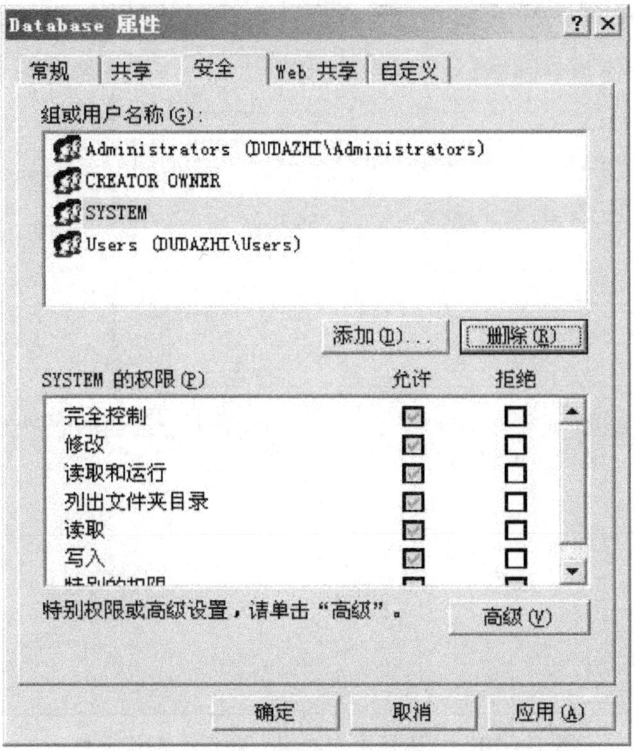

图 1-4-8 “Database 属性”对话框

4）单击“添加”按钮，打开“选择用户或组”对话框，如图 1-4-9 所示。

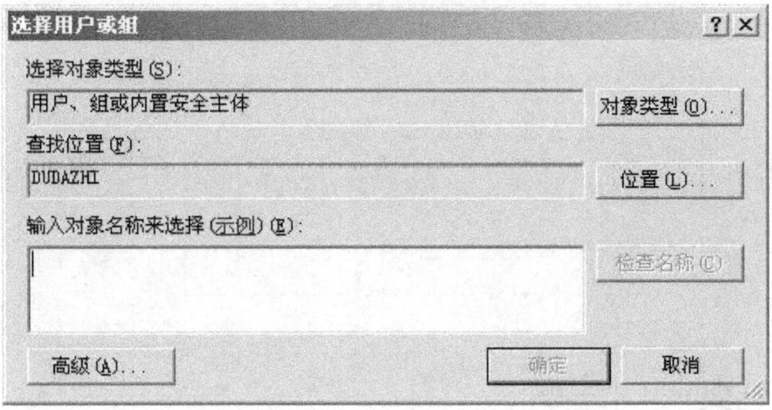

图 1-4-9 “选择用户或组”对话框

5）单击“高级”按钮，打开“选择用户或组”对话框高级属性，如图 1-4-10 所示。

6）单击“立即查找”按钮，搜索结果显示出各种用户，如图 1-4-11 所示。

7）在搜索结果中选择“IUSR_DUDAZHI”，单击“确定”按钮，返回“选择用户或组”对话框，如图 1-4-12 所示。

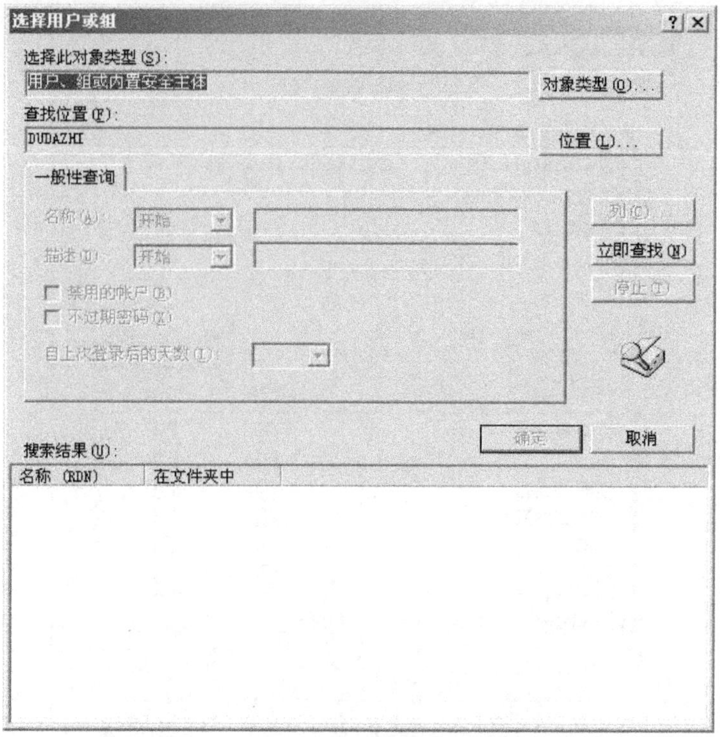

图 1-4-10 “选择用户或组”对话框高级属性

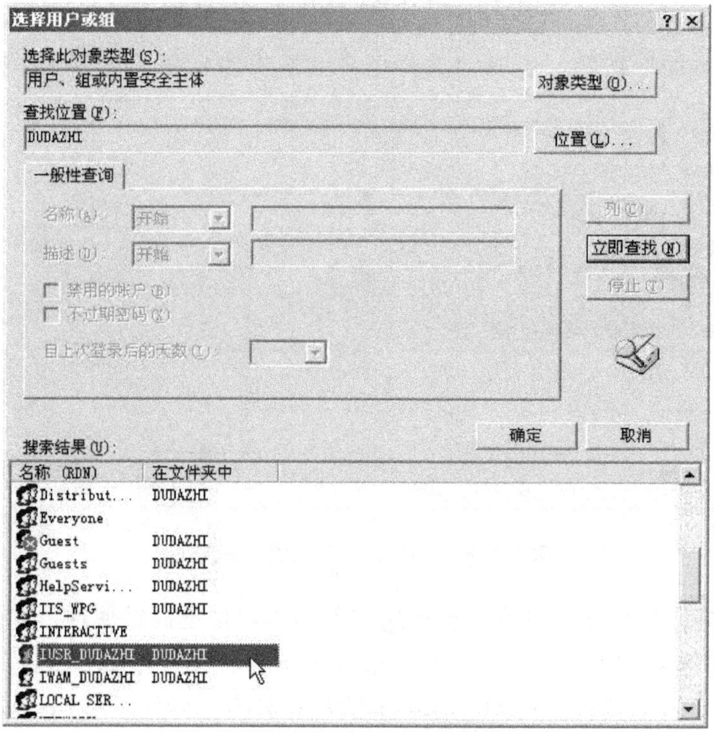

图 1-4-11 搜索结果显示

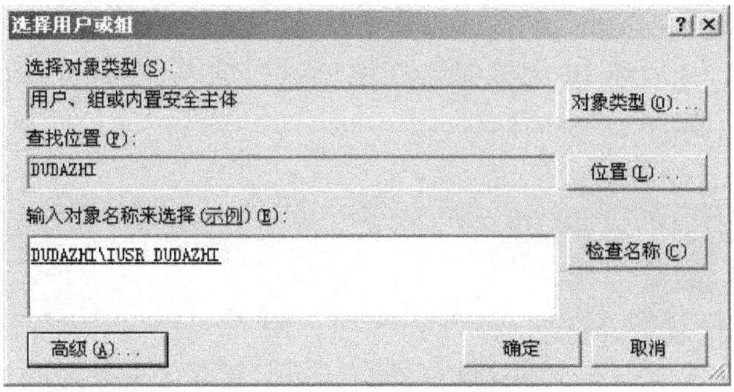

图 1-4-12 已选择对象名称

8）单击“确定”按钮，返回“Database 属性”对话框，在“组或用户名称”选择框中添加了“Internet 来宾账户（DUDAZHI\IUSR_DUDAZHI）”，将其选择，并在下面的权限设置中，选中“修改”的“允许”权限，如图 1-4-13 所示。

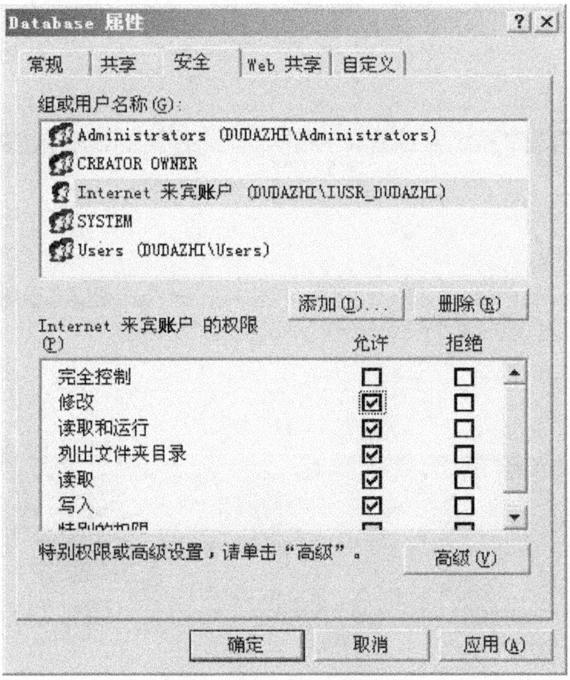

图 1-4-13 设置属性

9）单击“确定”按钮，Database 文件夹权限设置成功。

小知识

IUSR_DUDAZHI 用户为 Internet 来宾账户，其中下划线（_）后的 DUDAZHI 为当前计算机名，在用不同的计算机操作时 IUSR_后的内容会不同。

按相同的方法为操作系统 Windows 文件夹中的 Temp 文件夹添加 Internet 来宾账

户，并赋予修改的权限。

10）设置好以后，启动 IE 浏览器，在地址栏中输入“http://localhost/index.asp”。打开网站模板首页，如图 1-4-14 所示。

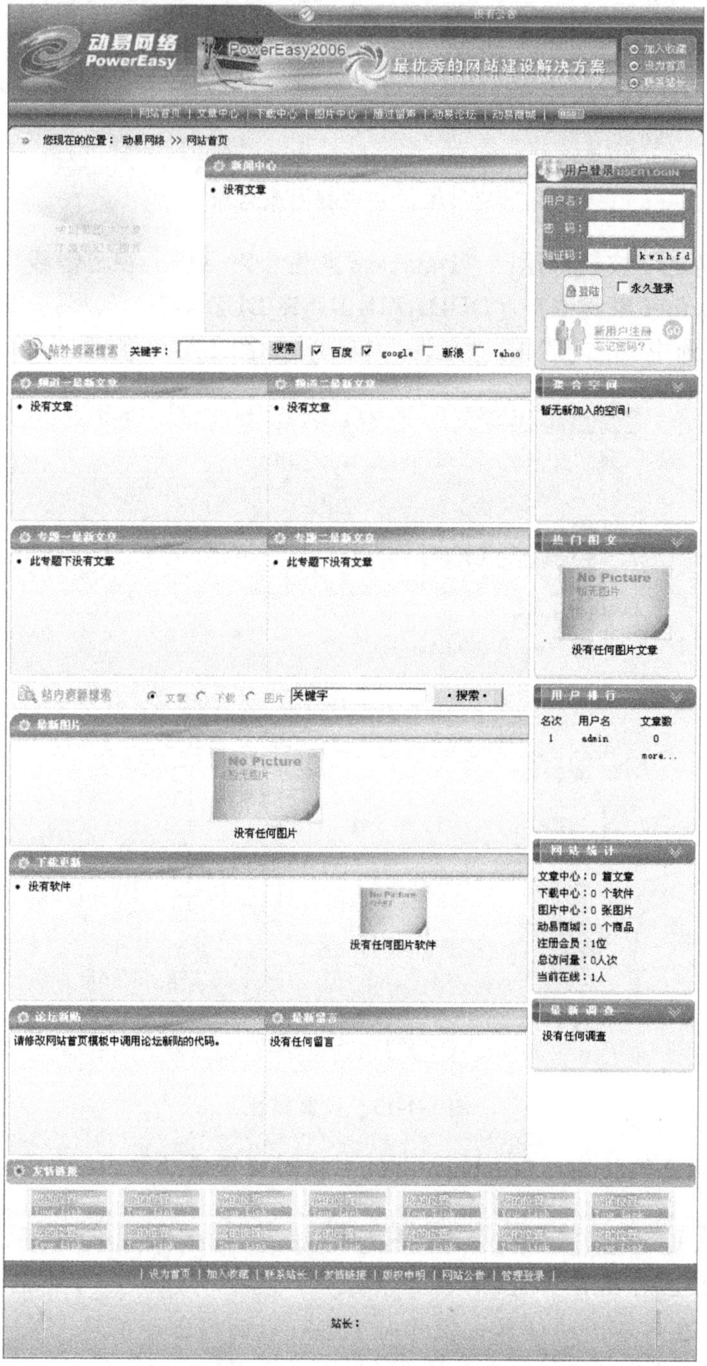

图 1-4-14　网站模板首页

任务小结

通过完成本任务要掌握以下内容：

1）了解常见的网站模板。

2）搜索并收集网站模板。

3）按要求安装并配置网站模板。

举一反三

1）在互联网上搜索各种网站模板、网站管理系统并下载。

2）安装并配置网站模板、网站管理系统。

3）在互联网上搜索一种适用于创建个人网站的网站模板并下载，应用此网站模板，为创建个人网站做准备。

子任务2 设置网站基本信息

任务描述

在搜索到合适的网站模板并配置好以后，就可以开始创建网站了。首要设置网站的基本信息、外观风格、栏目等。本任务就是通过使用网站后台管理系统来设置古城IT商城的基本信息，从而学习网站基本信息、外观风格、栏目等的设置方法。

任务实施

1. 登录网站后台

1）启动IE浏览器，在地址栏中输入 http://localhost/index.asp，进入网站首页，如图1-4-15所示。单击“管理登录”链接，进入管理员登录界面，如图1-4-16所示。输入用户名和密码（用户名为“admin”，密码为“admin888”，管理员认证为“PowerEasy2006”）。

图1-4-15 网站首页

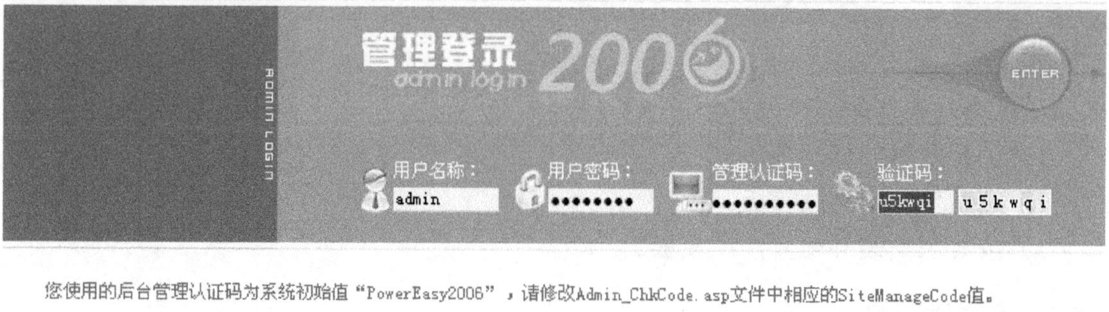

图 1-4-16　管理员登录界面

2）按回车键后，进入网站后台管理界面，如图 1-4-17 所示。

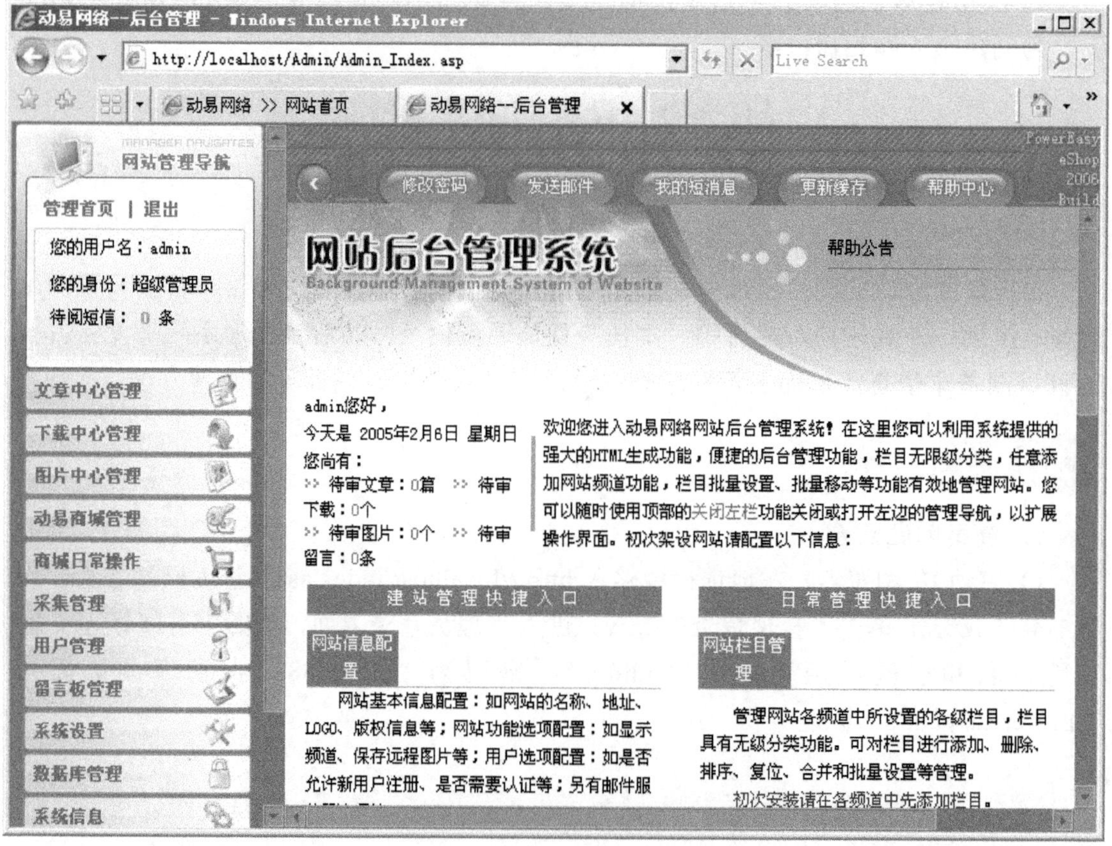

图 1-4-17　网站后台管理界面

3）单击"网站信息配置"链接，进入网站信息配置网页，设置网站基本信息，如图 1-4-18 所示。单击"保存设置"按钮，进入如图 1-4-19 所示网页。

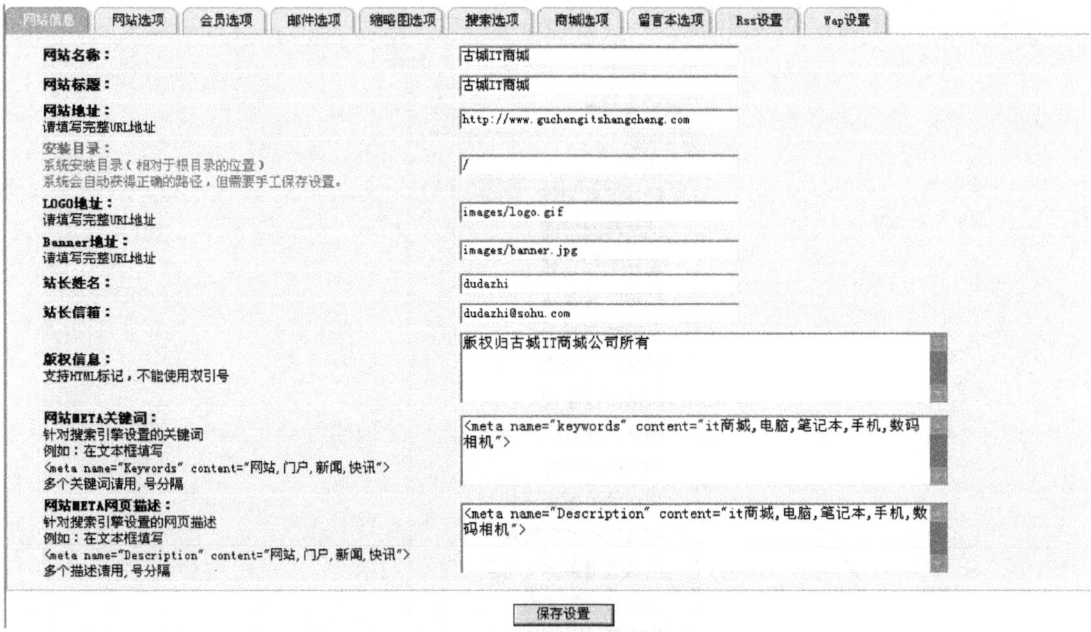

图 1-4-18 网站信息配置

小知识

网站关键字：

网站关键字就是一个网站给网页设定的以便用户通过搜索引擎能搜到本网站的词汇，网站关键字代表了网站的市场定位。

4）选中“rss 设置”标签页。在“网站是否启用 RSS 功能”项中选择“否”单选按钮，如图 1-4-19 所示。单击“保存设置”按钮，使主页不显示“RSS”导航。

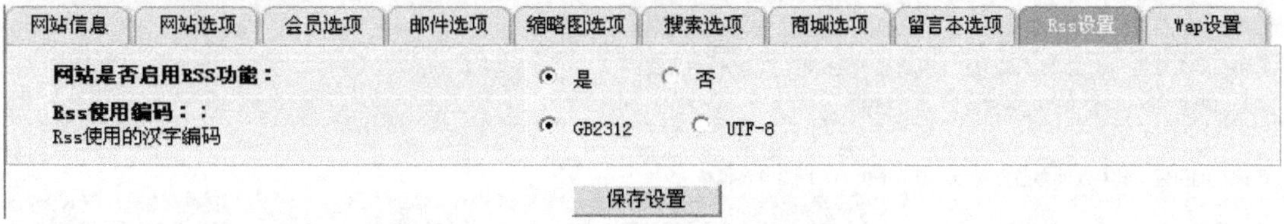

图 1-4-19 “rss 设置”标签页

2. 更换网站模板

1）单击网站后台管理界面左侧导航栏中的“系统设置”选项展开导航，如图 1-4-20 所示。

2）单击“网站通用模板页管理”超级链接，打开“通用模板管理”页面，如图 1-4-21 所示。

3）单击网站首页模板下第二个模板中的“设为系统默认”，网站首页改用“2006

海蓝网站首页”模板。效果如图 1-4-22 所示。

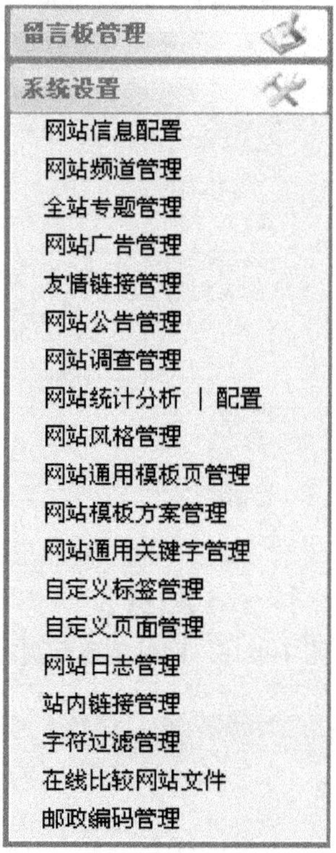

图 1-4-20　系统设置信息

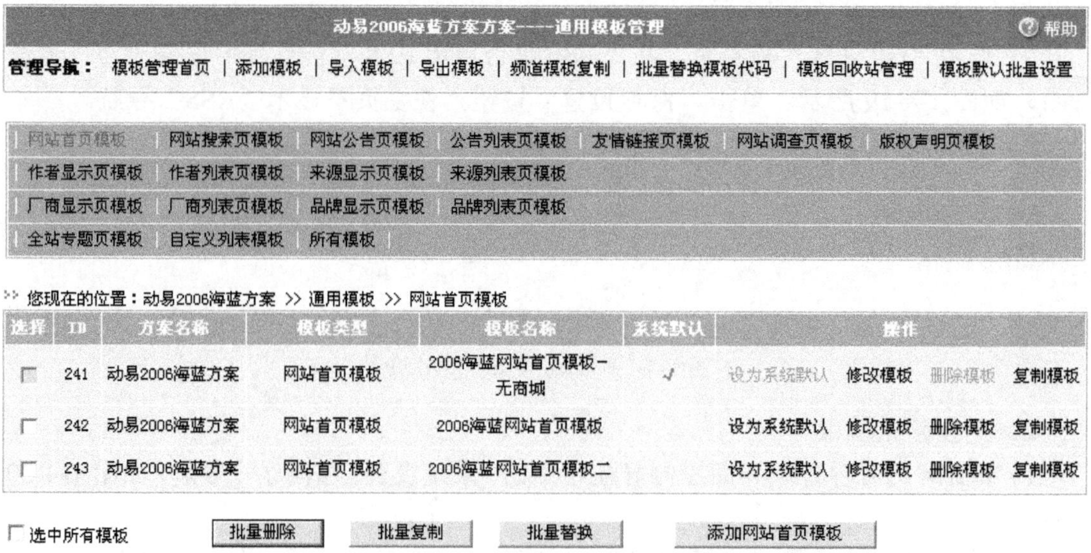

图 1-4-21　“通用模板管理”页面

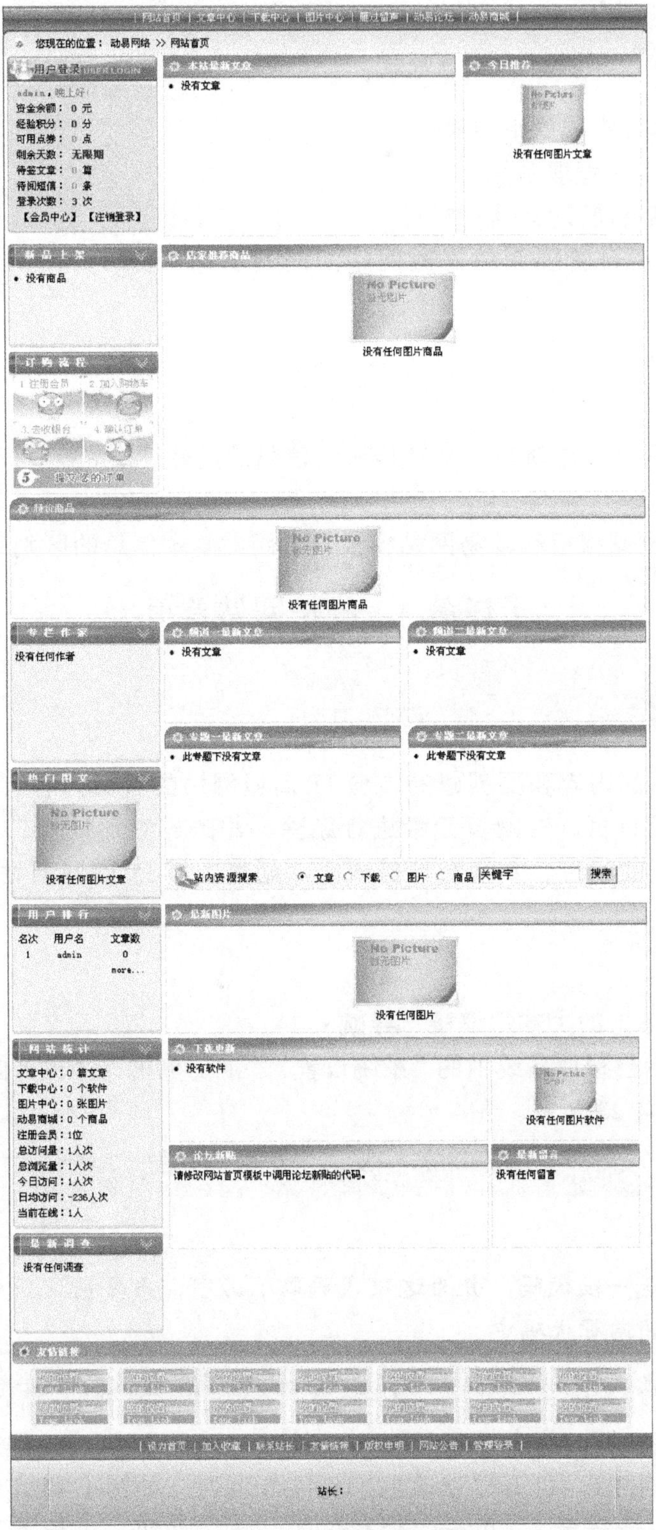

图 1-4-22　更改后的网站首页

任务小结

通过完成本任务掌握以下内容：

1）登录网站后台管理系统。

2）了解网站后台管理系统的功能。

3）通过网站后台管理系统修改网站的网站名称、logo、关键字、版权等基本信息。

举一反三

1）使用动易网站系统新建一个宣传班级信息的网站。并更换网站的模板，设置网站基本信息。

2）比较其他网站模板和动易网站模板设置网站基本信息的区别和共同点。

子任务3　维护网站首页

任务描述

网站模板首页的内容和要创建的古城IT商城网站的首页内容有很多不同，这就需要完善网站模板首页，对网页元素进行删除、修改、添加操作。本任务就是通过修改网站模板首页的栏目、友情链接等内容，创建古城IT商城网站首页。

任务实施

1. 删除首页下方的“友情链接”导航

1）展开网站后台管理系统中的“系统设置”栏目，单击其中的“自定义标签管理”链接，显示如图1-4-23所示。

小知识

动易标签：

动易标签就是一段代码，并为这段代码取了名字，当要用这段代码时，只需将其名字写在要放的网页代码中。

2）在图1-4-23中，单击标签名称为“{$MY_动易2006海蓝网页底}”标签右侧的“修改”操作链接，打开“修改静态标签”页面，如图1-4-24所示。在“设计模式”中删除“友情链接|”，单击“保存修改结果”按钮，去掉首页下方导航中的“友情链接”。

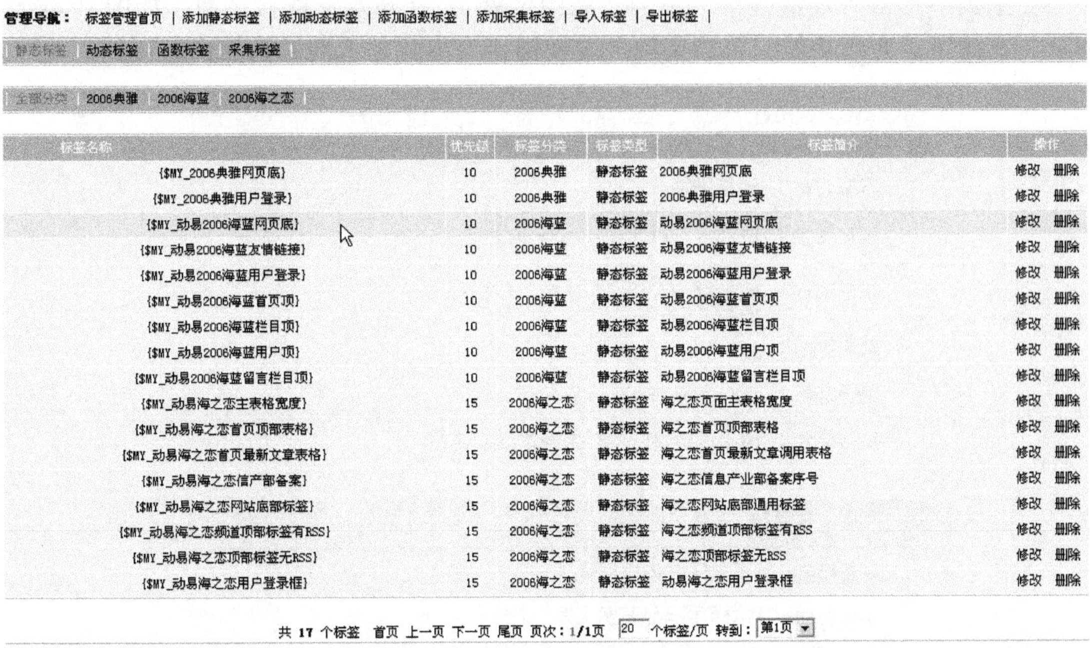

图 1-4-23　自定义标签管理

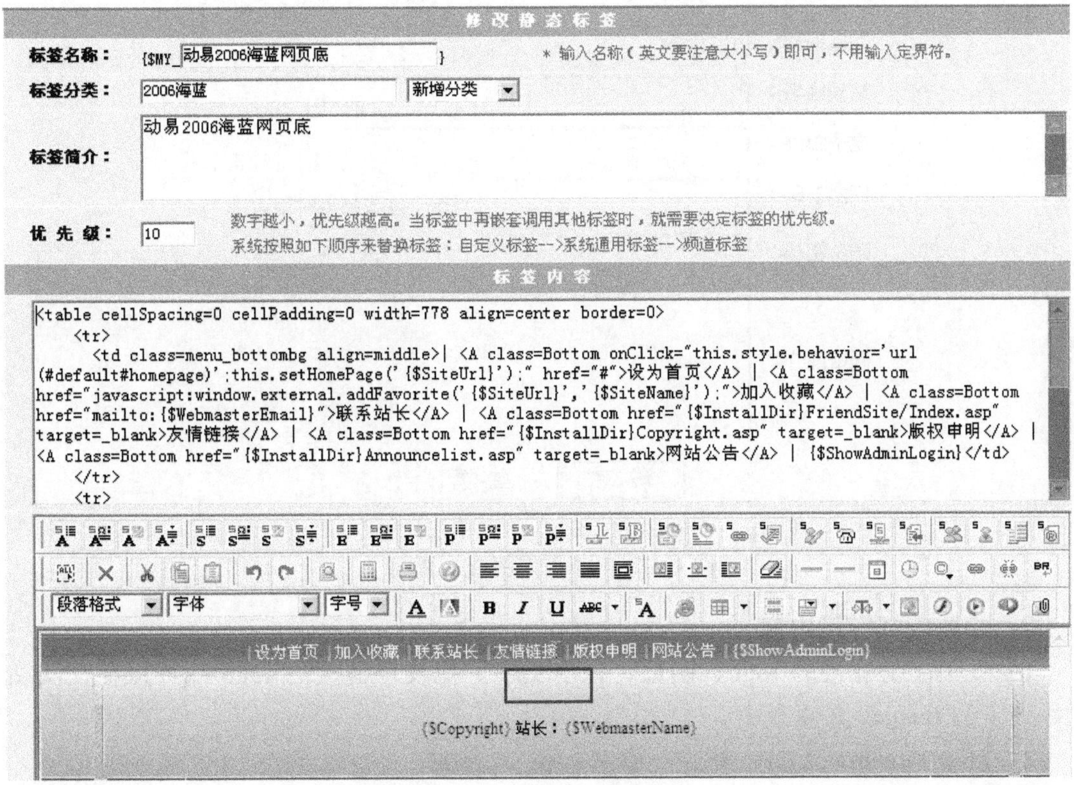

图 1-4-24　“修改静态标签”页面

在主页中单击“友情链接”下的“您的位置”，打开友情链接页面，如图 1-4-25 所示，在此不需要此功能，希望实现“友情链接”下就是本网站的友情链接。

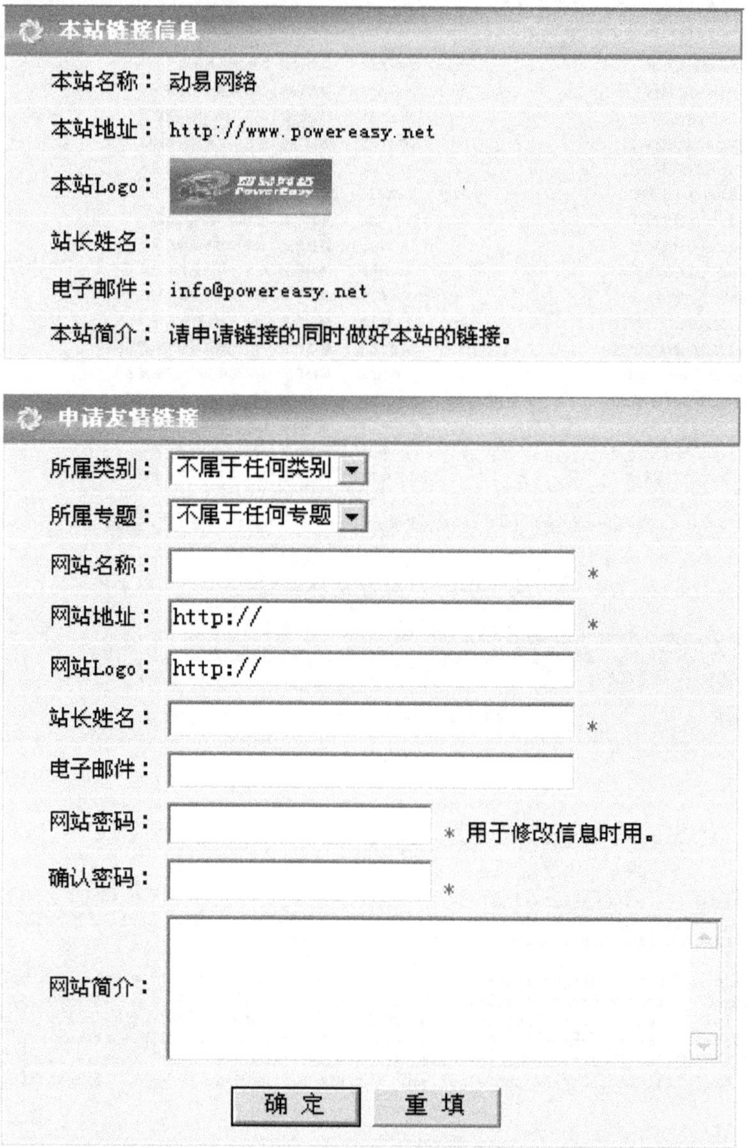

图 1-4-25　申请友情链接页面

2. 修改友情链接内容

1）收集友情链接的 logo、网址、说明文字。把友情链接的 logo 图片保存在网站文件夹下的 images 文件夹中。

2）启动 Dreamweaver，新建一个基本页 yq.html。

在页面中插入一个 1 行 7 列的表格，其属性设置为宽 100%，间距 5，如图 1-4-26 所示。

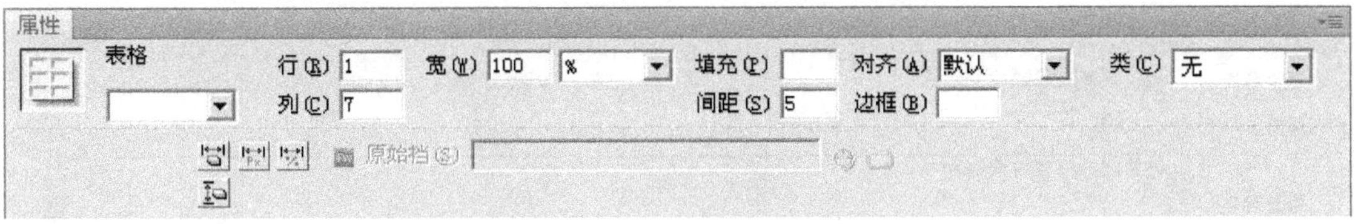

图 1-4-26 设置表格属性

3）设置所有单元格，水平居中对齐。

4）在第 1 列单元格插入图片 360buy.gif，设置超级链接 http://www.360buy.com，替换为“京东商城”，目标为_blank，如图 1-4-27 所示。

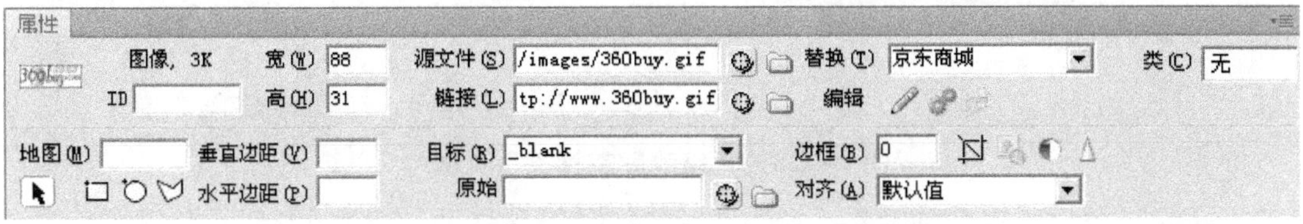

图 1-4-27 插入图片 360buy.gif 并设置属性

5）按照上述方法依次在后面的单元格中插入表 1-4-1 中所示的内容，并进行设置。

表 1-4-1 在后面的单元格中插入图片

图片文件名	超级链接	替换	目标
3qit.gif	http://www.3qit.com	三秦 IT 网	_blank
Zolcn.gif	http://www.zol.com.cn	中关村在线	_blank
pconlinecn	http://www.pconline.com.cn	太平洋电脑网	_blank
Baidu.gif	http://www.baidu.com	百度搜索	_blank
Pchome.gif	http://www.pchome.com	电脑之家	_blank
beareyes	http://www.beareyes.com.cn	小熊在线	_blank

6）选中表格，按<Ctrl+C>组合键复制表格。

7）进入网站后台，单击“系统设置”中的“自定义标签管理”，打开标签管理页面，选择标签名称为“{$MY_动易 2006 海蓝友情链接}”标签右侧的“修改”操作链接，打开“修改静态标签”页面，如图 1-4-28 所示。

8）把标签内容中的“{$ShowFriendSite（1，14，7，2）}”替换成在 Dreamweaver 中制作的表格代码，如图 1-4-29 所示。

9）单击“保存修改结果”按钮，刷新首页后的友情链接，如图 1-4-30 所示。

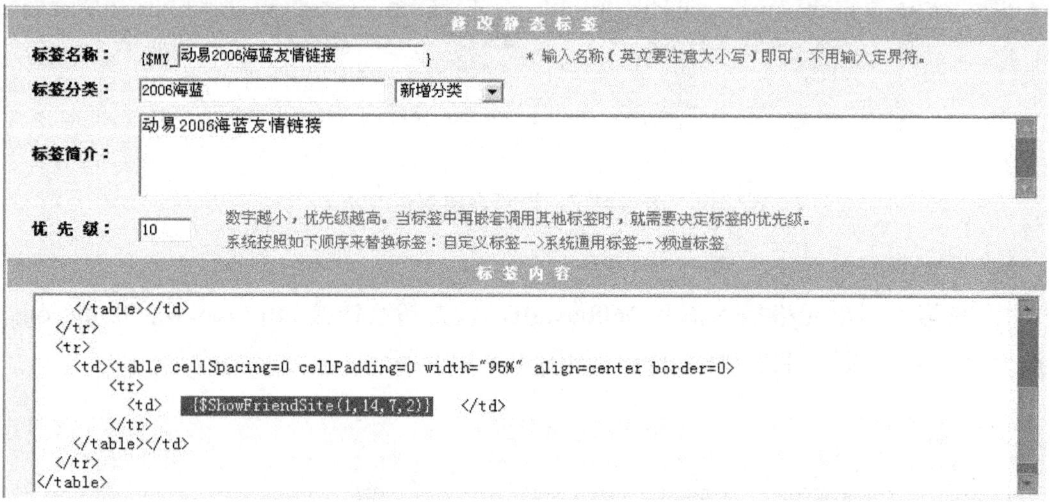

图 1-4-28 “修改静态标签”页面

图 1-4-29 替换后的代码

图 1-4-30 修改后的友情链接

3. 修改首页栏目

1）进入网站后台管理页面，单击“系统设置”下的“网站频道管理”链接，打开“频道管理”页面，如图1-4-31所示。

2）单击频道名称为“动易论坛”频道右侧的“禁用”操作链接，删除“动易论坛”频道。单击频道名称为“文章中心”频道右侧的“修改”操作链接，打开“频道修改”页面，如图1-4-32所示。修改频道名称为“行业新闻”，单击“保存修改结果”按钮。

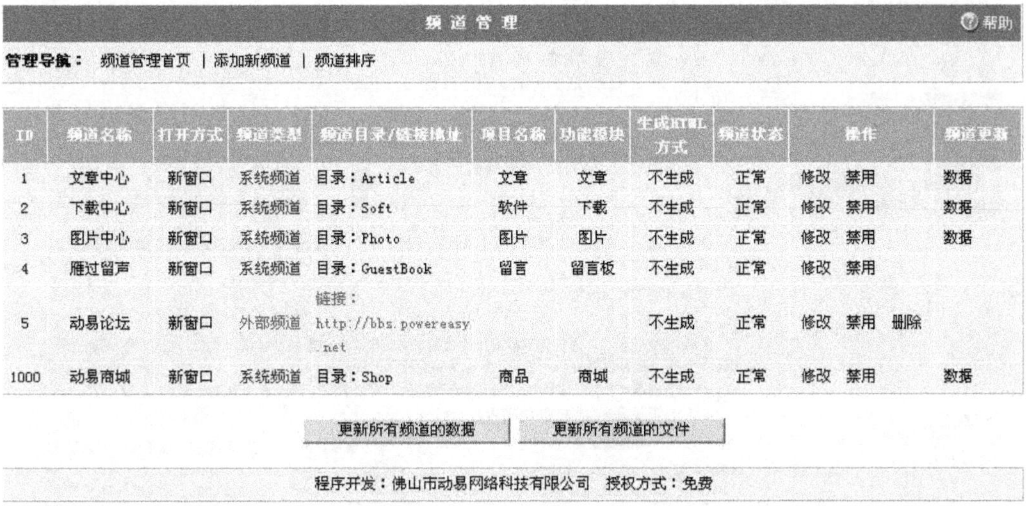

图1-4-31　“频道管理”页面

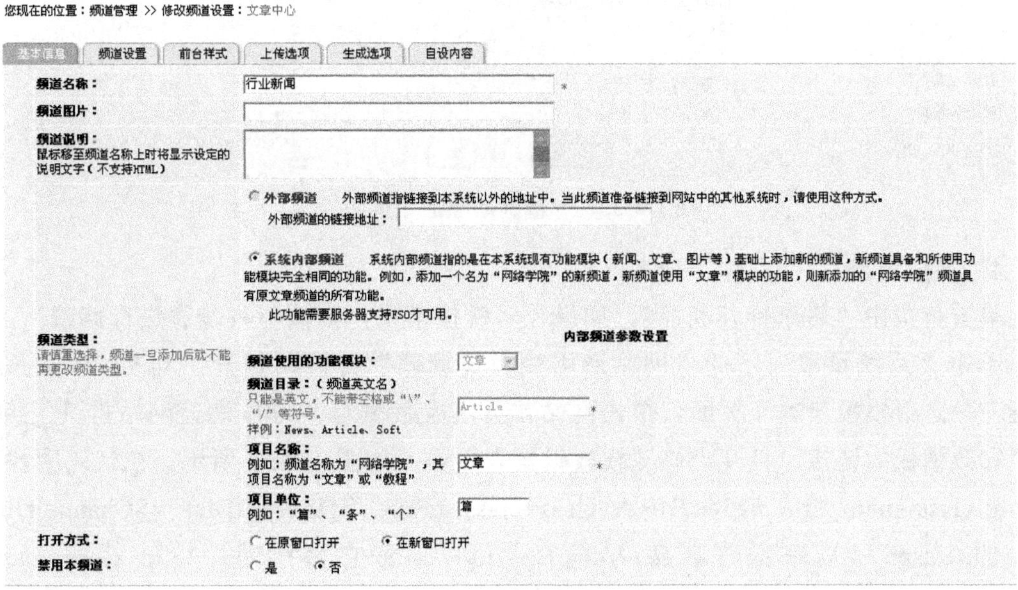

图1-4-32　“频道修改”页面

3）按照上述操作把频道名称“雁过留声”改为“留言板”，把“动易商城”改为“IT 商城”。

4）单击“管理导航”中的“添加新频道”，显示“添加新频道”页面。频道名称为“评测中心”，频道使用的功能模块为“文章”，频道目录为“pingcezhongxin”，项目名称为“内容”，单位为“篇”，其他默认，如图 1-4-33 所示。单击“保存修改结果”按钮保存。

5）刷新网站首页，效果如图 1-4-34 所示。

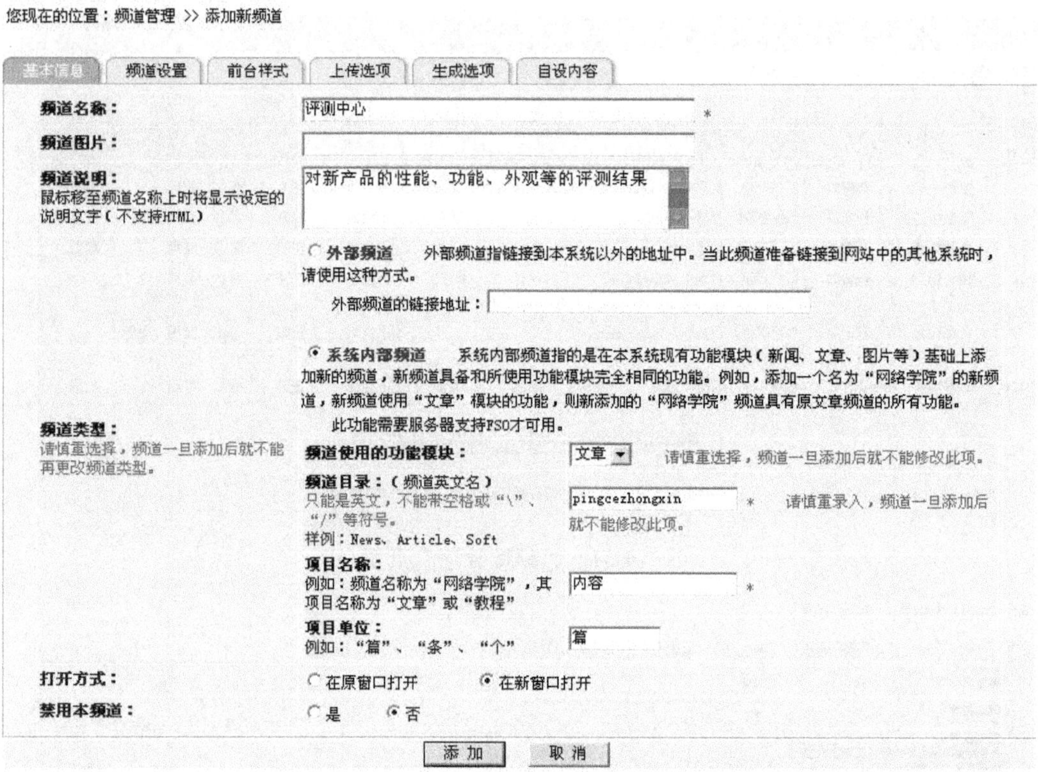

图 1-4-33　“添加新频道”页面

4．完成链接

单击首页中“店家推荐商品”，如果显示链接错误，则按下列步骤进行修改。

单击“系统设置”下的“网站通用模板页管理”链接，打开“动易 2006 海蓝方案——通用模板管理”页面，单击网站首页模板名称为“2006 海蓝网站首页模板”的“修改模板”链接，打开“修改模板设置”页面，如图 1-4-35 所示。在代码中找到‘<td class=main_title_575><B><A class=class href=“{$InstallDir}{$ChannelDir}/ShowElite.asp”>店家推荐商品</A></B></td>’，把它替换为：‘<td class=main_title_575><B><A class=class href=“shop/ShowElite.asp”>店家推荐商品</A></B></td>’。

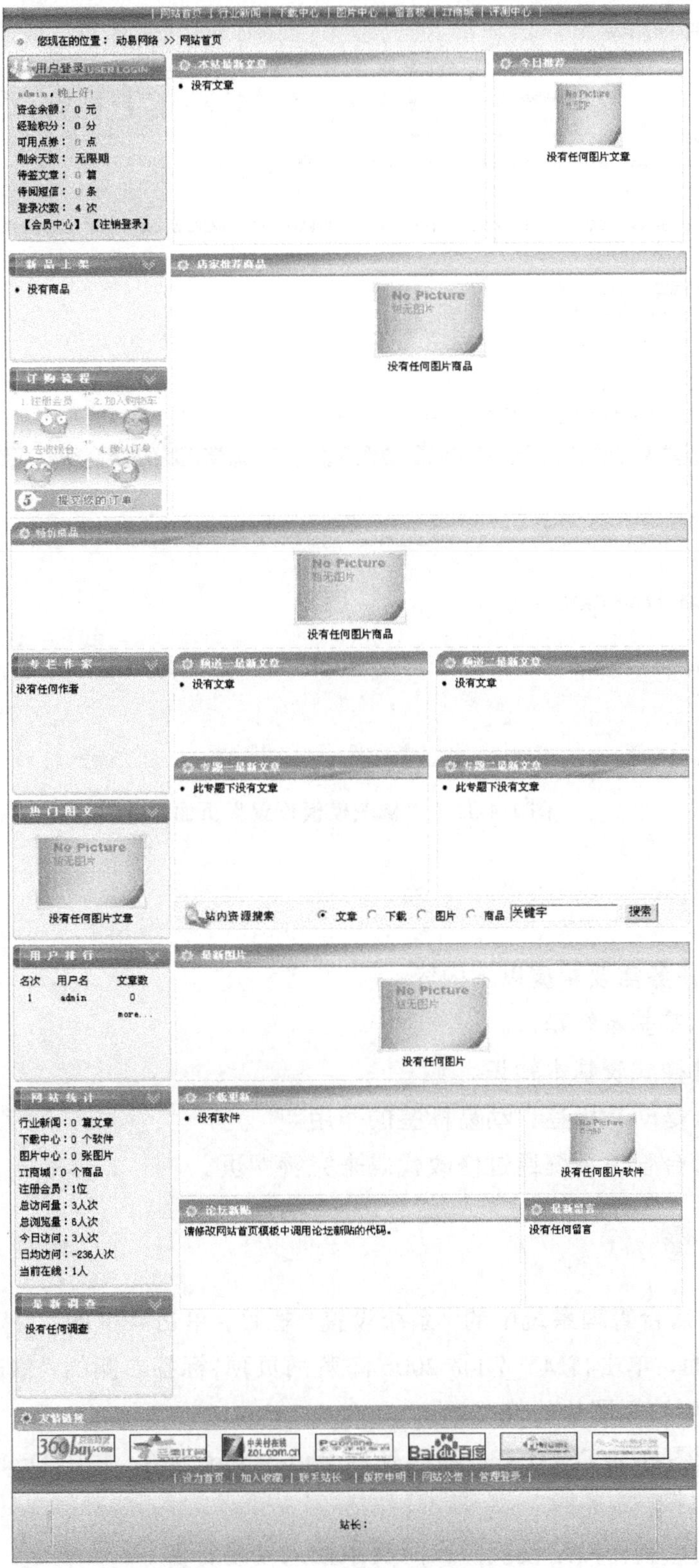

图 1-4-34　修改后的网站首页

图 1-4-35 “修改模板设置”页面

任务小结

通过完成本任务需要掌握以下内容：

1）HTML 标签基本知识。

2）CSS 层叠样式表基本知识。

3）了解什么是动易标签、动易标签的作用。

4）在网站后台管理系统通过修改代码来完善网页。

举一反三

1）展开网站后台管理系统中的“系统设置”栏目，单击其中的“自定义标签管理”链接，显示出界面，单击{$MY_动易 2006 海蓝网页顶}标签右侧的“修改”操作链接，完成网站首页顶部站标图片的修改。

2）利用所给图片 JYFS4-1.JPG 练习使用 Photoshop 切图，并在 Dreamweaver 中制作成网页。

3）通过切图，制作网站模板，在网页中插入动易标签。

任务5 设计与维护会员管理员管理模块

本网站的维护工作量非常大，需要多人分工协作，包括添加商品信息、添加新闻、审核新闻、处理订单等。不同的人应做不同的工作，互不干涉。本任务通过为古城IT商城添加会员、管理员、分配管理员权限，学习会员管理、管理员管理。

子任务1 添加会员

任务描述

很多网站需要通过会员登录成为网站的会员后才能使用网站的一些功能。本网站为了用户能够更方便地订购商品、添加留言和与商城进行沟通，就需用户成为网站的会员，如果想添加管理员，那么也必须先成为其会员。本任务就是向古城IT商城网站添加会员。

任务实施

1．添加普通会员zhangsanpt

1）打开网站首页，单击网站首页中的“新用户注册”，进入“新用户注册”界面，如图1-5-1所示。

图1-5-1 “新用户注册”界面

2）打开“服务条款和声明”对话框，如图1-5-2所示。

3）单击“我同意”按钮，打开“新会员注册”对话框，输入会员名：zhangsanpt，密码：zhangsan，如图1-5-3所示。

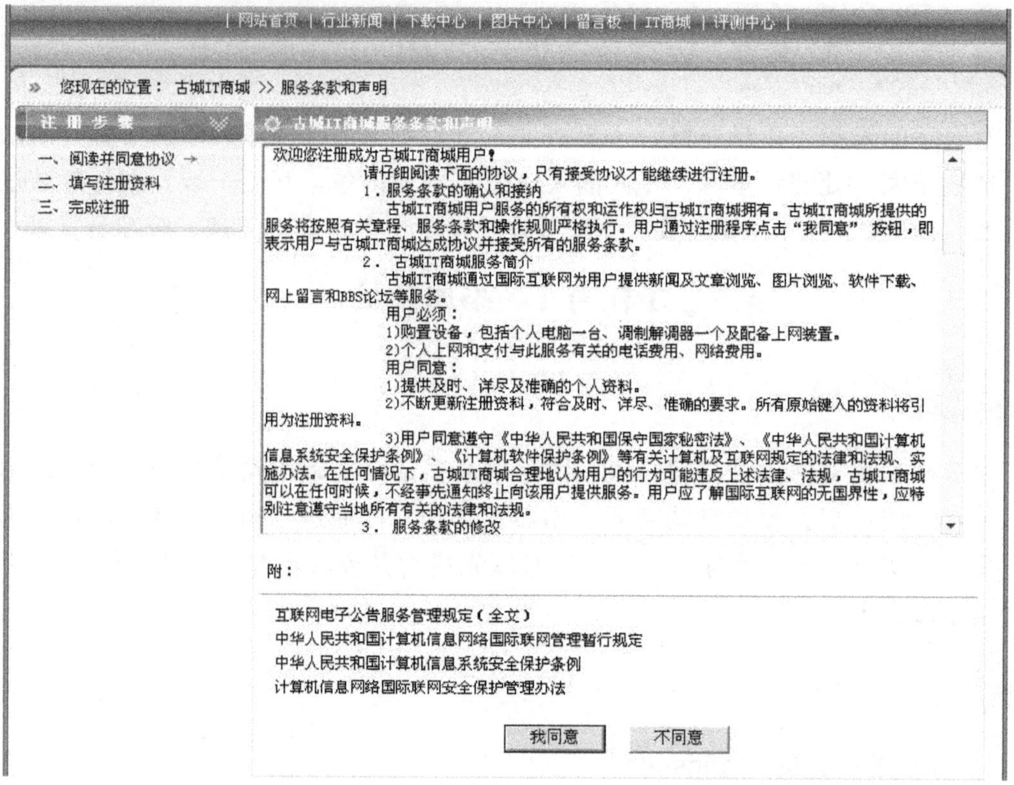

图 1-5-2 “服务条款和声明”对话框

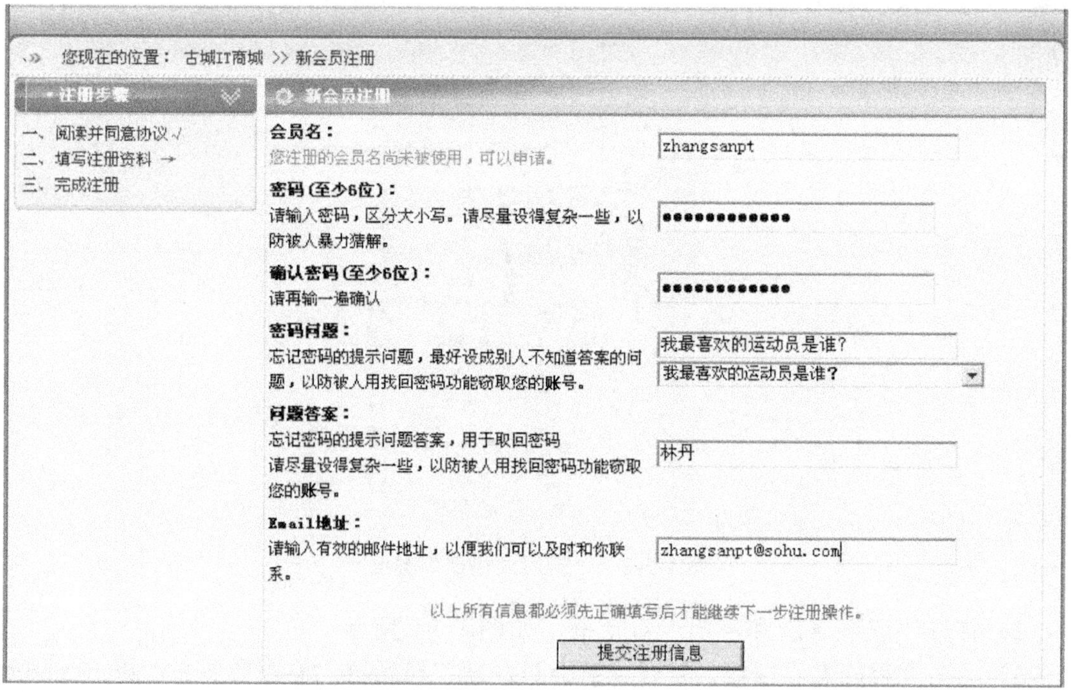

图 1-5-3 “新会员注册”对话框

4）单击“提交注册信息”按钮提交信息。弹出“成功注册用户”对话框，如图 1-5-4 所示，注册成功。

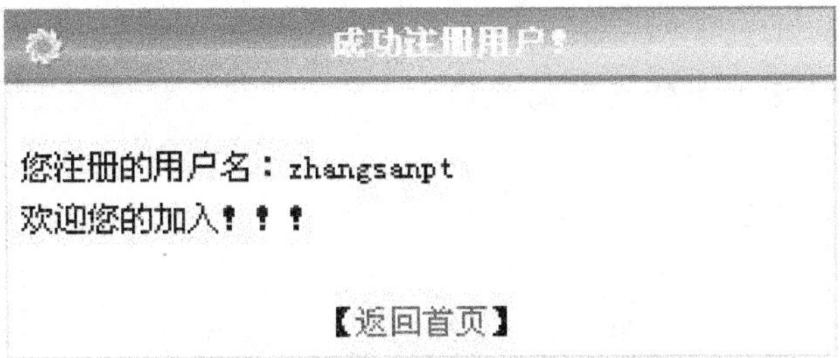

图 1-5-4 “成功注册用户”对话框

小知识

（1）会员　通过注册输入个人、组织、团体等信息，经过网站认证成为网站的会员，在使用网站时具有会员的权限。

（2）设置密码时应注意的事项

1）不要使用用户名（账号）或用户名（账号）的变换形式作为密码。尽管这种方法便于记忆，但是在安全上几乎是不堪一击。几乎所有以破解密码为手段的黑客软件，都首先会将用户名作为密码的突破口。

2）不要使用自己或者亲友的生日作为密码。这种密码具有很大的欺骗性，虽然从数学理论上看很难得到破解，但实际上通过一段时间进行推理搜索是很容易被破解的。

3）不要使用常用的英文单词作为密码。虽然这种方法比前几种方法要安全一些，但如果不是研究英语的专家，那么选择的英文单词恐怕十之八九可以在黑客的字典库中找到。

4）不要使用 5 位或 5 位以下的字符作为密码。由于大部分用户喜欢使用的字母、数字结合方法都有共性，所以 5 位密码的使用还是很容易被破解的。

综上所述，怎样的密码才是安全的呢？首先必须是 8 位长度，其次必须包括大小写字母、数字，如果有控制符则更好，最后就是不要太常见。比如，e8B3Z6v0 或者 fOOL6mAN 这样的密码都是比较安全的。不过再安全的密码也不是无懈可击的，只有安全的密码配上 3～6 个月更换一次的安全制度才是真正安全的。

（3）密码保护　密码保护是注册过程中的关键环节，尤其是对账户安全级别比较高的网站，在账号被盗或者涉及安全登录等问题的情况下，密码保护问题可以作为用户身份识别信息，来通过账号异常登录（如密码被盗、账户被封等）等权限认证。用户设置时应注意以下问题：

1）安全性。由于设置密码保护问题的最关键因素就是安全性，因此需要只有注册的用户本人才能提供正确的答案，不易被别人猜中或被机器破解。设计时可以参考以下因素。

①答案不要问用户经常用到的信息，这样防止别人通过打听或调查而轻易获得。

比如，你的小名、生日、身份证号、电话号码、地址、宠物的名字等。

②问题最好和用户的隐私相关并且记忆深刻。

比较下面的例子，可以看出问题1和2要优于问题3和4。

你小时候梦想的职业是？

你的第一个男朋友（女朋友）的生日？

你妈妈的名字？

你手机号码的后四位数？

2）确定性。

①提示问题要唯一，不要使用一个问题有多个答案的。

②使用的提示问题不要含混不清。不要让问题的答案是可变的，不然会导致多种可能的答案。

3）便于记忆。一个好的提示答案需要很容易被用户记住，理想情况下，用户在看到密码提示问题后能立即想到答案，而不需要去查找身边的一些资料或努力回想。

另外，不要问到童年时的信息，毕竟离现在时间已经很长了。

2. 登录

1）会员注册完后，会自动登录。在以后浏览商城时就需要先登录。在首页中输入会员名、密码和验证码，如图1-5-5所示。

2）单击“登录”按钮，登录成功，显示如图1-5-6所示的界面。界面中显示出了此会员的状态。

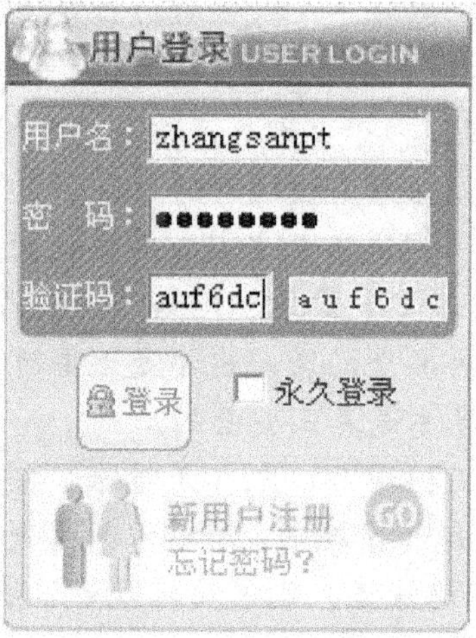

图1-5-5 “登录”界面

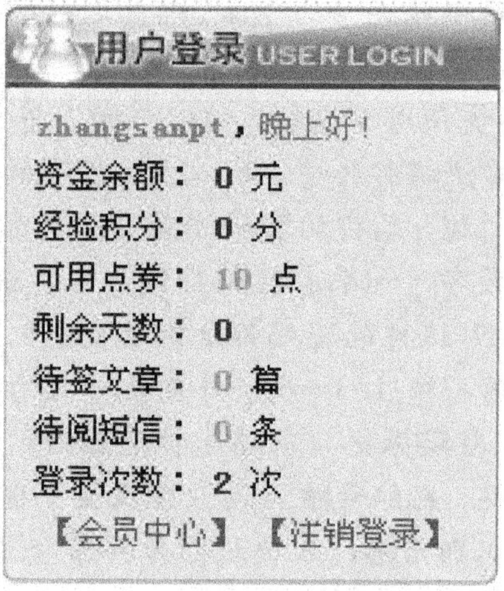

图1-5-6 登录成功界面

3）单击“会员中心”链接，显示出会员的信息，如图1-5-7所示。在此界面中可以修改会员的信息。

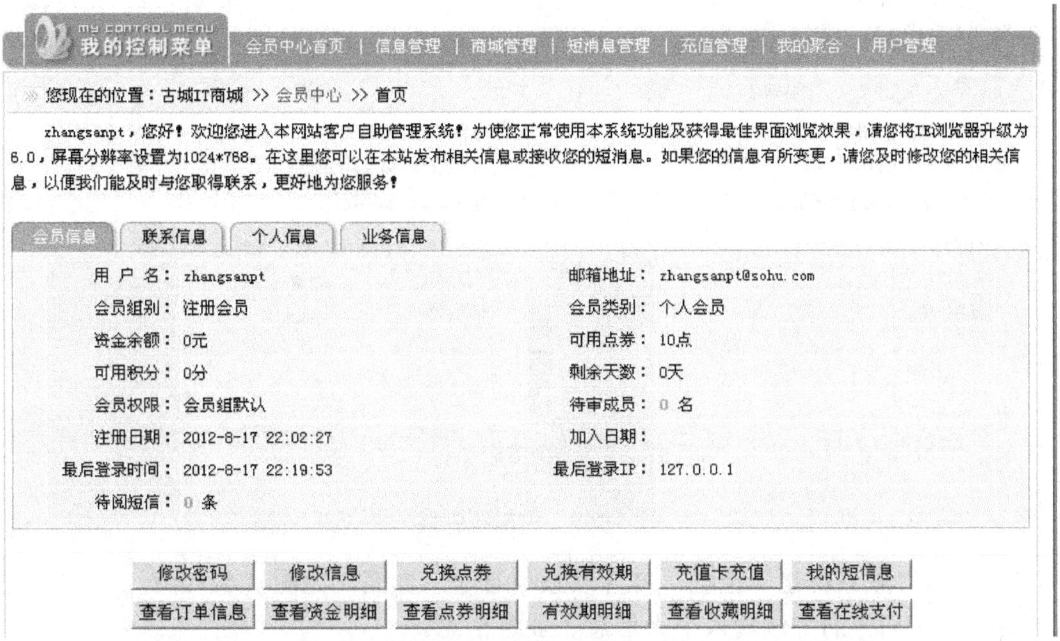

图 1-5-7　会员中心

3. 添加会员 lisichanpin

除了可以用上述方法添加会员，还可以在网站后台添加会员。下面在网站后台添加会员 lisichanpin，此会员也是具有管理添加商品、修改商品、删除商品等权限的管理员。

1）进入后台管理系统，单击“用户管理”下的“会员管理”链接，进入“会员管理”页面，如图 1-5-8 所示。

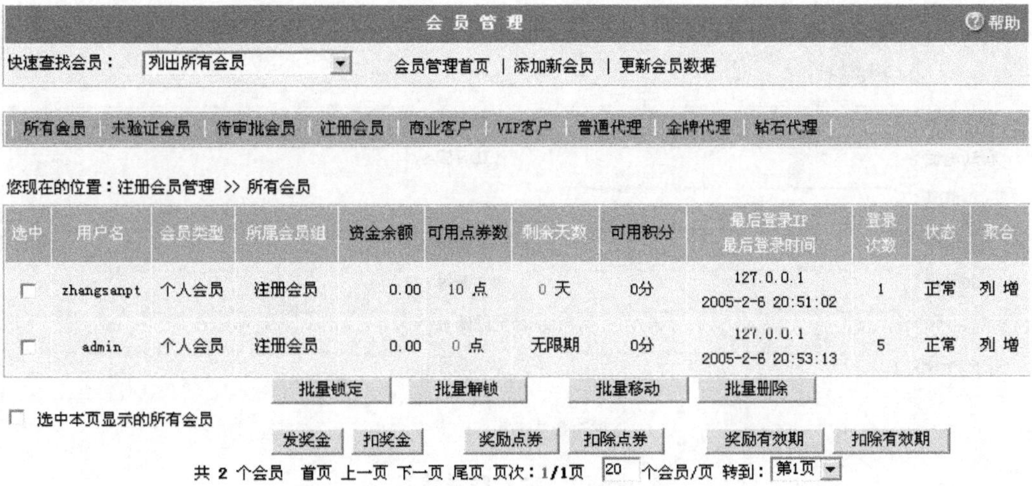

图 1-5-8　“会员管理”页面

2）单击“添加新会员”链接，输入用户名为 lisichanpin，密码 chanpin123 等，如图 1-5-9 所示。

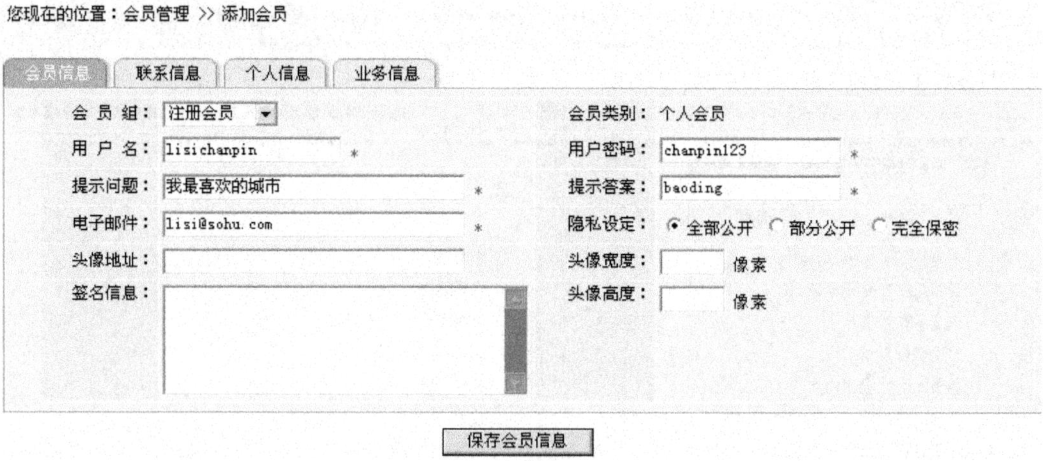

图 1-5-9　添加新会员

3）单击“联系信息”标签，打开联系信息输入界面，如图 1-5-10 所示，输入联系信息。采用同样的方法输入个人信息、业务信息。

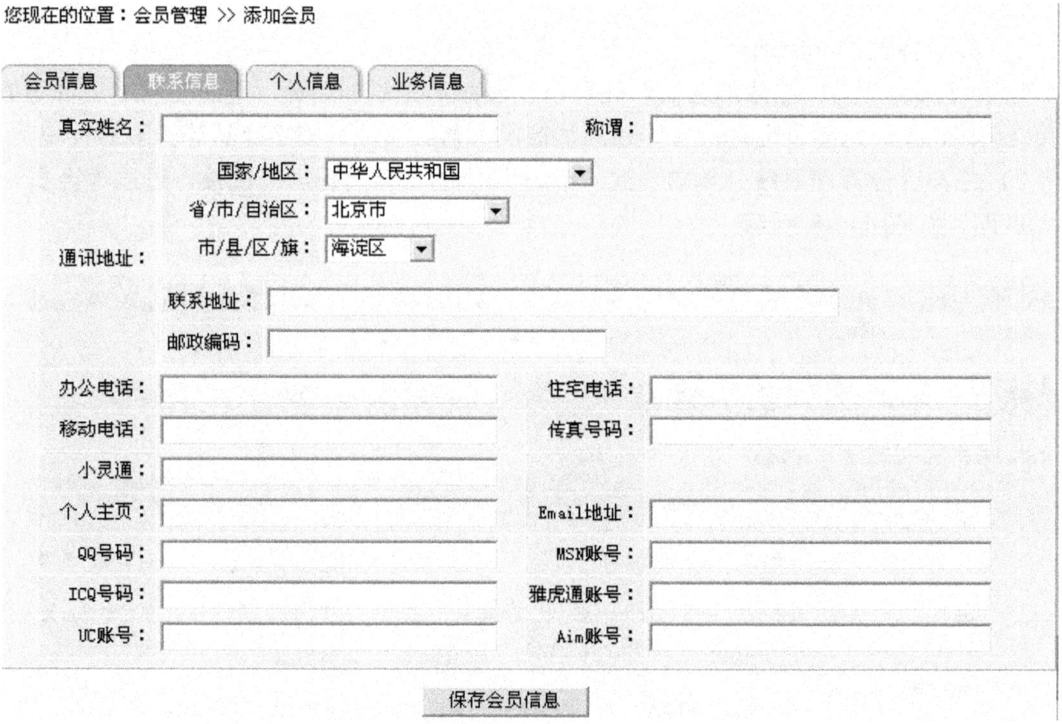

图 1-5-10　输入联系信息

4）单击“保存会员信息”按钮，保存会员。

按照上述方法添加表 1-5-1 中的会员信息。

表 1-5-1 会员信息

会员名称	密 码	说 明
wangwuxinwen	xinwen	将来成为添加、删除、修改新闻的管理员
zhaoliushenhexinwen	Shenhexinwen	将来成为审核新闻的管理员
zhouqiliuyan	liuyan	将来成为管理留言的管理员

任务小结

通过完成本任务需要掌握以下内容：

1）会员在网站中的权限。

2）添加会员。

3）修改会员信息。

4）删除会员。

举一反三

1）使用子任务1注册的会员名登录网站，修改会员密码为复杂密码，修改其他会员注册信息。

2）浏览淘宝网站，注册成为淘宝会员，总结淘宝会员的注册流程、要输入的信息，以及如何修改会员信息。

3）浏览百度网站，注册成为百度会员，总结百度会员的注册流程、要输入的信息，以及如何修改会员信息。

子任务2 添加管理员并赋予权限

任务描述

添加完网站会员以后，因为有些会员是网站的管理员，这就需要赋予他们权限，使他们可以管理网站。本任务就是添加网站管理员并为他们赋予权限。

任务实施

1. 添加网站的管理员（见表1-5-2）

表 1-5-2 网站管理员及所具有的权限

管理员名称	管理员密码	对应的会员名	具有的权限
lisichanpin	chanpin	lisichanpin	在 IT 商城模块中拥有所有栏目的管理权限，并可以添加栏目和专题

（续）

管理员名称	管理员密码	对应的会员名	具有的权限
wangwuxinwen	xinwen	wangwuxinwen	查看、录入新闻
zhaoliushenhexinwen	shenhexinwen	zhaoliushenhexinwen	查看、审核、管理新闻
zhouqiliuyan	liuyan	zhouqiliuyan	管理留言的权限

2．添加 lisichanpin 管理员

1）以 admin 管理员身份进入后台管理系统，单击“用户管理”下的“管理员管理”链接，打开“管理员管理”页面，如图 1-5-11 所示。

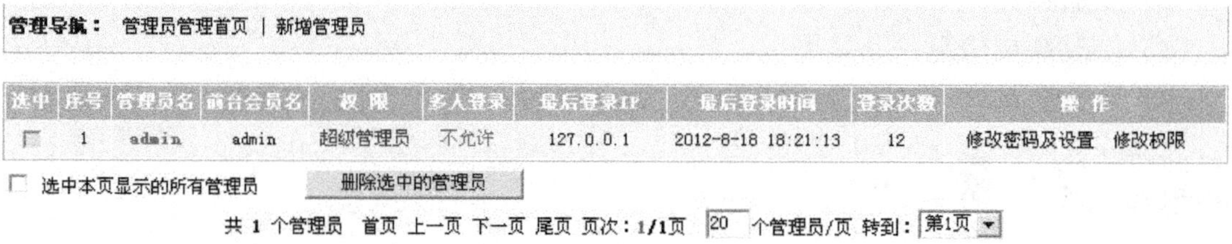

图 1-5-11 “管理员管理”页面

2）单击“新增管理员”链接，打开“新增管理员”页面，输入管理员名：lisichanpin，前台会员名：lisichanpin，密码：chanpin 等，如图 1-5-12 所示。

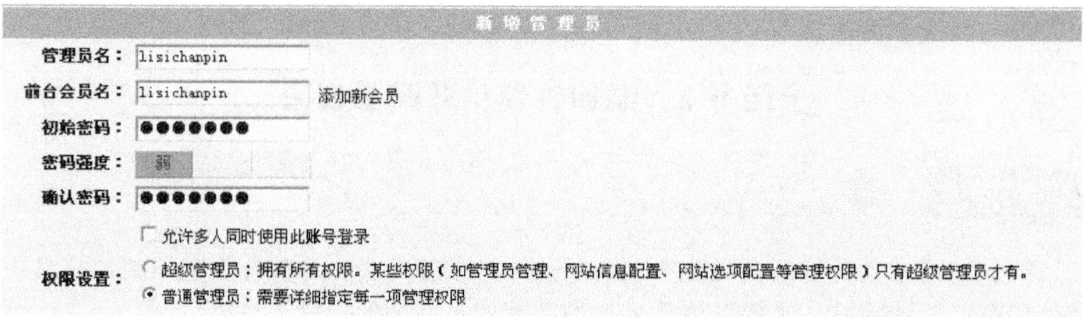

图 1-5-12 “新增管理员”页面

3）在下方的管理员权限详细设置中，IT 商城频道选中“频道管理员：拥有所有栏目的管理权限，并可以添加栏目和专题”，并选择更多权限中“关键字管理、厂商管理、品牌管理、广告管理”。其他频道选择“在此频道里无任何管理权限”，如图 1-5-13 所示。

4）在下方此管理员的其他网站管理权限中选中“修改自己密码”，如图 1-5-14 所示。

5）设置好后单击“添加”按钮，添加管理员成功。

图 1-5-13 管理员权限详细设置

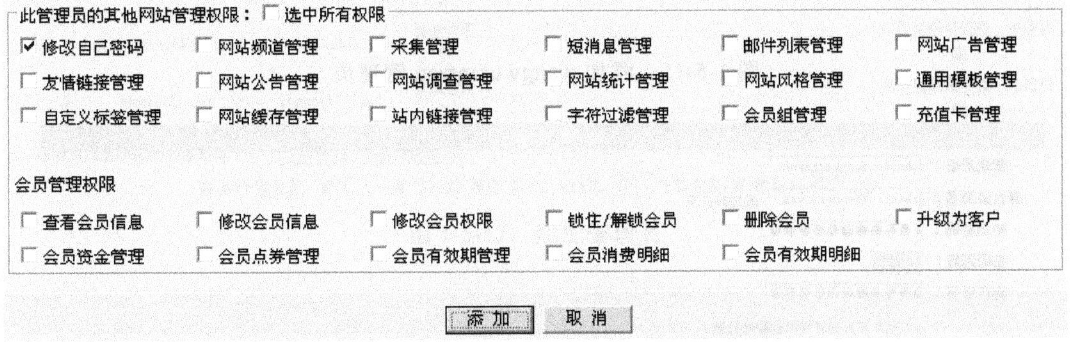

图 1-5-14 此管理员的其他网站管理权限

3. 添加 wangwuxinwen 管理员

单击“新增管理员”链接，打开“新增管理员”页面，输入管理员名：wangwuxinwen，前台会员名：wangwuxinwen，密码：xinwen，在“行业新闻”频道中选择“栏目管理员：只拥有部分栏目管理权限”，在展开的栏目权限中，选中“查看”和“录入”。如图 1-5-15 所示。

注意：图 1-5-15 中的栏目将在任务 7 设计与维护新闻管理模块中添加。

设置好后单击“添加”按钮，添加管理员成功。

4. 添加 zhaoliushenhexinwen 管理员

单击“新增管理员”链接，打开“新增管理员”页面，输入管理员名：zhaoliushenhexinwen，前台会员名：zhaoliushenhexinwen，密码：shenhexinwen，在“行业新闻”频道中选择“栏目管理员：只拥有部分栏目管理权限”，在展开的栏目权限中，选中“查

3）权限的种类。

4）为网站管理员赋予权限。

举一反三

1）修改管理员 lisichanpin 的信息及权限，使其只有添加、删除、修改商品分类及商品信息的权限。

2）为网站添加管理员 liuyangl，并赋予一定的权限。

3）使用子任务 2 注册的百度会员名登录百度网站，观察可以修改的会员信息并尝试修改。

子任务 3　修改管理员密码

任务描述

本网站模板为动易网站管理系统，是发布在互联网上的免费模板，谁都可以得到，所以初始密码是公开的，在使用时需要将其修改。本任务就是修改网站管理员 admin 的密码为 itshang。

任务实施

1）以 admin 管理员身份登录，显示网站后台管理系统首页，单击“修改密码”按钮，如图 1-5-18 所示。

图 1-5-18　修改密码

2）进入“修改管理员密码”界面，输入新的密码 itshang，如图 1-5-19 所示。

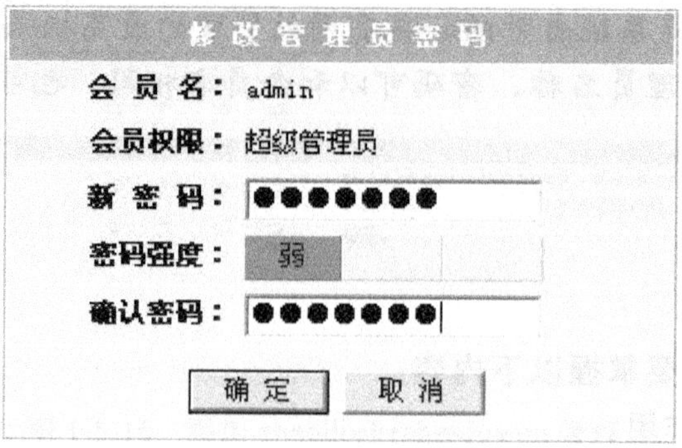

图 1-5-19　修改管理员密码

3）单击“确定”按钮，修改完毕，以后使用admin管理员登录网站后台时，密码应为itshang。

小知识

在后台修改admin管理员密码后，不影响对应的前台会员admin的密码，前台会员admin的密码仍为admin888。

如果想修改前台会员密码，则可以在会员登录后单击“用户登录”下的“会员中心”，如图1-5-20所示。然后在“会员中心”中修改。

图1-5-20 会员中心

任务小结

通过完成本任务需要掌握以下内容：

1）修改管理员密码。

2）修改会员密码。

举一反三

1）浏览网站后台内容，尝试并掌握删除网站管理员，禁用某个管理员账号。

2）修改古城IT商城网站中管理员wangwuxinwen的登录密码，并观察其他可以修改的会员信息。

3）修改自己注册的淘宝会员密码，使其尽可能复杂，并观察其他可以修改的会员信息。

任务6 设计与维护商品管理模块

本网站是一个IT商城网站，主要功能是宣传商品、推广商品、销售商品，所以商品管理模板是网站的重点模块。本任务是使用动易网站管理系统生成商品管理模板，实现添加厂商、添加品牌、添加商品、展示商品等功能。

子任务1 管理商品分类

任务描述

本网站销售的商品是IT商品，包括台式机、笔记本、数码相机、手机，每一类又有很多生产厂家、很多品牌。本任务是通过网站后台添加商品分类、厂家分类、品牌分类，以方便商品查询、显示。

任务实施

1．添加厂商信息

1）以lisichanpin管理员的身份登录网站后台管理系统，单击“IT商城管理”下的“厂商管理”链接，进入“IT商城管理—厂商管理”页面，如图1-6-1所示。

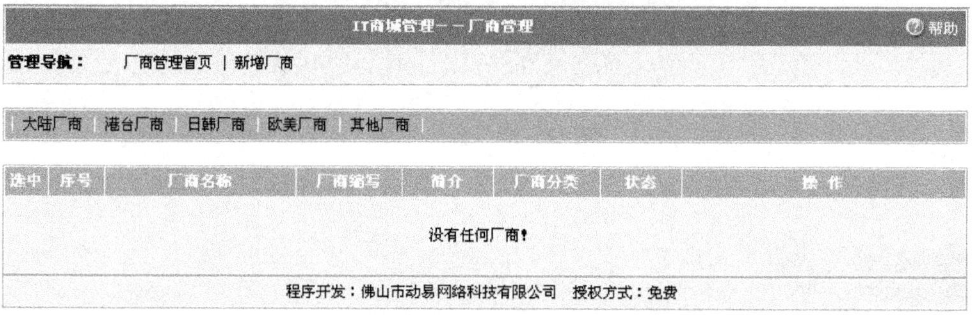

图1-6-1 IT商城管理—厂商管理页面

2）单击“新增厂商”链接，进入“新增生产商信息”页面，如图1-6-2所示。

3）添加厂商名称为“北大方正集团”，厂商缩写为“Founder”，添加其他信息，如图1-6-3所示。

注意：文本字段后加红色*的，是要求内容必须填写的。

4）单击“添加”按钮，添加厂商成功。

5）按照上述方法添加联想集团、清华同方、三星公司等厂商。

2. 修改厂商信息

1）单击“厂商管理首页”链接，打开厂商管理页面，如图1-6-4所示。

2）通过观察厂商管理页面，发现尼康公司信息输入错误。单击尼康公司右边的“修改”链接，进入厂商的修改页面，如图1-6-5所示。

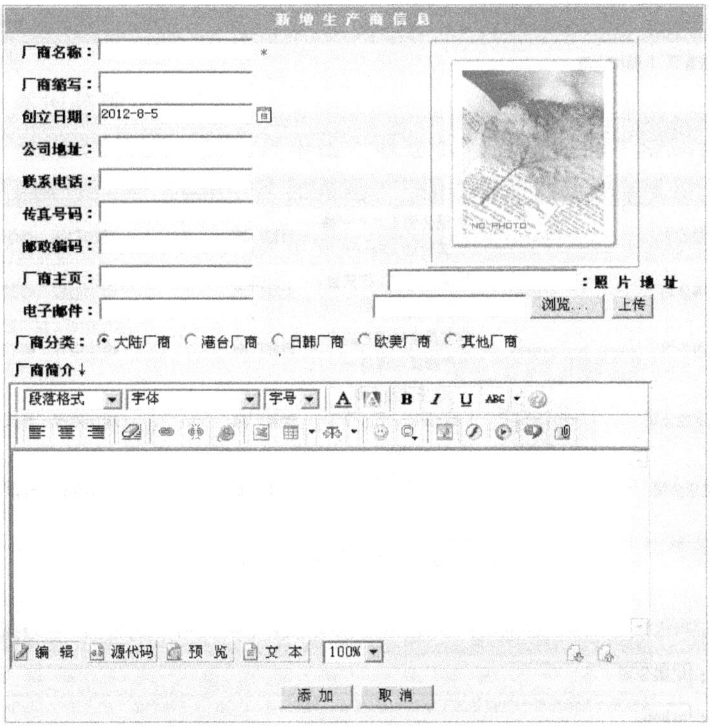

图 1-6-2 “新增生产商信息”页面

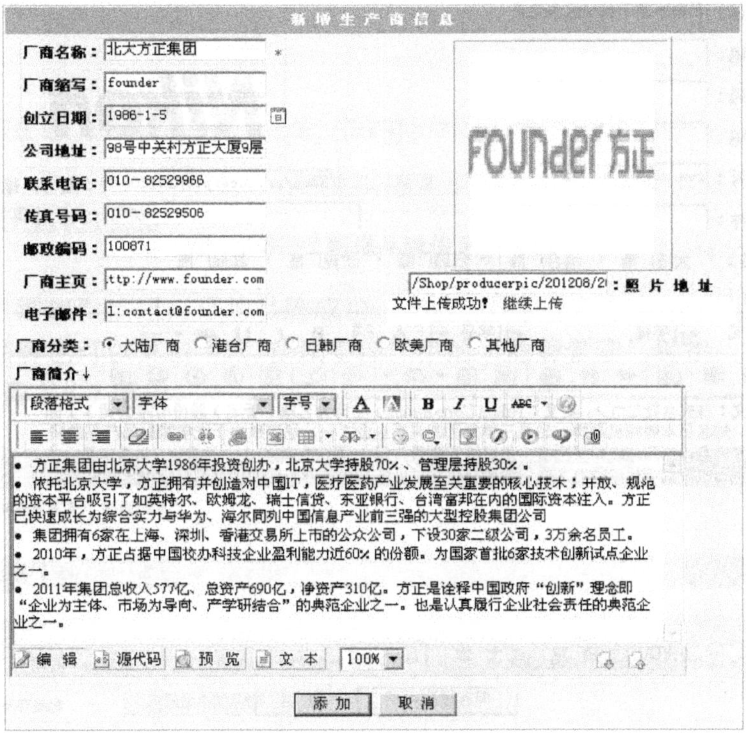

图 1-6-3 添加厂商信息

4）单击“新增品牌”链接，打开“新增品牌信息”页面，如图 1-6-8 所示。输入品牌信息，单击“添加”按钮就添加品牌了。

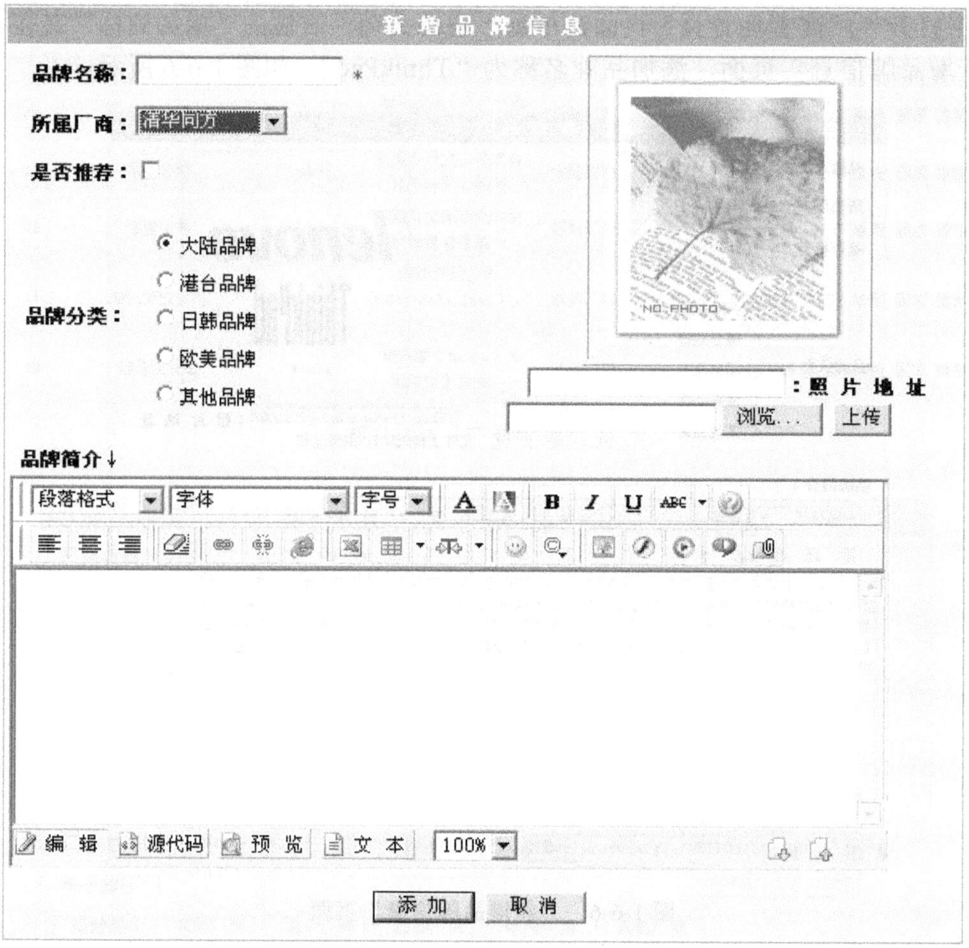

图 1-6-8 “新增品牌信息”页面

小知识

两种打开“新增品牌信息”页面的区别为：单击“新增品牌”链接，打开的新增品牌信息页面，所属厂商可以选择；而单击“添加商标”链接，打开的新增品牌信息页面，所属厂商不可以选择。

4．添加商品分类

1）单击“IT 商城管理”下的“栏目管理”链接，进入“IT 商城管理——栏目管理”页面，如图 1-6-9 所示。

2）单击“添加商品栏目”链接，打开添加栏目页面，添加一级栏目笔记本，如图 1-6-10 所示。

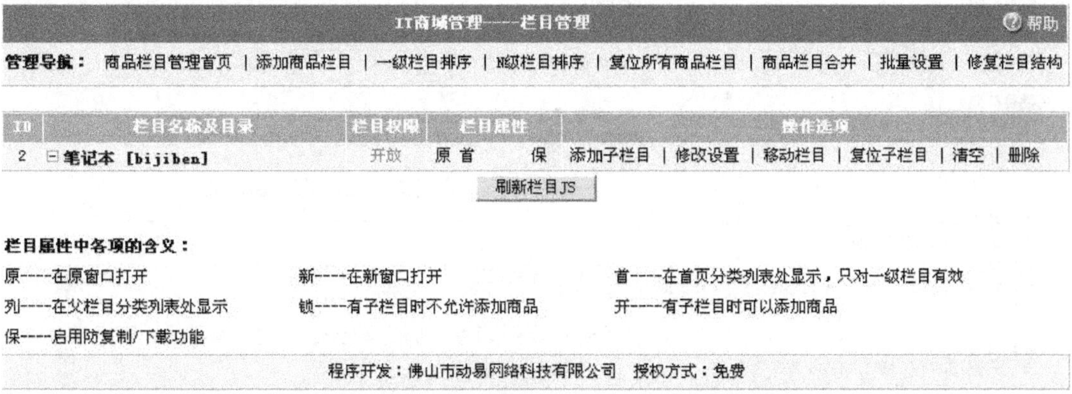

图 1-6-9　“IT 商城管理——栏目管理”页面

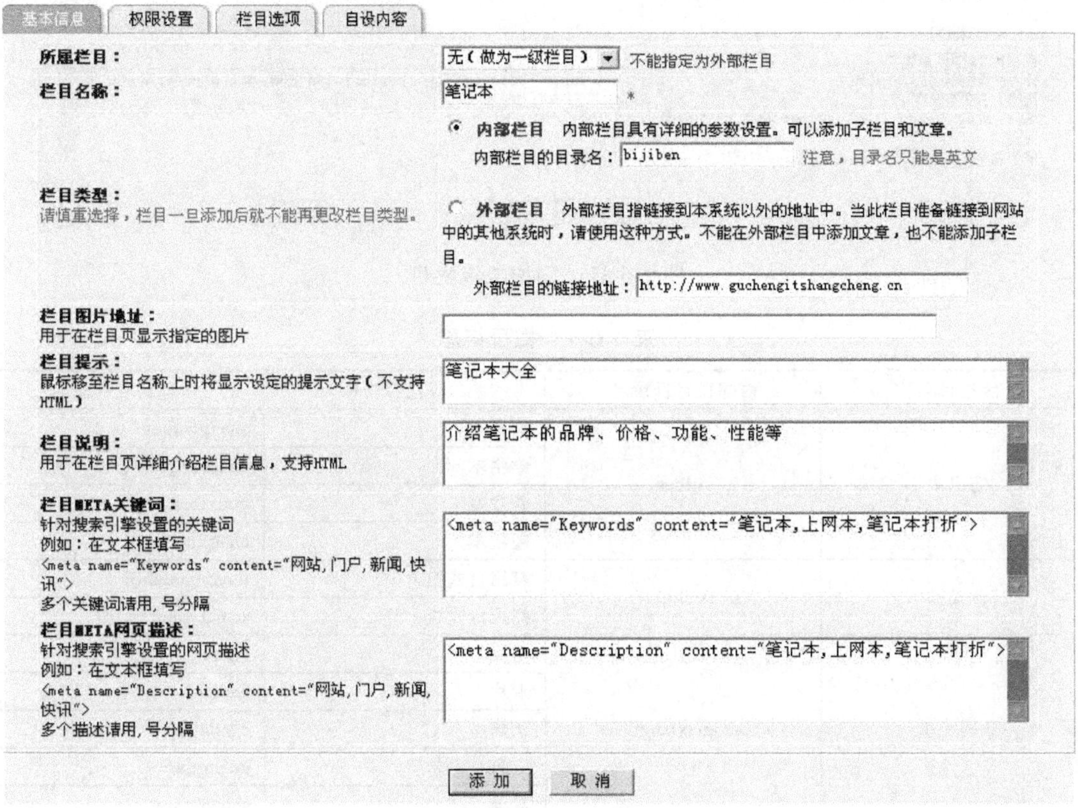

图 1-6-10　添加栏目页面

3）单击“添加商品栏目”链接，打开添加栏目页面，在所属栏目中选择笔记本，添加一级栏目笔记本下的二级栏目学生本，如图 1-6-11 所示。

4）按上述方法添加表 1-6-1 中的商品栏目。

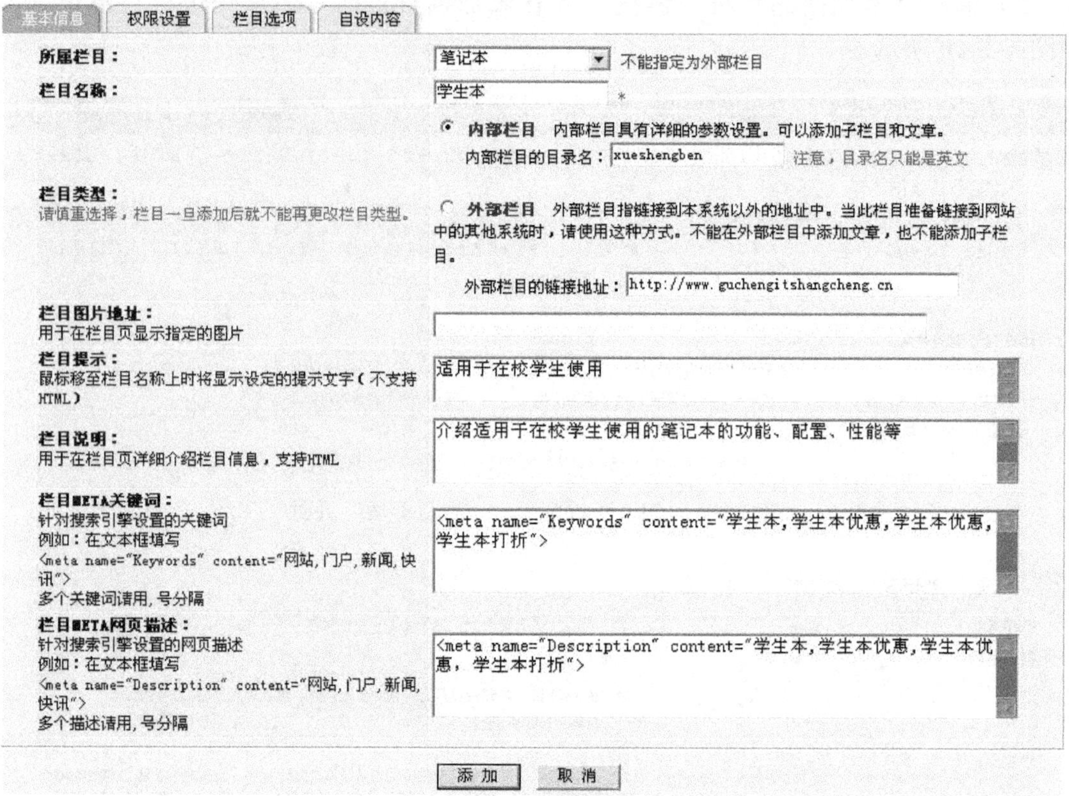

图 1-6-11 添加二级栏目

表 1-6-1 栏目信息

一级栏目名称	内部栏目目录名	二级栏目名称	内部栏目目录名
笔记本	bijiben	商务本	shangwuben
		学生本	xueshengben
		游戏本	youxiben
		超级本	chaojiben
台式机	taishiji	家用台式机	jiayongtaishiji
		商用台式机	shangyongtaishiji
数码相机	shumaxiangji	单反	danfan
		卡片	kapian
		长焦	changjiao
		广角	guangjiao
		双屏	shuangping
手机	shouji	android	android
		iphone	iphone
		Symbian	Symbian
		Windows7	Windows7
		非智能手机	feizhinengshouji

5）添加好栏目后的效果如图 1-6-12 所示。

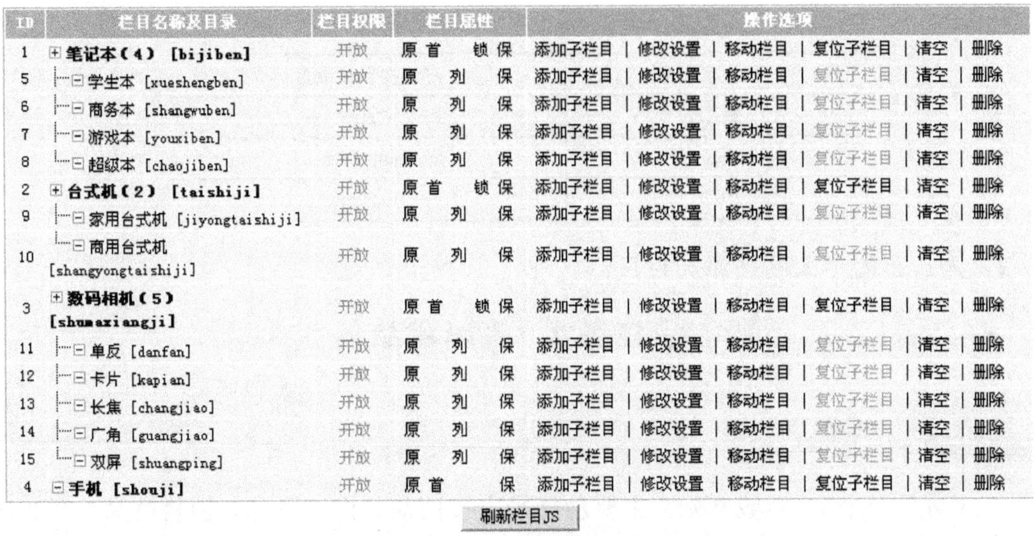

ID	栏目名称及目录	栏目权限	栏目属性	操作选项					
1	⊞笔记本(4) [bijiben]	开放	原 首 锁 保	添加子栏目	修改设置	移动栏目	复位子栏目	清空	删除
5	⊟学生本 [xueshengben]	开放	原 列 保	添加子栏目	修改设置	移动栏目	复位子栏目	清空	删除
6	⊟商务本 [shangwuben]	开放	原 列 保	添加子栏目	修改设置	移动栏目	复位子栏目	清空	删除
7	⊟游戏本 [youxiben]	开放	原 列 保	添加子栏目	修改设置	移动栏目	复位子栏目	清空	删除
8	⊟超级本 [chaojiben]	开放	原 列 保	添加子栏目	修改设置	移动栏目	复位子栏目	清空	删除
2	⊞台式机(2) [taishiji]	开放	原 首 锁 保	添加子栏目	修改设置	移动栏目	复位子栏目	清空	删除
9	⊟家用台式机 [jiyongtaishiji]	开放	原 列 保	添加子栏目	修改设置	移动栏目	复位子栏目	清空	删除
10	⊟商用台式机 [shangyongtaishiji]	开放	原 列 保	添加子栏目	修改设置	移动栏目	复位子栏目	清空	删除
3	⊞数码相机(5) [shumaxiangji]	开放	原 首 锁 保	添加子栏目	修改设置	移动栏目	复位子栏目	清空	删除
11	⊟单反 [danfan]	开放	原 列 保	添加子栏目	修改设置	移动栏目	复位子栏目	清空	删除
12	⊟卡片 [kapian]	开放	原 列 保	添加子栏目	修改设置	移动栏目	复位子栏目	清空	删除
13	⊟长焦 [changjiao]	开放	原 列 保	添加子栏目	修改设置	移动栏目	复位子栏目	清空	删除
14	⊟广角 [guangjiao]	开放	原 列 保	添加子栏目	修改设置	移动栏目	复位子栏目	清空	删除
15	⊟双屏 [shuangping]	开放	原 列 保	添加子栏目	修改设置	移动栏目	复位子栏目	清空	删除
4	⊟手机 [shouji]	开放	原 首 保	添加子栏目	修改设置	移动栏目	复位子栏目	清空	删除

刷新栏目JS

图 1-6-12　添加好栏目后的效果

小知识

单击指定栏目后的“添加子栏目”，可以为此栏目添加下级子栏目，子栏目可以有二级、三级、四级等子栏目。

任务小结

通过完成本任务需要掌握以下内容：

1）商品的分类。

2）商品栏目的功能和作用。

3）通过网站后台管理系统添加、修改、删除商品栏目。

4）通过网站后台管理系统添加、修改、删除厂商信息。

5）通过网站后台管理系统添加、修改、删除品牌信息。

举一反三

1）删除子任务 1 中添加的“佳能公司”厂商，修改“清华同方”的品牌简介内容为“清华同方秉承‘自强不息，厚德载物’清华大学校训，以‘科教兴国’为己任；探索高科技产业发展之路。不断超越自我，建立现代企业管理制度，逐步实施品牌化、集团化、国际化三大战略，创建世界一流高科技企业。”

2）为上述笔记本中的学生本添加三级子栏目，栏目内容见表 1-6-2。

表 1-6-2　添加三级子栏目

三级栏目名称	三级栏目目录名
戴尔	Daier
联想	Lianxiang
华硕	Huashuo

3）为自己的个人网站添加栏目。

子任务 2　管理商品

任务描述

本网站是一个 IT 商城网站，主要功能是宣传商品、推广商品、销售商品。在实现这些功能之前就需要添加并维护商品信息。本任务通过为网站添加商品信息，学习添加并维护商品信息。

任务实施

1. 添加商品的基本信息

1）把商品图片复制到 C:\Inetpub\wwwroot\PowerEasy\Shop\UploadPhotos 文件夹中。

2）单击“IT 商城管理”下的“添加商品（实物）”链接，进入添加商品（实物）页面，商品信息主要包括基本信息、所属专题、价格设置、促销设置、商品信息、调查设置。下面添加一款适合学生应用的笔记本，如图 1-6-13 和图 1-6-14 所示。

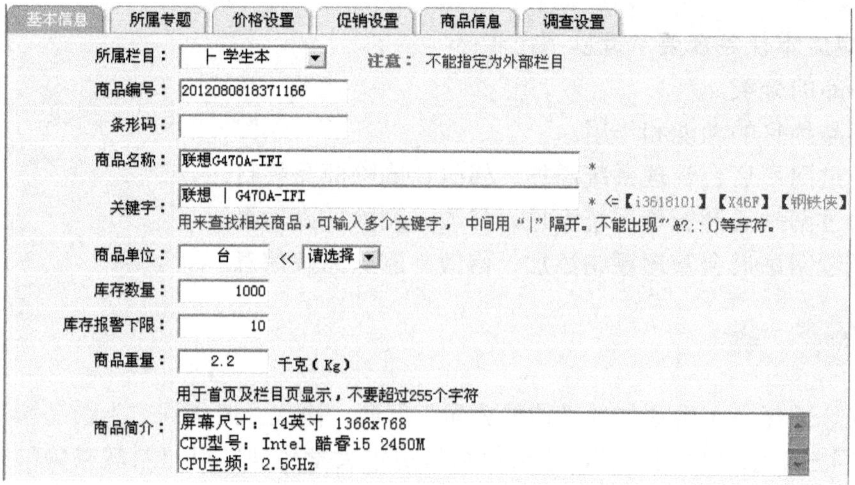

图 1-6-13　添加商品（实物）页面 1

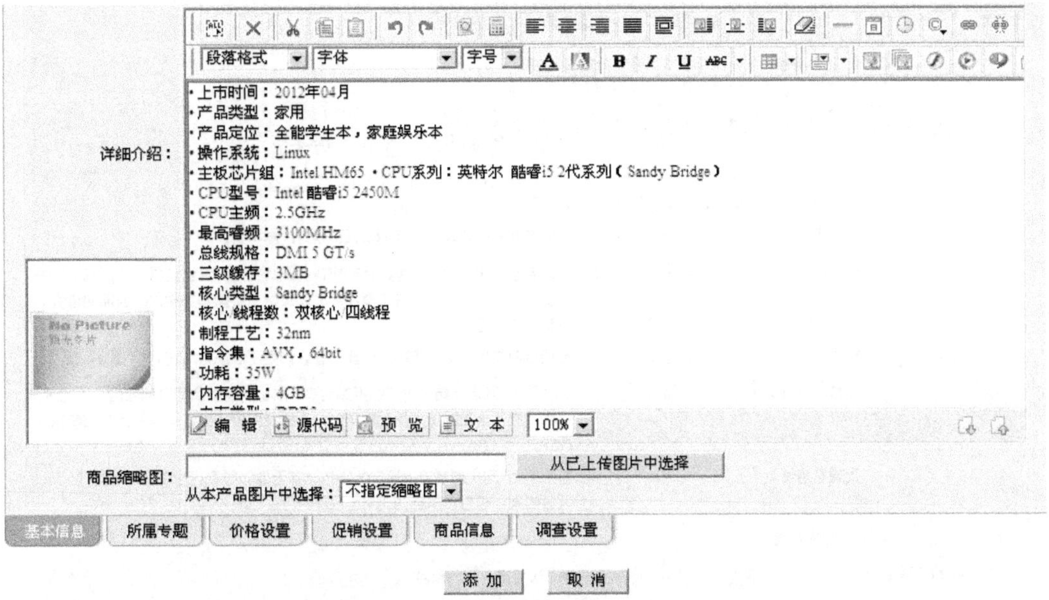

图 1-6-14　添加商品（实物）页面 2

3）单击“基本信息”下的“从已上传图片中选择”按钮，打开“从已上传文件选择—网页对话框”页面，如图 1-6-15 所示，单击“lenovoG470A—IFI.jpg”图片，选择商品缩略图。

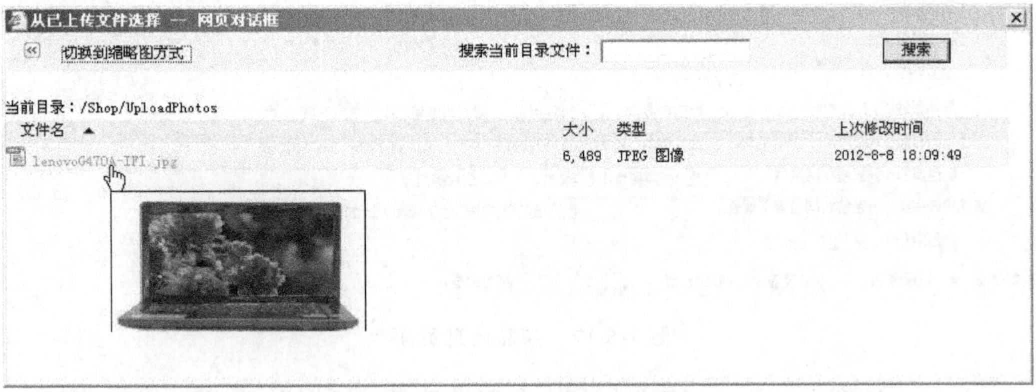

图 1-6-15　选择商品缩略图

2. 价格设置

单击“价格设置”标签，进入价格设置页面。添加笔记本原始零售价为 3800 元，参考价为 4000 元，如图 1-6-16 所示。

3. 添加商品其他信息

1）单击“商品信息”标签，进入商品信息页面。输入商品型号、商品规格、商品属性、上市时间等，如图 1-6-17 所示。

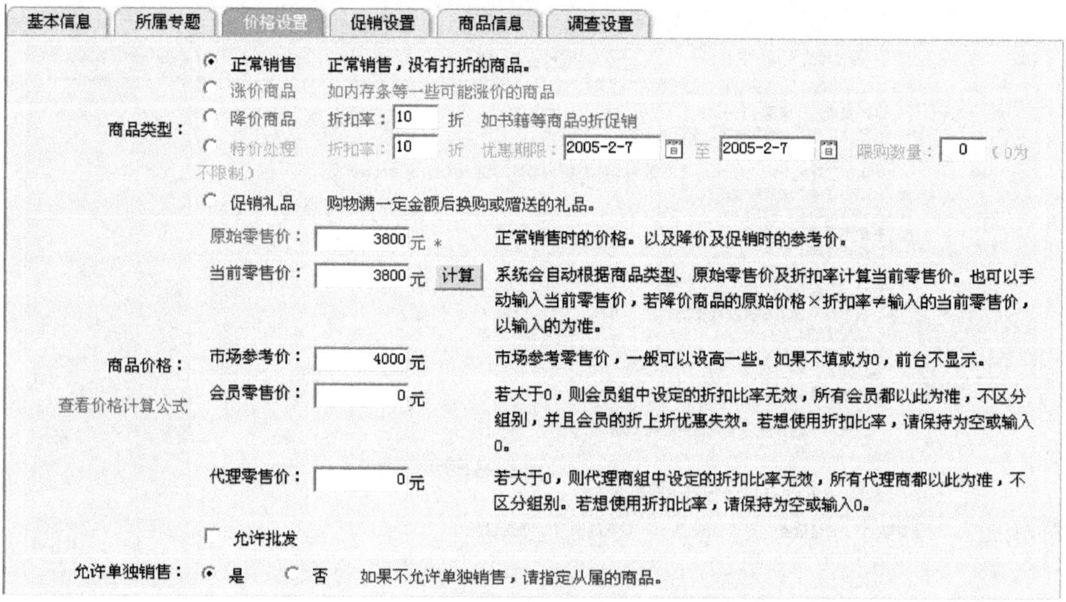

图 1-6-16　价格设置页面

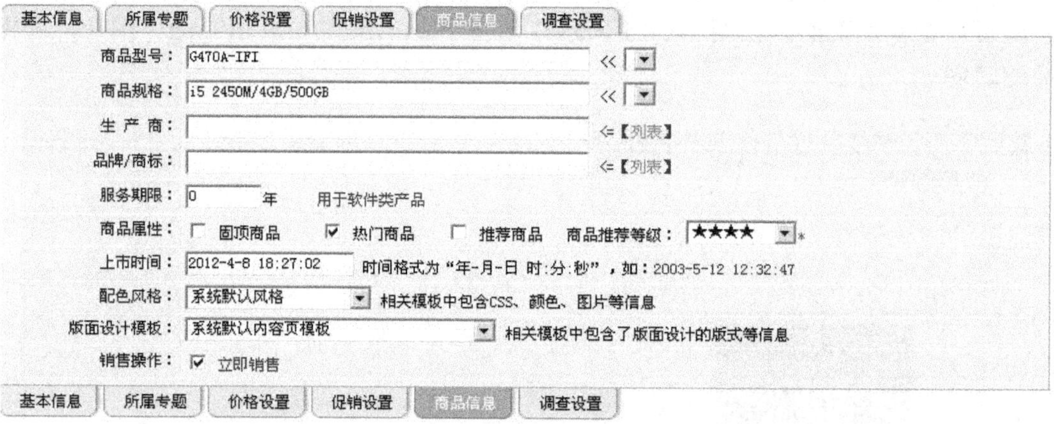

图 1-6-17　商品信息页面

2）单击生产商右边的“列表”链接，打开“选择对话框”，如图 1-6-18 所示。

3）单击名称“联想集团”，添加笔记本的生产商。

4）单击品牌/商标右边的“列表”链接，打开品牌的选择对话框，如图 1-6-19 所示。

5）单击名称“联想”，为笔记本输入品牌。

6）单击下边的“添加”按钮，添加商品成功，如图 1-6-20 所示。

7）单击网站首页的“IT 商城”，打开 IT 商城页面，此页面显示出新添加的联想 G470A—IFI 笔记本以及商品栏目，如图 1-6-21 所示。

图 1-6-18 选择对话框

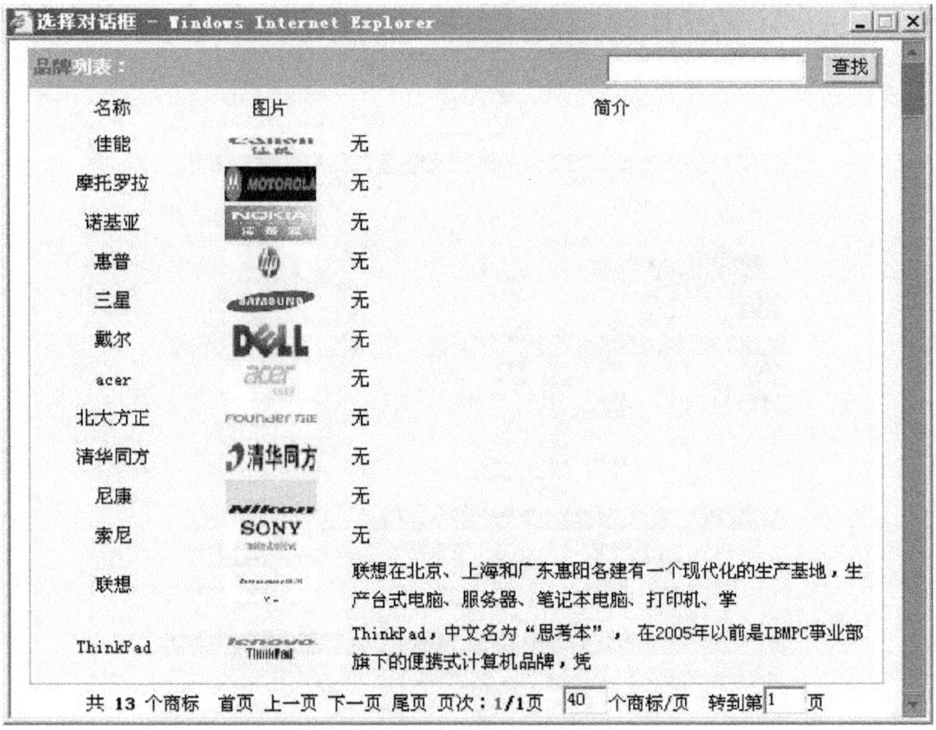

图 1-6-19 品牌的选择对话框

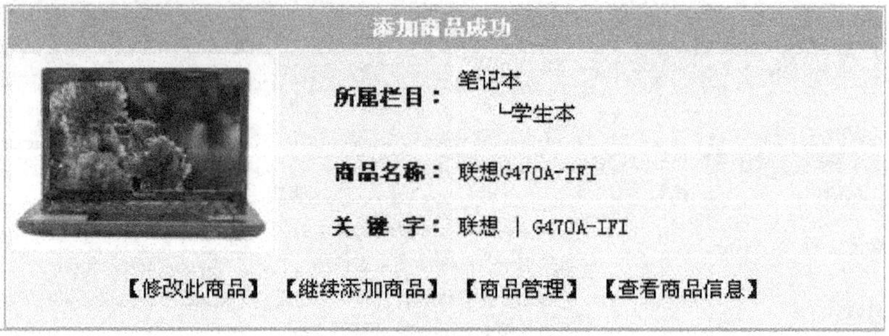

图 1-6-20　添加商品成功

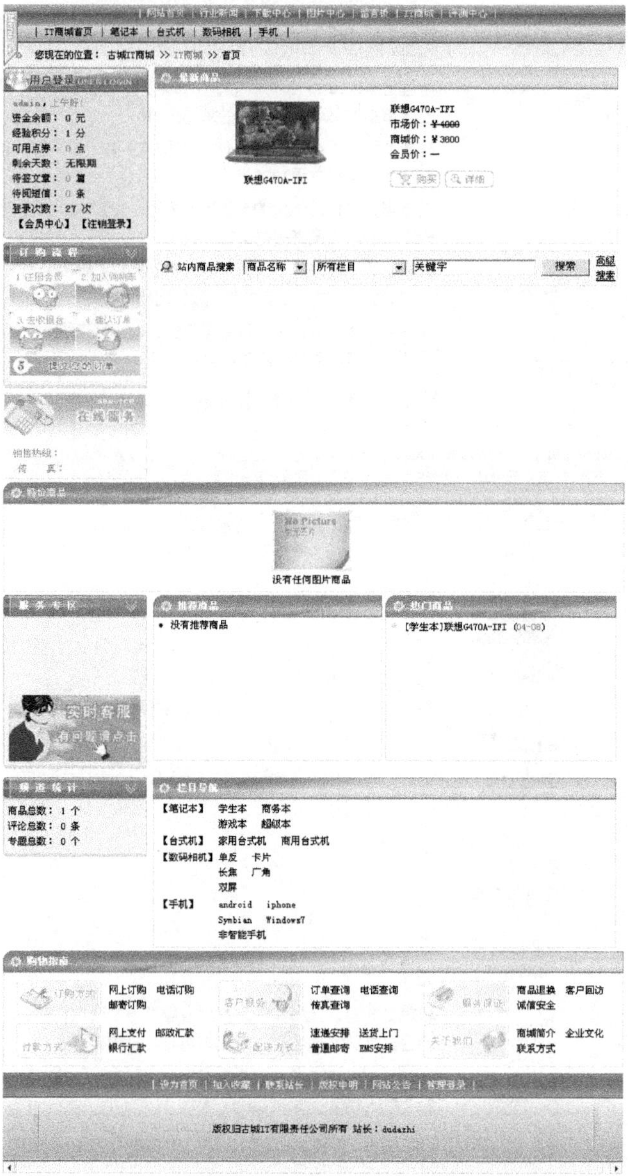

图 1-6-21　新添加的联想 G470A—IFI 笔记本

8）单击页面中的联想 G470A—IFI 笔记本图片，打开显示商品详细信息的页面，如图 1-6-22 所示。

图 1-6-22 显示商品详细信息的页面

4. **添加打折商品**

1）单击“添加商品（实物）”链接，打开添加商品页面，添加笔记本商品清华同方钢铁侠 X46F—i3618101。商品的基本信息如图 1-6-23 所示。

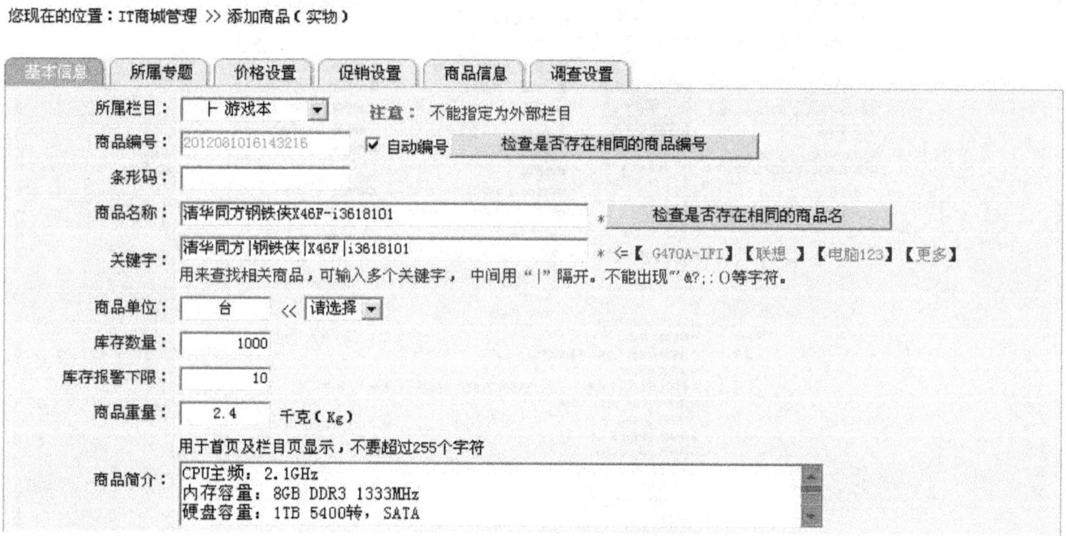

图 1-6-23　添加笔记本商品

2）此商品为打折商品，单击“促销信息”进入促销信息页面，如图 1-6-24 所示。

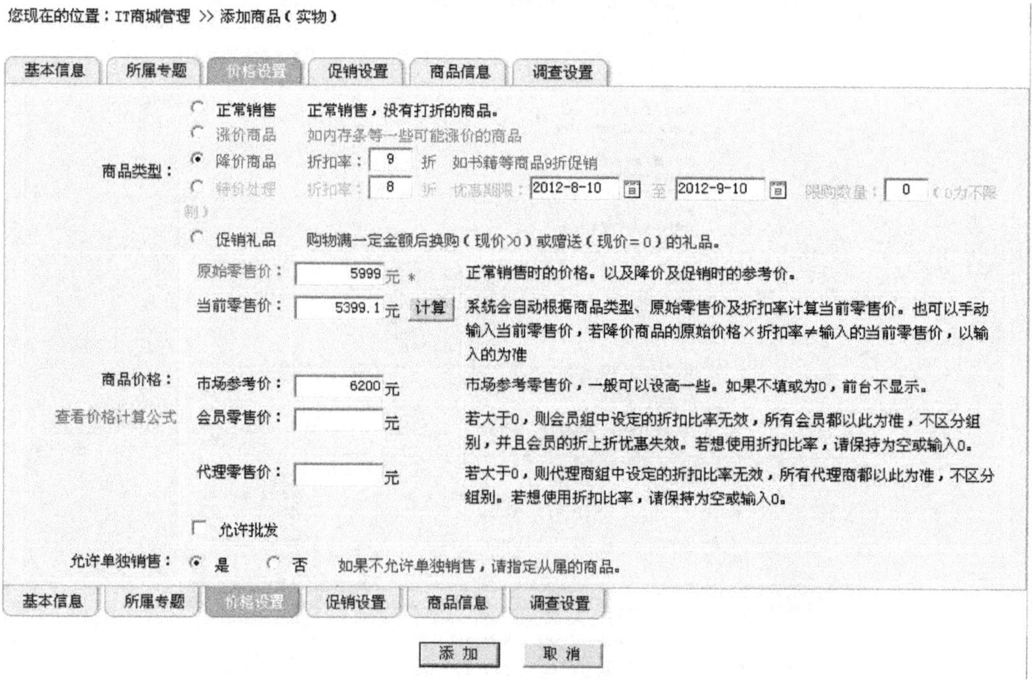

图 1-6-24　促销信息页面

3）在“商品信息”中设置此商品为“推荐商品”。

4）添加完商品后，刷新网站首页，在店家推荐商品栏目中就可以看到此商品，如图 1-6-25 所示。

图 1-6-25 店家推荐商品栏目

任务小结

通过完成本任务需要掌握以下内容：

1）了解本网站的商品分类模式。

2）通过网站后台管理系统添加商品信息。

3）通过网站后台管理系统设置商品为推荐商品、促销商品。

4）通过网站后台管理系统修改商品、删除商品。

举一反三

1）修改网站中 lenovoG470A 商品的单价为 2900 元，并选择删除已经停产、缺货的商品。

2）通过互联网查询诺基亚 920 的商品信息，把它录入到古城 IT 商城网站。

3）继续为网站添加 IT 商品信息。

任务 7　设计与维护新闻管理模块

为了更好地宣传商品、推广商品，就需要介绍商品的性能、功能、用户使用体验、评测以及商品的行业动态，这就需要在新闻模块中发布这些信息。本任务就是设计与维护新闻管理模块，主要功能是实现添加新闻分类、添加新闻、审核新闻等。

子任务 1　管理新闻分类

任务描述

本网站要发布的信息很多，有商品行业动态、新商品的发布、商品的性能功能评测、用户使用体验等，为了使用户更好地搜索到要查看的新闻、更方便地管理新闻信息，需要对新闻进行分类。本任务就是实现管理新闻分类。

任务实施

1．添加新闻栏目

1）以 wangwuxinwen 管理员的身份登录网站后台管理系统，单击“行业新闻管理”下的“栏目管理”链接，进入“行业新闻管理——栏目管理”页面，如图 1-7-1 所示。

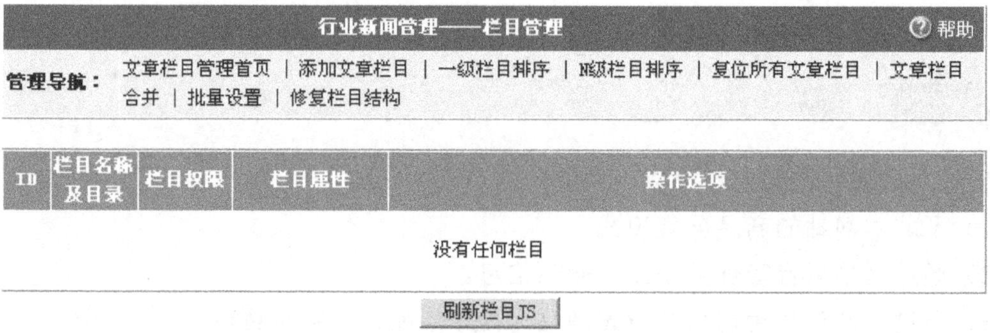

图 1-7-1　“行业新闻管理——栏目管理”页面

2）单击“添加文章栏目”链接，打开添加栏目页面，添加笔记本栏目，基本信息如图 1-7-2 所示。

3）权限设置为“开放栏目”，选中“允许在此栏目发表评论”“评论需要审核”复选框，如图 1-7-3 所示。

其他的收费设置、栏目选项、自设内容均为默认。

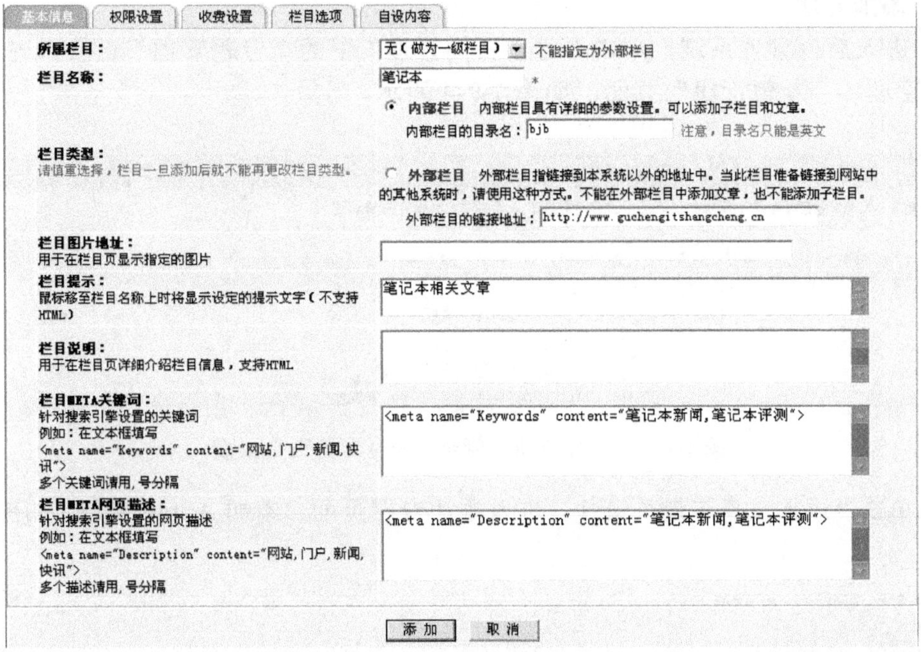

图 1-7-2　添加笔记本栏目

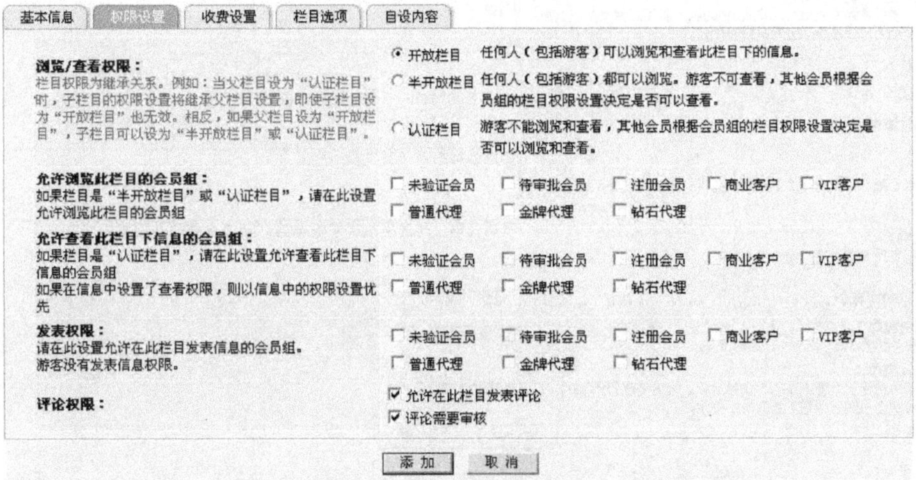

图 1-7-3　权限设置

4）单击“添加”按钮添加成功。

按上述方法添加台式机、数码相机、手机栏目。

小知识

栏目名称：在图 1-7-2 中，栏目名称用于选择当前栏目的上级栏目名称，若选择“无”，则此栏目为顶级栏目。

权限设置：在图 1-7-3 中，设置权限是设置用户通过前台处理网站新闻的权限。

2. 添加专题

1）进入后台管理系统，单击“行业新闻管理”下的“专题管理”链接，进入“行业新闻管理——专题管理”页面，如图 1-7-4 所示。

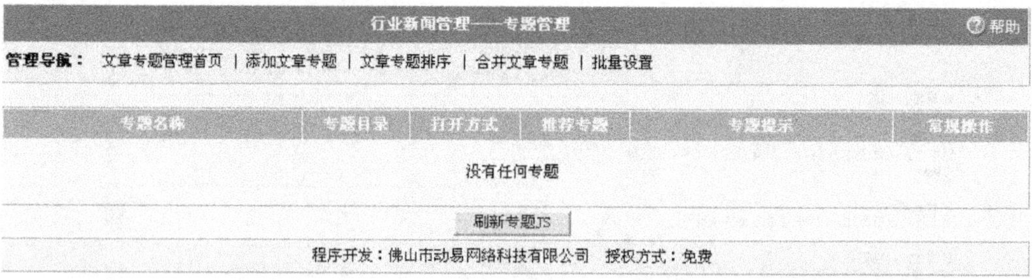

图 1-7-4 “行业新闻管理——专题管理”页面

2）单击“添加文章专题”链接，进入添加专题页面，添加 Apple 专题，如图 1-7-5 所示。

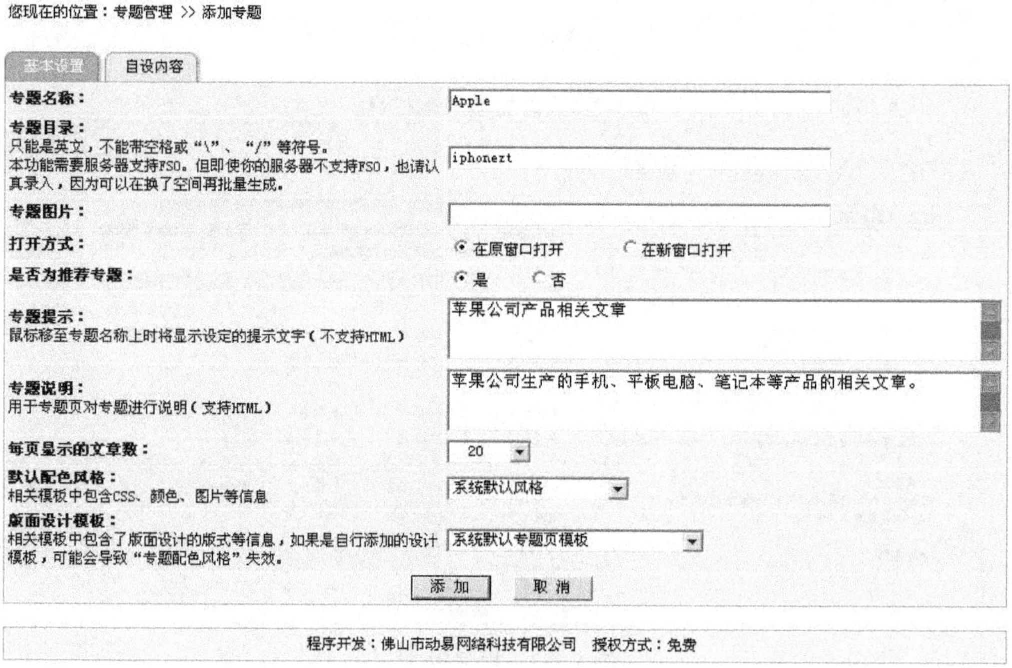

图 1-7-5 添加专题页面

3）单击“添加”按钮，添加专题完成。

按上述方法添加三星、联想、摩托罗拉、戴尔等专题。

3. 添加作者

1）进入后台管理系统，单击“行业新闻管理”下的“作者管理”链接，进入“行业新闻管理——作者管理”页面，如图 1-7-6 所示。

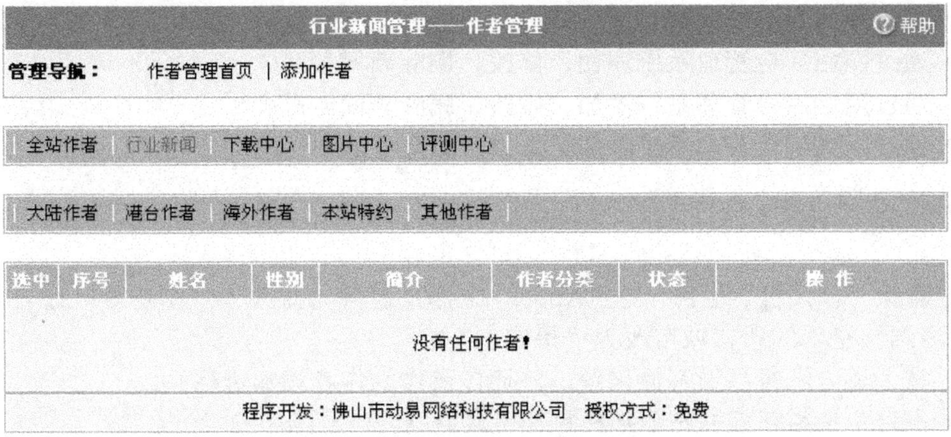

图 1-7-6 “行业新闻管理——作者管理”页面

2）单击“添加作者”链接，打开“新增作者信息”页面，添加作者姓名为“海阔天空”，如图 1-7-7 所示。

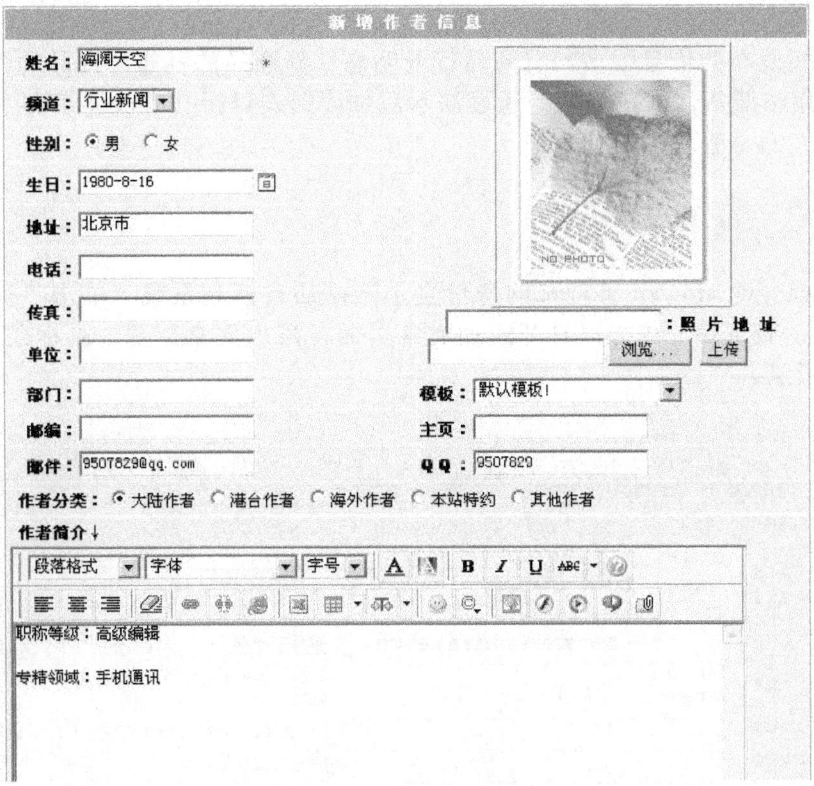

图 1-7-7 “新增作者信息”页面

任务小结

通过完成本任务需要掌握以下内容：

1）了解新闻专题的分类。

2）通过网站后台管理系统添加、修改、删除新闻栏目。

3）通过网站后台管理系统添加、修改、删除新闻专题。

4）通过网站后台管理系统添加、修改、删除作者。

举一反三

1）删除“台式机”栏目，把“Apple”专题的打开方式改为“在新窗口打开”，把作者“海阔天空”的所在城市改为“保定市”。

2）按上述方法再添加其他作者，并把自己作为作者添加进网站。

3）参考中关村在线网站添加栏目和专题。

子任务2　管理新闻

任务描述

本网站要发布的信息很多，有商品行业动态、新商品的发布、商品的性能功能评测、用户使用体验等。本任务就是通过演示添加“国人对新 iPhone 的新期待”的新闻学习新闻的发布与管理。

任务实施

1）以 wangwuxinwen 管理员的身份登录网站后台管理系统，单击“行业新闻管理”下的“添加文章”链接，打开添加文章页面，添加文章标题、副标题、关键字，如图 1-7-8 所示。

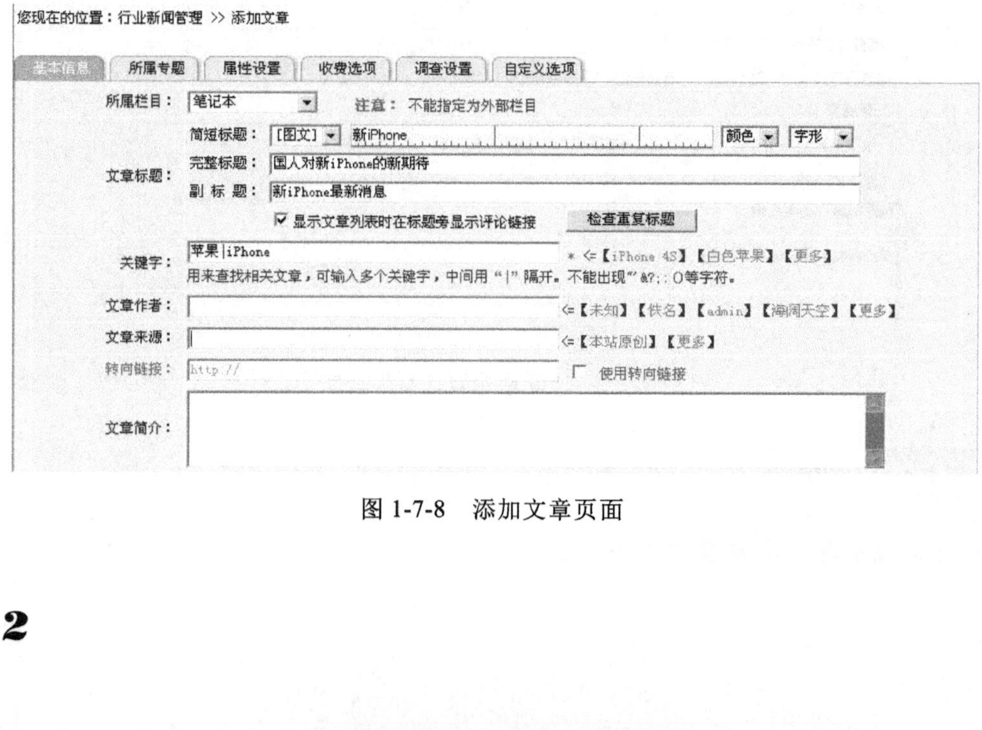

图 1-7-8　添加文章页面

2）单击文章作者右边的“更多”链接，打开作者的选择对话框，如图 1-7-9 所示。

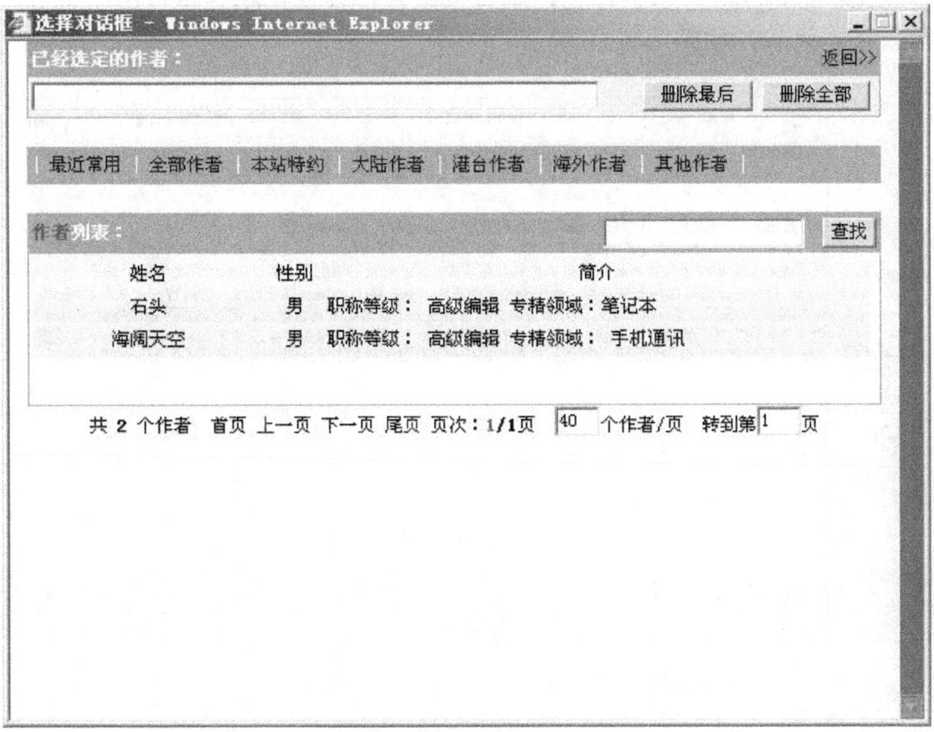

图 1-7-9　作者的选择对话框

3）单击姓名“海阔天空”选中作者。

4）在图 1-7-8 中，单击“文章来源”右边的“本站原创”链接，输入文章来源，输入文章简介，如图 1-7-10 所示。

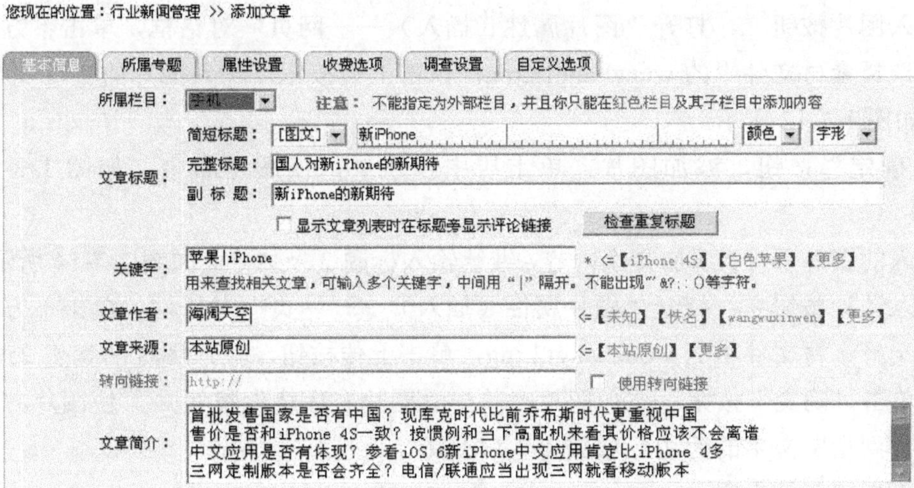

图 1-7-10　输入文章来源、文章简介

5）输入文章内容：

先输入文章标题 1，并选中标题，单击按钮**B**，设置标题为粗体。

再输入文字内容，如图 1-7-11 所示。

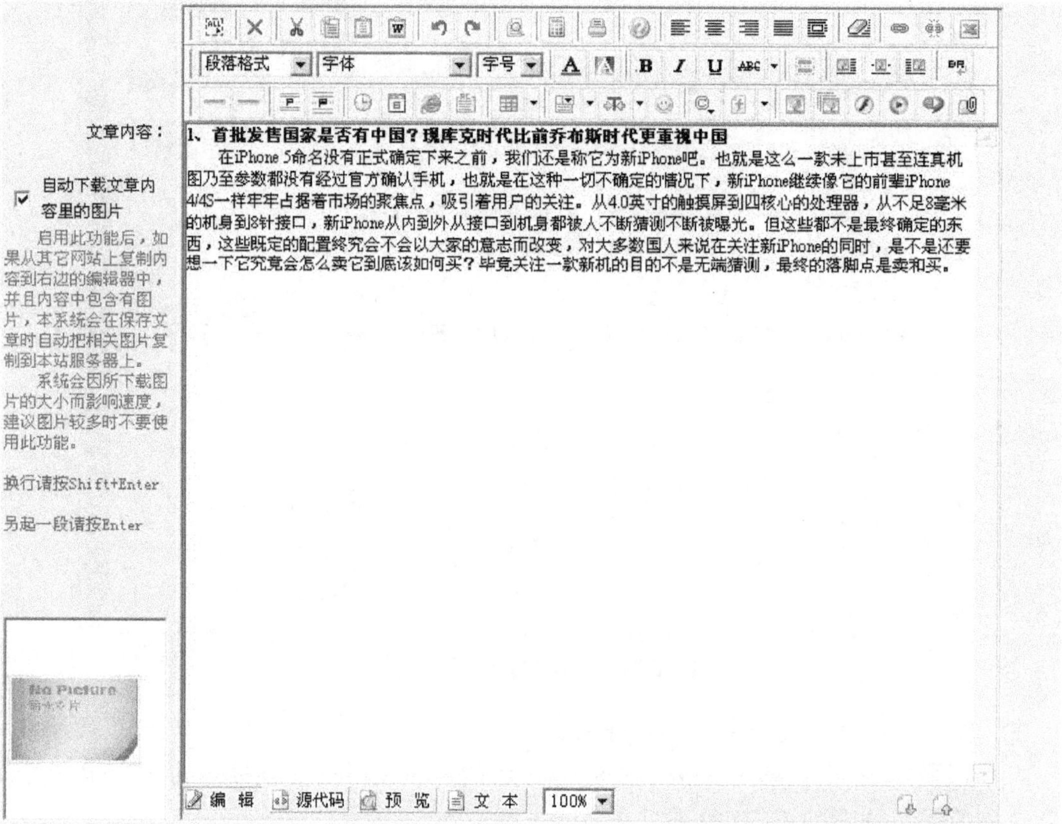

图 1-7-11　输入文章标题和内容

单击插入图片按钮，打开“图片属性（插入）——网页”对话框，单击下方的浏览按钮，选择素材文件中的 wenzhangt1.jpg，单击上传按钮，输入图片的宽度 500，高度 331，如图 1-7-12 所示。

单击“确定”按钮，添加图片，单击居中按钮，使图片居中，如图 1-7-13 所示。

在刚插入的图片下方，添加文字内容，继续输入标题 2 及内容，如图 1-7-14 所示。

单击插入图片按钮，打开“图片属性（插入）——网页”对话框，单击下方的浏览按钮，选择素材文件中的 wenzhangt2.jpg，单击上传按钮，输入图片的宽度 250，高度 165。单击“确定”按钮，添加图片，单击“图片右环绕”按钮，使图片右环绕，拖动图片到指定文字的旁边，如图 1-7-14 所示。

继续输入标题 3 及内容。

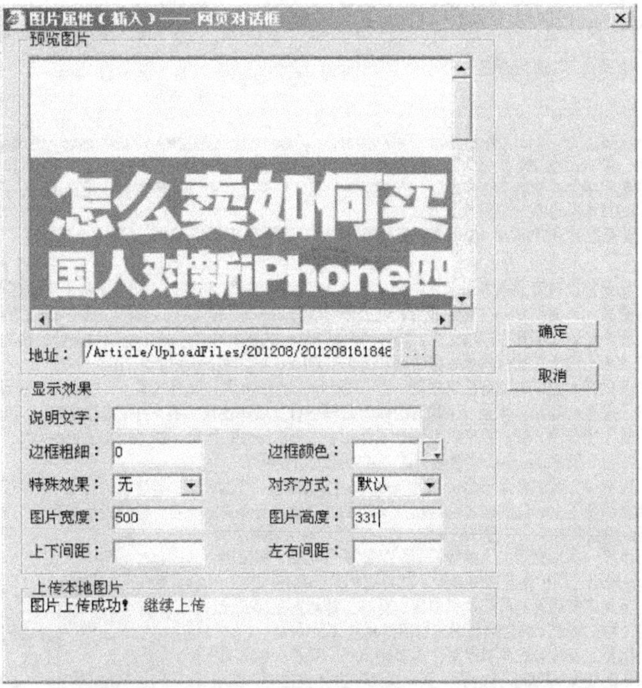

图 1-7-12 插入图片

图 1-7-13 添加图片成功

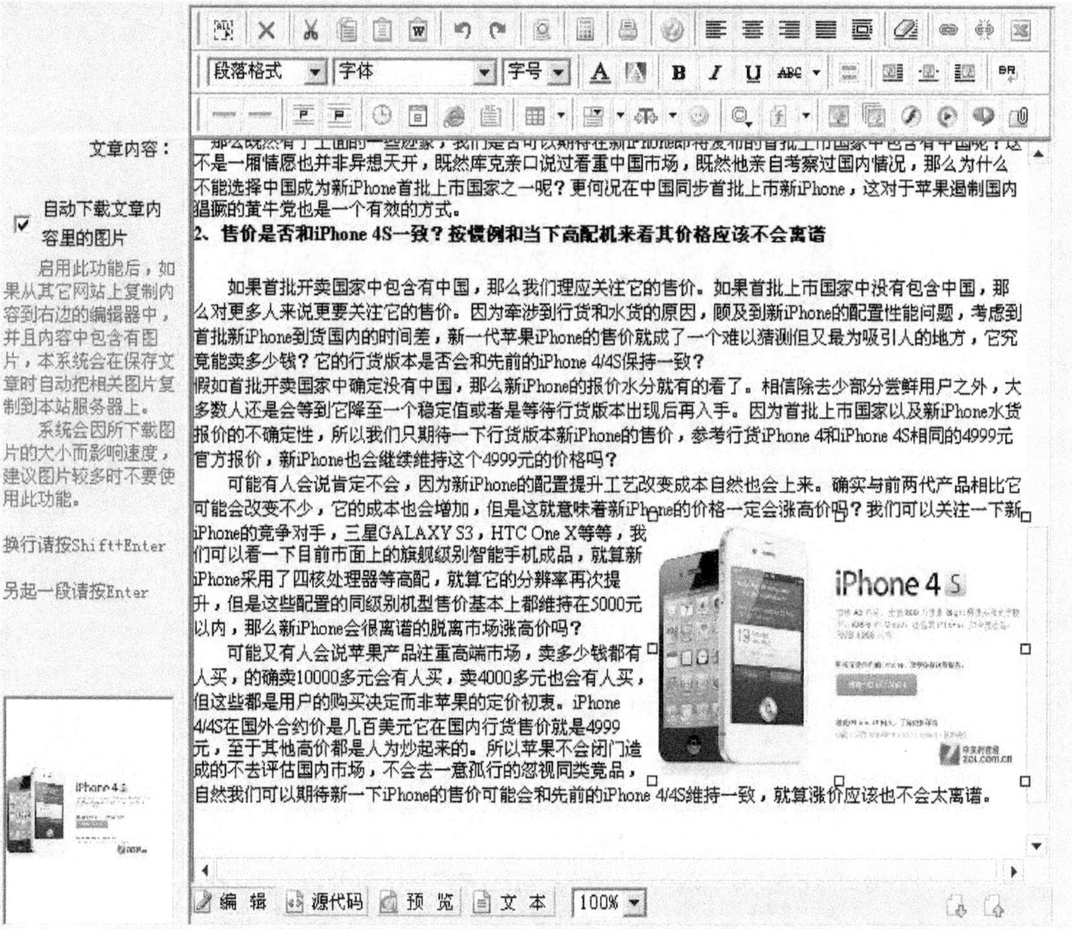

图 1-7-14　编辑图片

6）文章状态选择“未审核”，如图 1-7-15 所示。

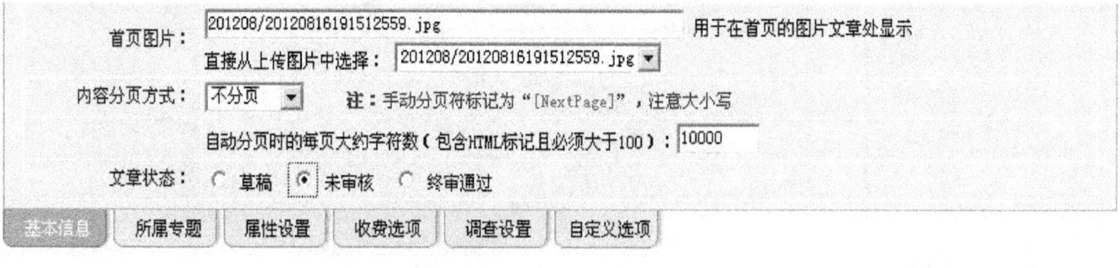

图 1-7-15　选择文章状态

7）单击“所属专题”标签，选择“Apple”，如图 1-7-16 所示。

8）单击“添加”按钮，添加成功，如图 1-7-17 所示。

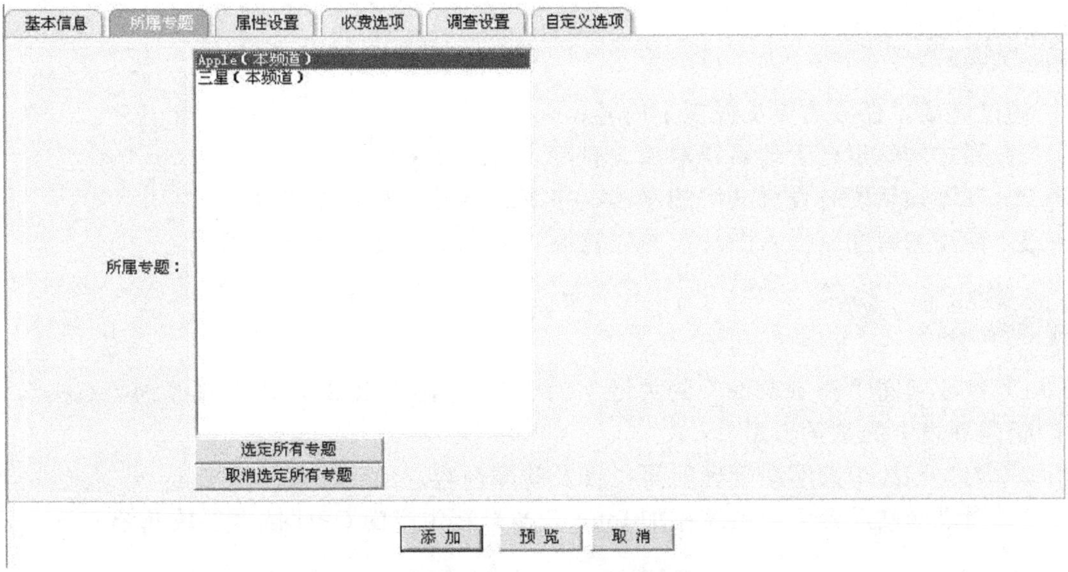

图 1-7-16 所属专题标签

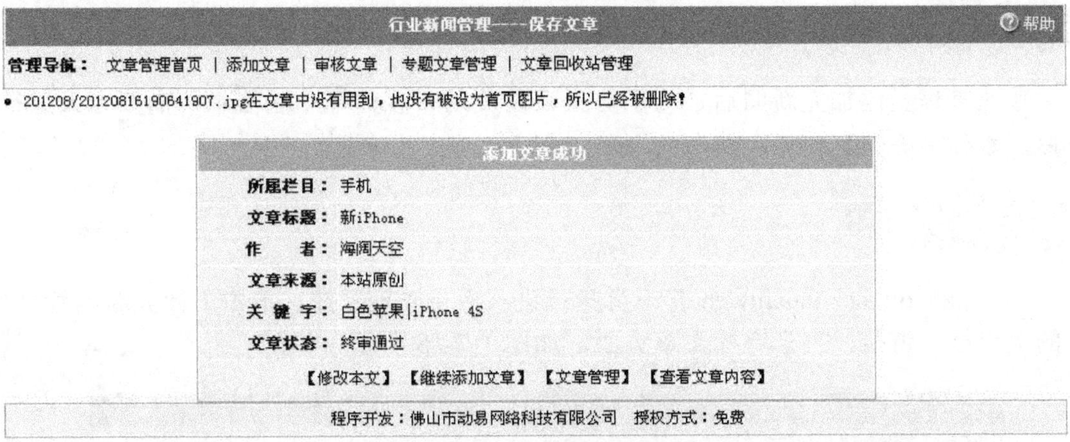

图 1-7-17 添加文章成功

小知识

在文章中插入图片的方法：

① 首先把文章中用到的所有本地图片上传到 Web 服务器中的\Article\UploadFiles 文件夹中，单击“从已上传文件中选择”按钮，打开“从已上传文件选择”对话框，选择用到的图片。

②单击“图片属性（插入）——网页对话框”中的浏览按钮，在打开的对话框中选择本地要插入文章的图片，单击上传按钮，把本地选择的图片上传到 Web 服务器中。

任务小结

通过完成本任务需要掌握以下内容：

1）通过网站后台管理系统添加、删除、修改新闻。

2）在添加新闻时设置文字的字体、字形、字号、对齐方式等。

3）在添加新闻时插入图片，并设置图片的大小、文字环绕方式。

举一反三

1）修改新闻“新 iPhone”的关键字为“苹果|Apple|iOS”，作者修改为“石头”，删除新闻列表中的某条新闻。

2）为自己的个人网站管理新闻栏目及新闻内容。

3）通过网站后台管理系统添加 Intel 公司最新生产的 CPU 技术参数介绍文章。

子任务 3　审核新闻

任务描述

普通管理员添加完新闻后，为了防止误发反动、涉黄等非法信息，需要专人进行审核。本任务介绍如何完成新闻的审核工作。

任务实施

1）以 zhaoliushenhexinwen 管理员身份进入后台管理系统，单击“行业新闻管理”下的“审核”链接，打开审核文章页面，如图 1-7-18 所示。

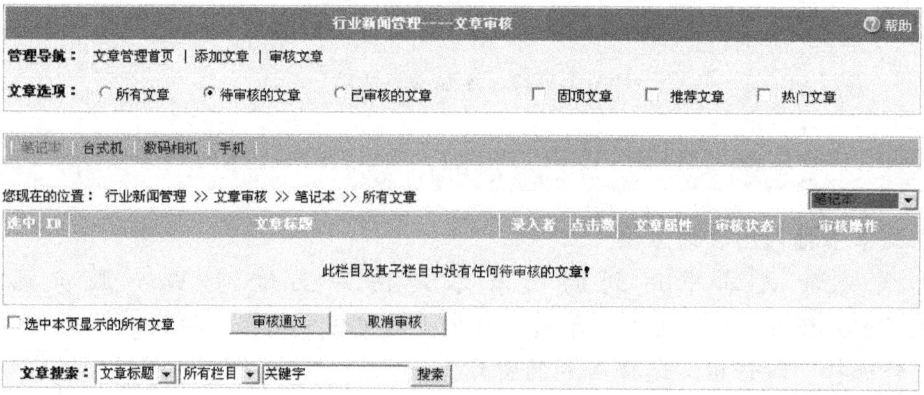

图 1-7-18　审核文章页面

2）默认选中的是笔记本栏目的文章，单击“手机”链接，选择手机栏目文章，如图 1-7-19 所示。

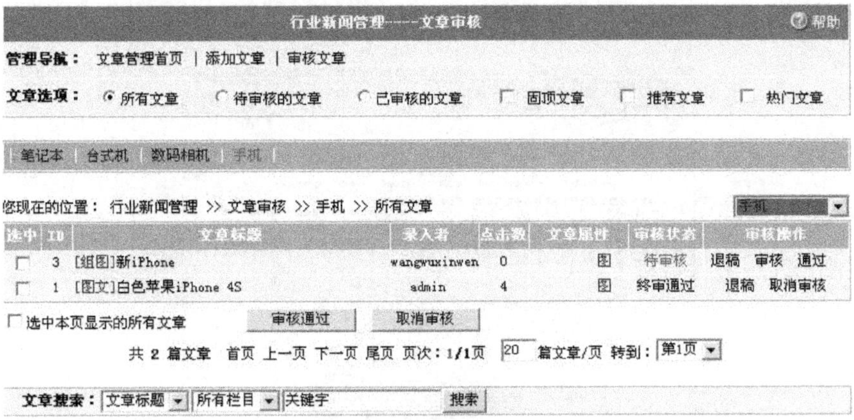

图 1-7-19　手机栏目文章

3）单击文章标题“新 iPhone”，显示新闻内容，检查新闻是否符合要求。

4）通过检查，确定新闻符合要求，单击下方的“终审通过”按钮，如图 1-7-20 所示，审核结束。

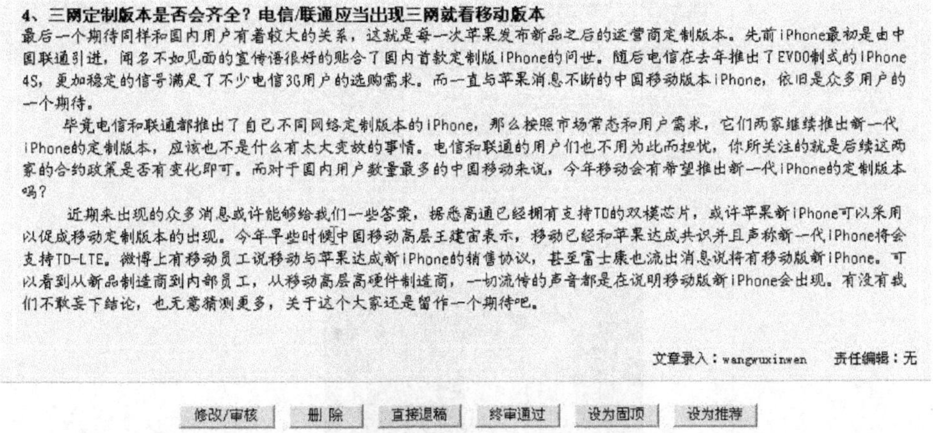

图 1-7-20　终审通过

5）打开网站首页，显示新闻标题，如图 1-7-21 所示。

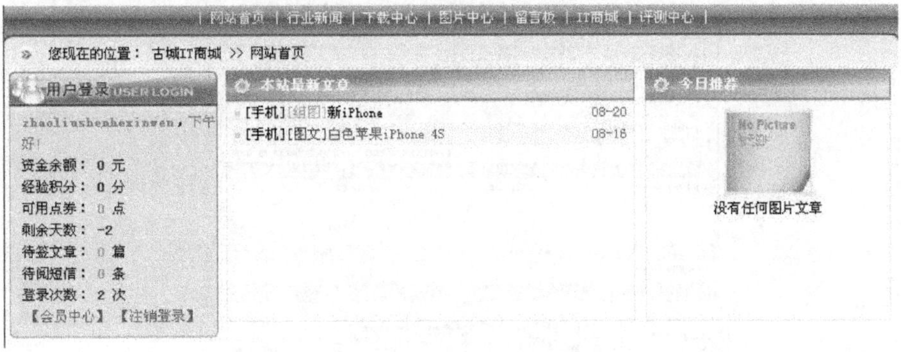

图 1-7-21　显示新闻标题

6）单击标题“新 iPhone”，显示新闻内容，如图 1-7-22 所示。

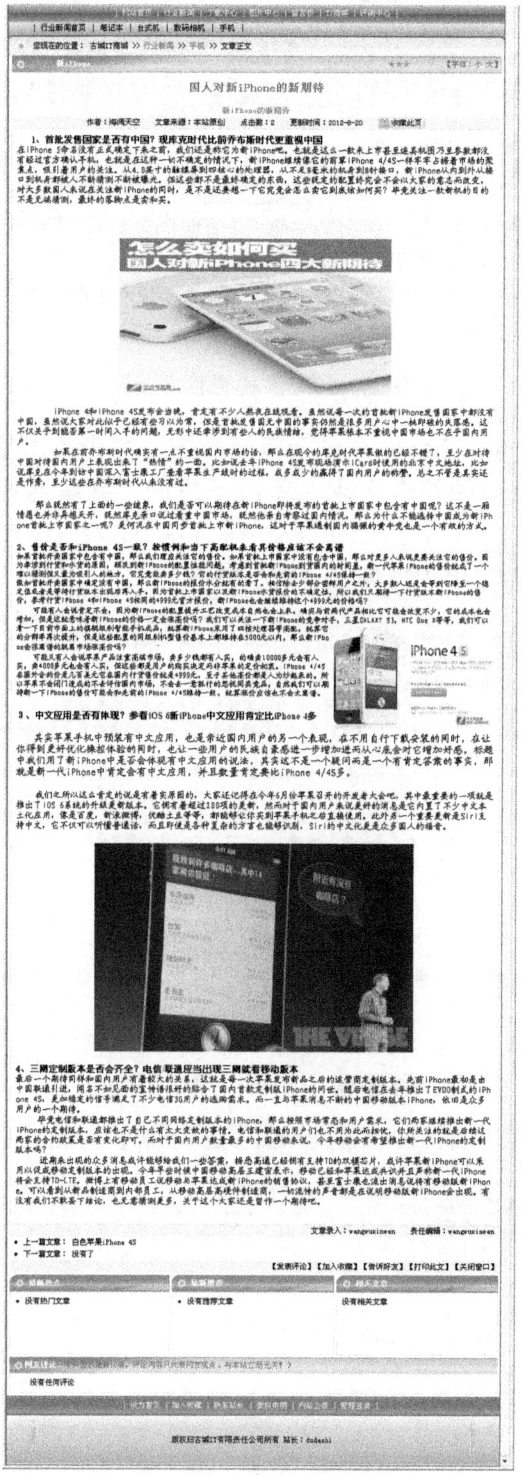

图 1-7-22　显示新闻内容

小知识

审核操作：

①退稿：指明此新闻不能发表。

②取消审核：把此新闻的审核状态由“终审通过”改为“未审核”。

③通过：此新闻通过审核，用户可以在网站前台浏览此新闻。

任务小结

通过完成本任务需要掌握以下内容：

1）动易网站管理系统中的新闻审核机制。

2）在网站后台管理系统中对添加的新闻进行审核。

举一反三

1）修改新闻“白色苹果 iPhone4s”的审核状态为“退稿”。

2）修改新闻“新 iPhone”的审核状态为未审核。

任务8　设计与维护留言管理模块

客户在浏览本网站时，有时有问题要提问，和网站管理人员进行沟通，有时想发表一下使用某种商品的感受等，这就需要本网站具有客户留言功能，本任务就是通过动易网站管理系统设计留言功能模块。

子任务1　添加留言

任务描述

动易网站管理系统已经提供添加留言的功能，直接使用即可，本任务演示非注册会员和注册会员添加留言的过程。

任务实施

1. 非注册会员添加留言

1）打开古城 IT 商城首页，单击“留言板”链接，打开留言板页面，如图 1-8-1 所示。

2）单击“签写新的留言”按钮，打开添加留言界面，输入留言信息，如图 1-8-2 所示。

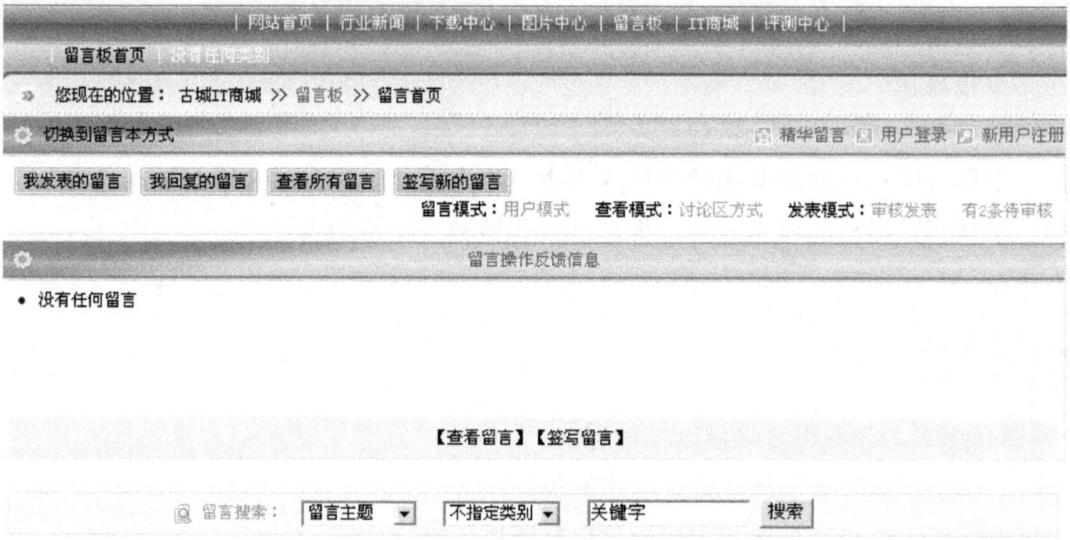

图 1-8-1 留言板页面

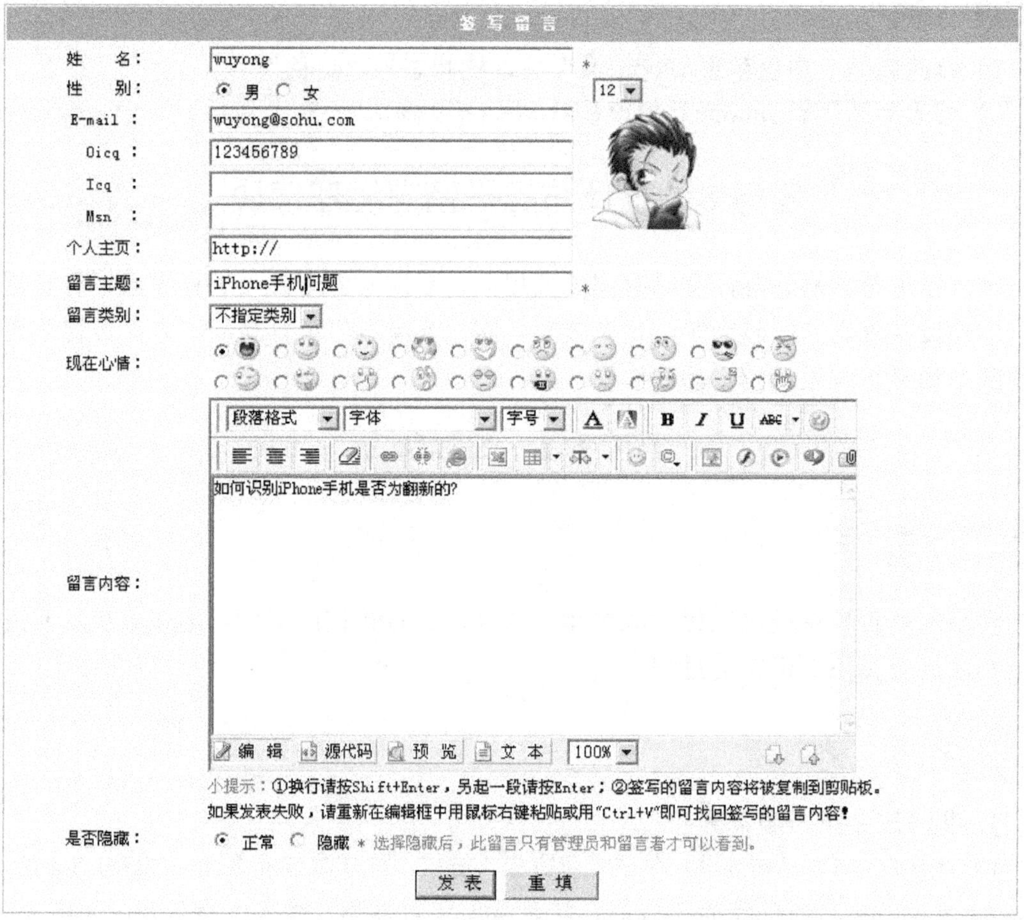

图 1-8-2 添加非注册会员留言

3）单击“发表”按钮，发表成功。

由于本网站客户发表的留言要求审核后才能显示，所以现在在留言板页面中不能看到。

2．注册会员添加留言

1）以 zhangsanpt 会员身份登录，登录成功后，单击首页中的“留言板”，打开留言板页面。单击“签写新的留言”链接，打开添加留言页面，输入留言信息，如图 1-8-3 所示。

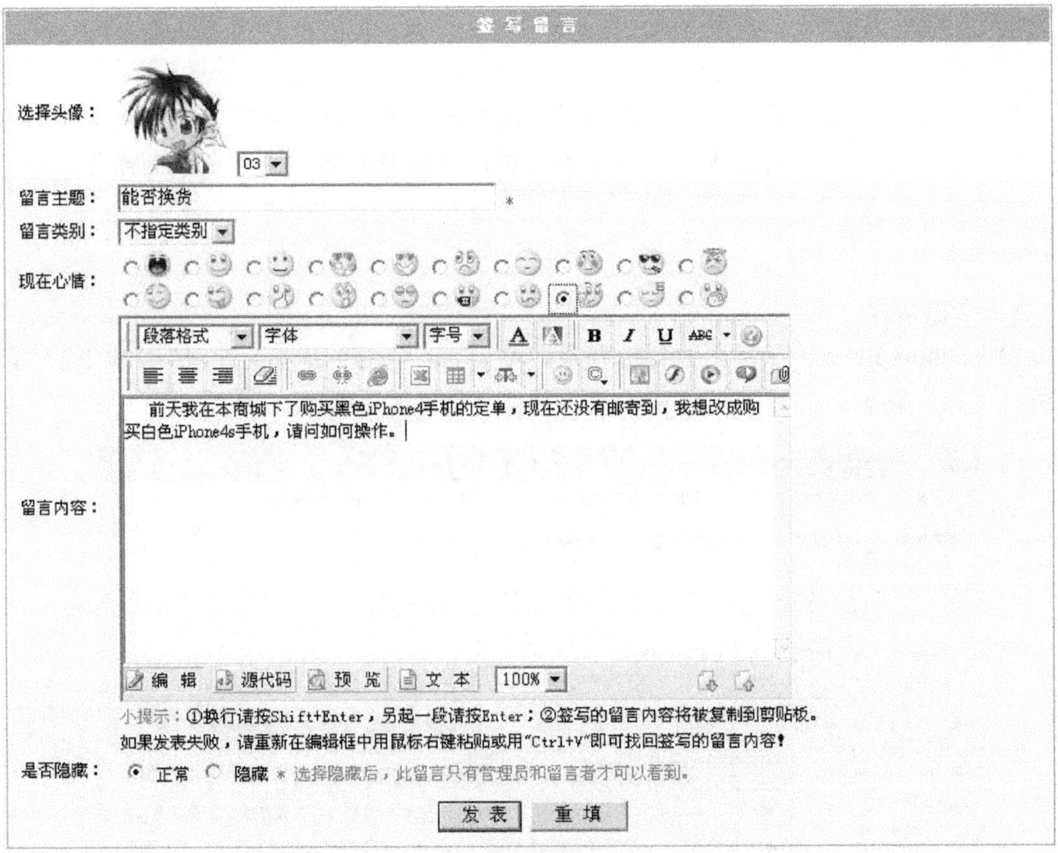

图 1-8-3　添加注册会员留言

2）单击“发表”按钮，发表成功。

任务小结

通过完成本任务需要掌握以下内容：

1）以非注册会员身份添加留言。

2）以注册会员身份添加留言。

3）使用网页设计工具修改网站中的留言界面内容。

举一反三

1）以普通会员的身份登录添加几条留言。

2）以管理员的身份登录回复留言。

3）修改非注册会员留言界面，去掉 icq 输入项，把 Qicq 改为 QQ。

子任务 2　审核及管理留言

任务描述

为了防止非法客户发表反动、涉黄等非法信息，本网站采用客户留言后先审核才能公开显示。本任务就是完成审核留言的功能，并掌握删除、修改留言的操作。

任务实施

1. 审核留言

1）以 zhouqiliuyan 管理员的身份登录网站后台，单击“留言板管理”导航下的“网站留言审核”链接，打开网站留言审核页面，如图 1-8-4 所示。

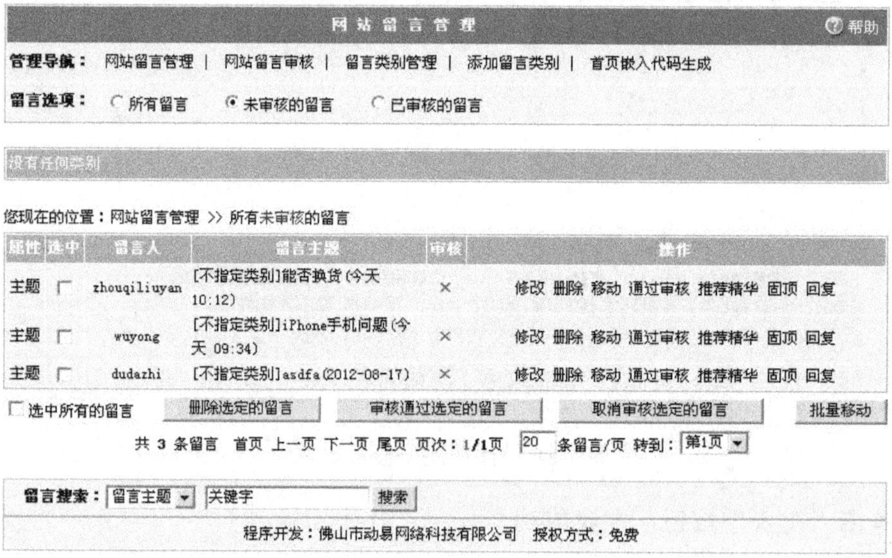

图 1-8-4　留言管理页面

2）单击留言主题“能否换货”，显示留言的内容，如图 1-8-5 所示。

3）浏览留言的内容，没有问题，单击“网站留言审核”，回到网站留言审核页面，单击此标题后的“通过审核”链接。此留言通过审核。

4）打开留言板页面，显示出此留言的标题，如图 1-8-6 所示。

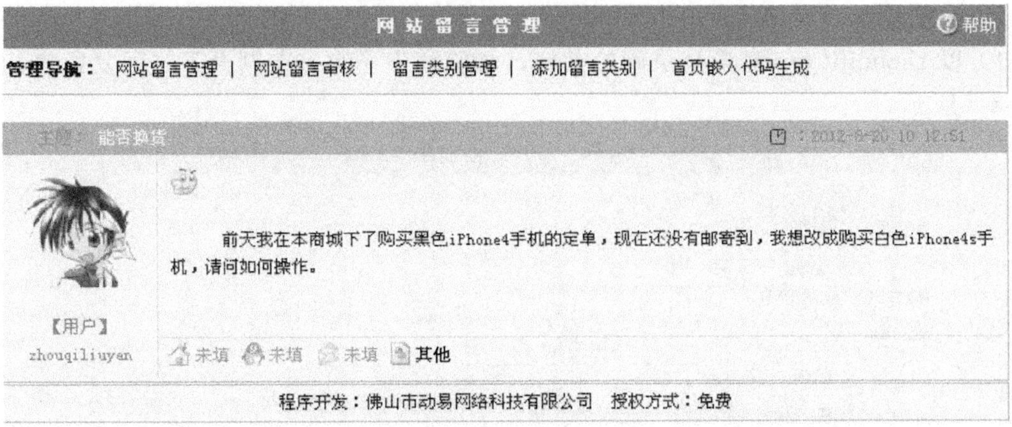

图 1-8-5　查看留言

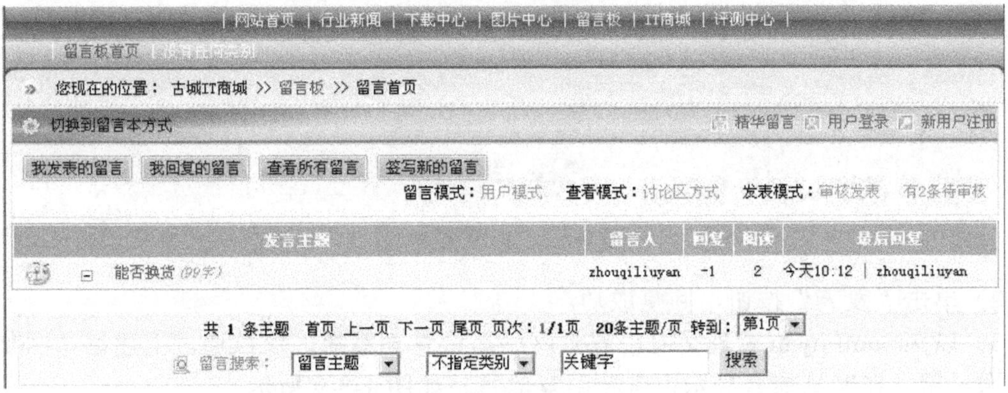

图 1-8-6　留言板页面

5）单击“能否换货”标题，显示留言内容，如图 1-8-7 所示。

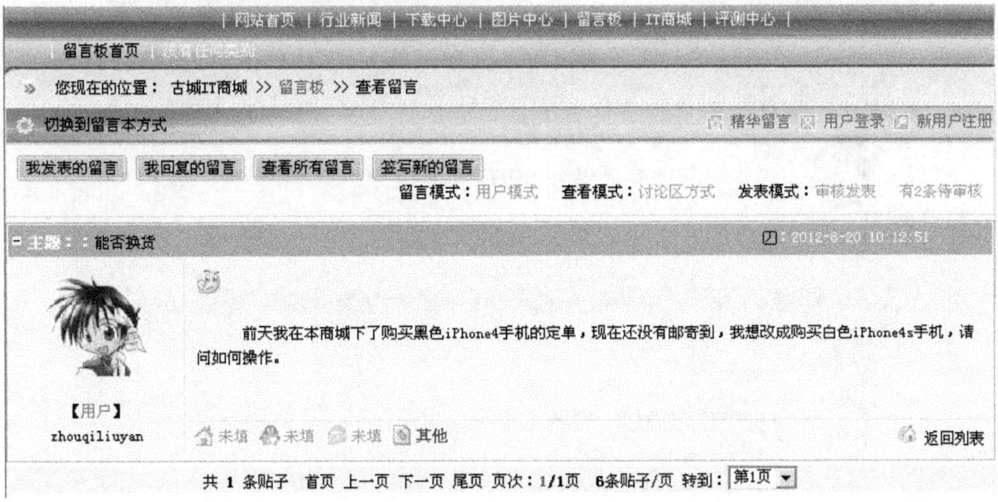

图 1-8-7　显示留言信息

2. 回复留言

1）以 zhouqiliuyan 身份登录网站前台，浏览客户留言，在网页下方回复留言，如图 1-8-8 所示。

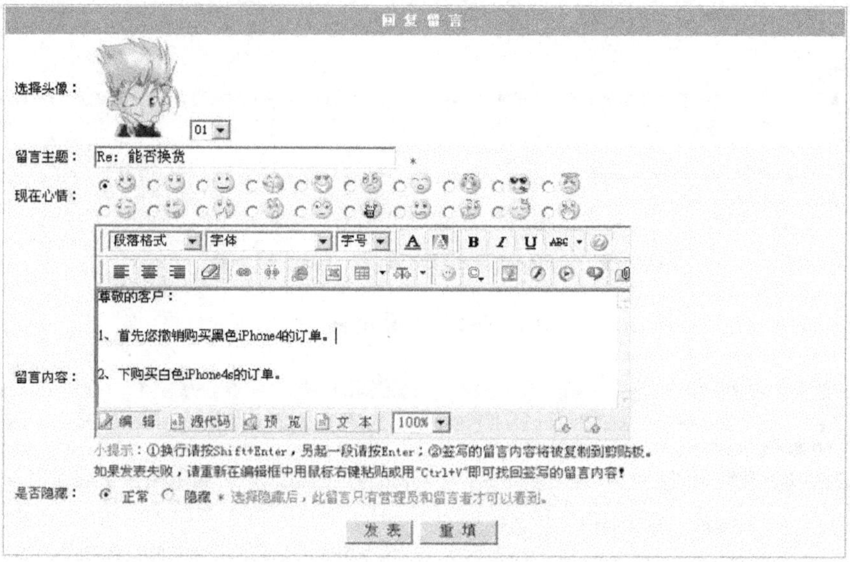

图 1-8-8　回复留言

2）单击“发表”按钮，回复成功。

3）以 zhouqiliuyan 管理员身份登录网站后台管理系统，审核通过上述留言回复。审核通过后，在网站前台显示留言及回复信息，如图 1-8-9 所示。

此外，还可以在网站后台回复留言，这里就不重复了。

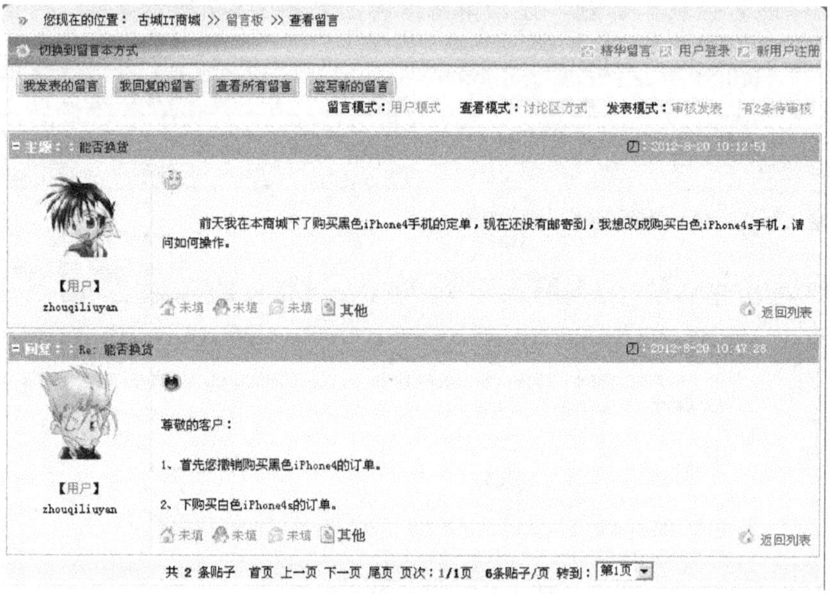

图 1-8-9　查看留言回复信息

任务小结

通过完成本任务需要掌握以下内容：

1）留言审核的作用、流程。

2）实现留言审核。

3）删除留言、修改留言。

举一反三

1）总结新闻审核、留言审核的功能和作用。

2）尝试对用户的留言进行通过或不通过的审核，比较其区别。

3）删除任务8子任务1举一反三中第1题添加的留言，并修改第2题添加的留言内容。

任务9　网站备案

网站备案（Internet Content Provider，ICP）也称ICP备案，即网络内容服务商。

根据中华人民共和国信息产业部第十二次部务会议审议通过的《非经营性互联网信息服务备案管理办法》精神，在中华人民共和国境内提供非经营性互联网信息服务，应当办理备案。未经备案，不得在中华人民共和国境内从事非经营性互联网信息服务。

按照规定，进行正规备案有如下好处：

1）让自己的网站具有合法性、安全性。

2）备案后的网站可以受到法律保护。

3）能让自己的网站更有诚信度。

4）网站可以正常运行。

子任务1　网站备案流程

任务描述

了解网站备案流程，能够自行对网站备案。

任务实施

1. 网站备案信息的网上提交

登录工业和信息化部ICP/IP地址/域名信息备案管理系统（网址为http://www.miibeian.gov.cn），如图1-9-1所示。在“自行备案导航”中，选择接入商所在省，填写接入商名称，全称简称均可，也可不填写，填写验证码。以“河北”为例，接入商名称填写“联通”，点击进入，弹出“接入商查询”页面，如图1-9-2所示。

图 1-9-1　ICP/IP 地址/域名信息备案管理系统

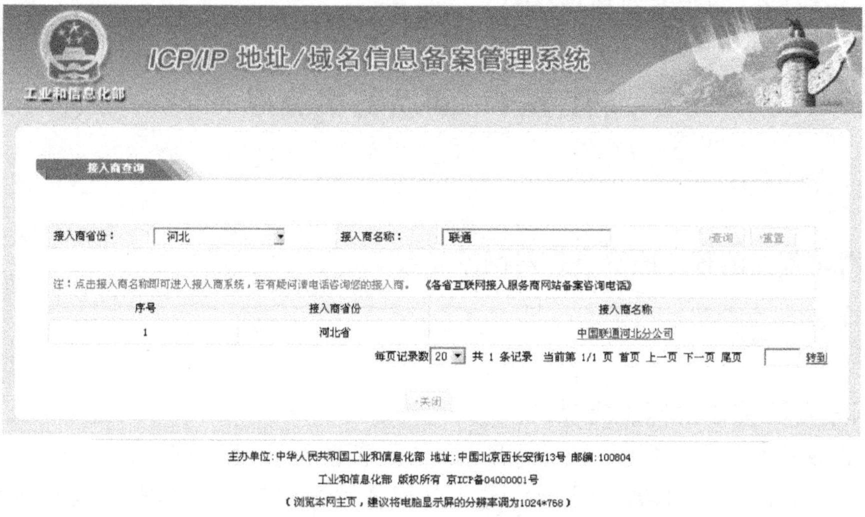

图 1-9-2　接入商查询

在“接入商查询”页面中会列出相应的接入商名称，选择正确的接入商名称，点击进入相应的接入服务商备案管理系统，这里为“中国联通网站备案管理系统”，如图 1-9-3 所示。

图 1-9-3 中国联通网站备案管理系统

在“中国联通网站备案管理系统”的登录界面中，单击下方的“自主备案网站地址”，进入“ICP 域名信息备案管理系统”首页，如图 1-9-4 所示。如果是第 1 次登录，则需要注册用户信息。

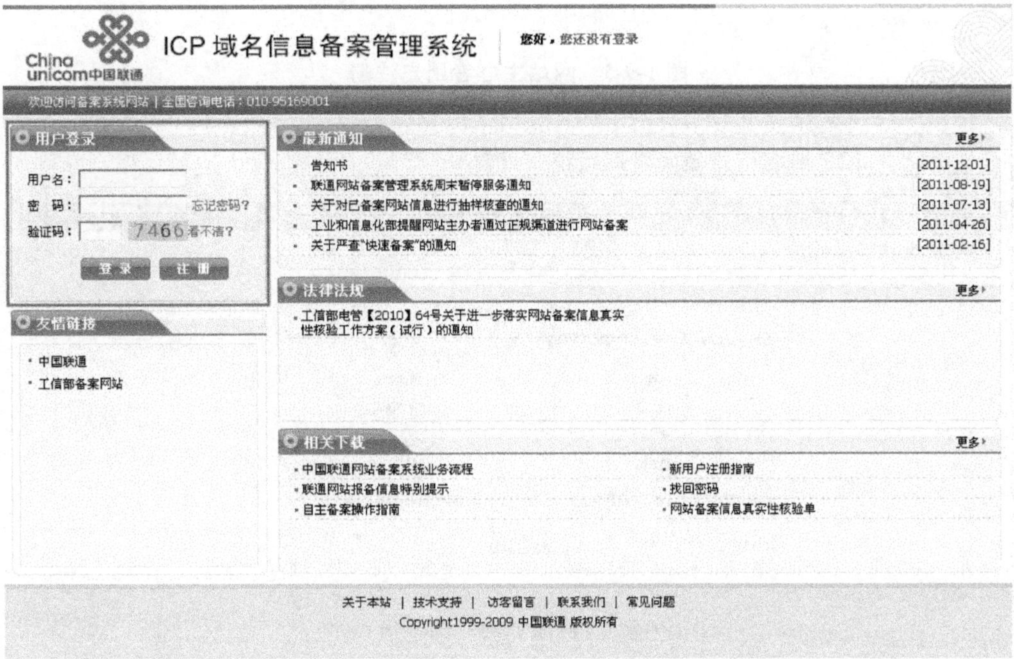

图 1-9-4 中国联通 ICP 域名信息备案管理系统

单击“注册”按钮，打开注册页面，阅读使用说明，单击下方的“接受”按钮，网页跳转到“网站主办者用户注册”页面，如图 1-9-5 所示。用户需要填写自己的相关信息，比如自定义的用户名、密码等，而且所填写的信息一定要真实有效。用户信息填写完毕后，单击下方的“注册”按钮，跳转到“系统提示”页面，提示注册成功，如图 1-9-6 所示。

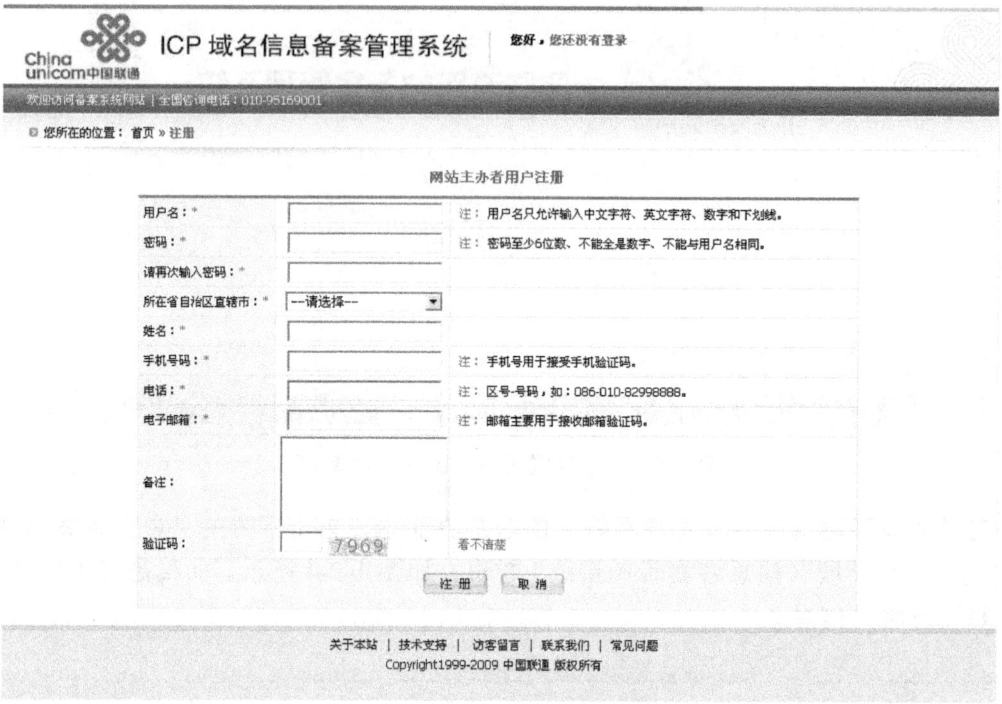

图 1-9-5　网站主办者用户注册

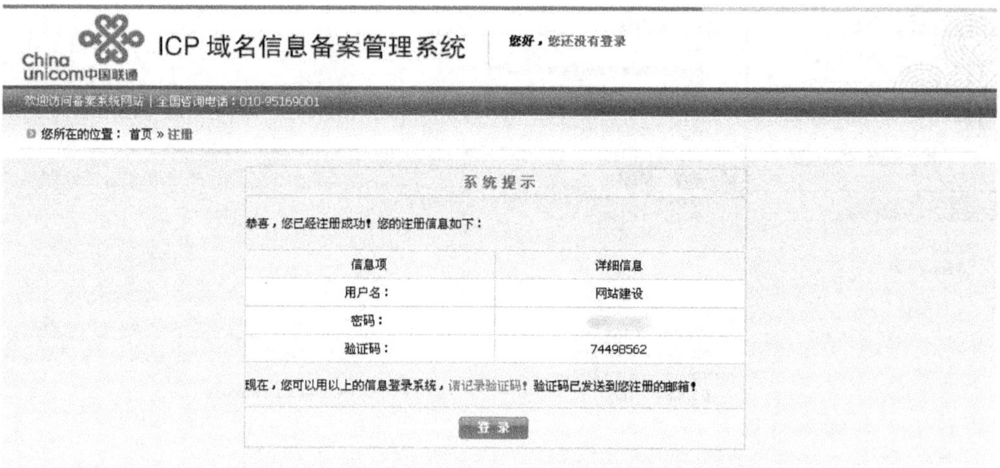

图 1-9-6　“注册成功”的系统提示

按照系统提示，单击图 1-9-6 中的“登录”按钮，页面再次跳转到“ICP 域名信息备案管理系统”首页，如图 1-9-7 所示，填写用户名、密码和验证码，单击“登录”按钮，进入系统。

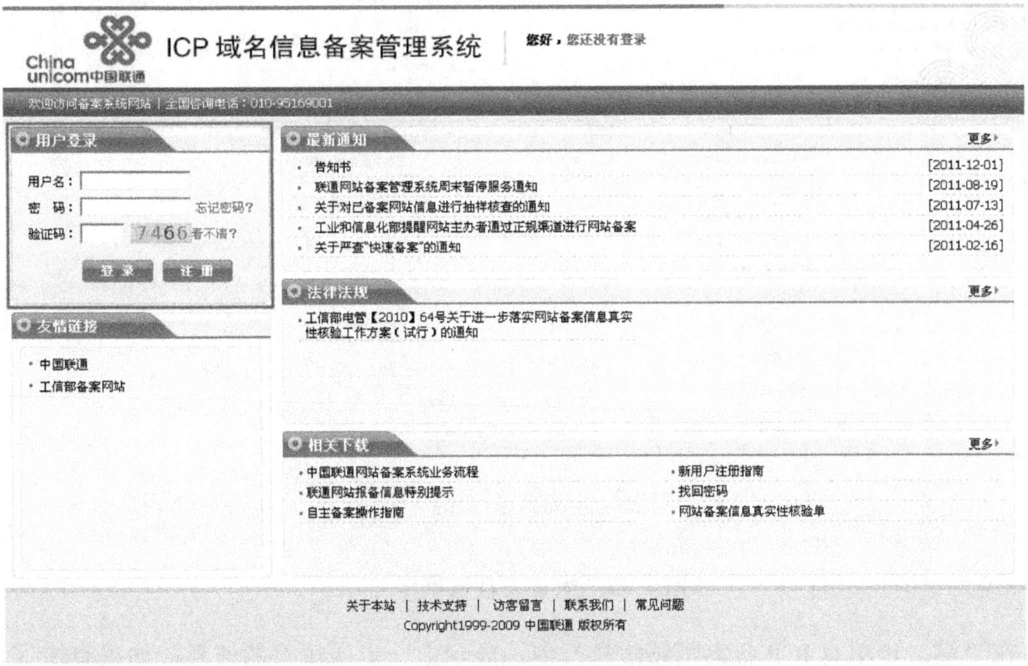

图 1-9-7 “ICP 域名信息备案管理系统”首页

如果你是第一次进入系统，则会有一个如图 1-9-8 所示的提示，将旁边提示的校验码输入到文本框中，单击“提交”按钮，即可进入系统。

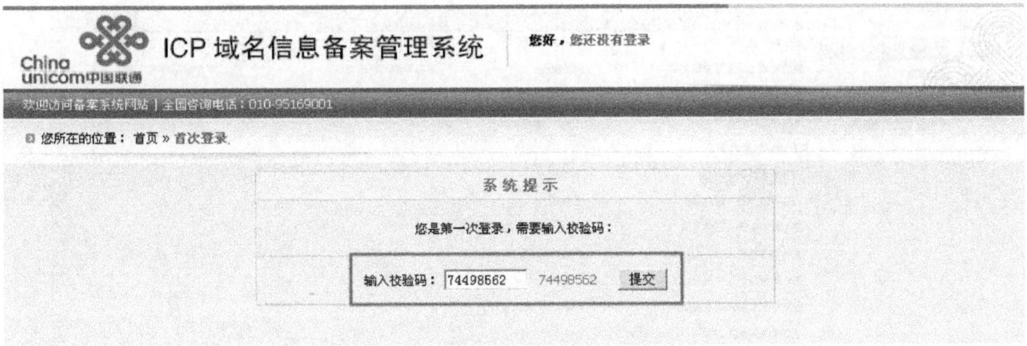

图 1-9-8 第一次登录的系统提示

进入如图 1-9-9 所示的系统后，单击左侧的“备案信息录入”，右侧显示“第一步填写 ICP 备案主体信息”，按照要求填写相关信息。特别要注意，如果是个人备案，那么主办单位名称就填写个人的姓名，主办单位性质填写个人。填写完相关信息后，单击“下一步”按钮。

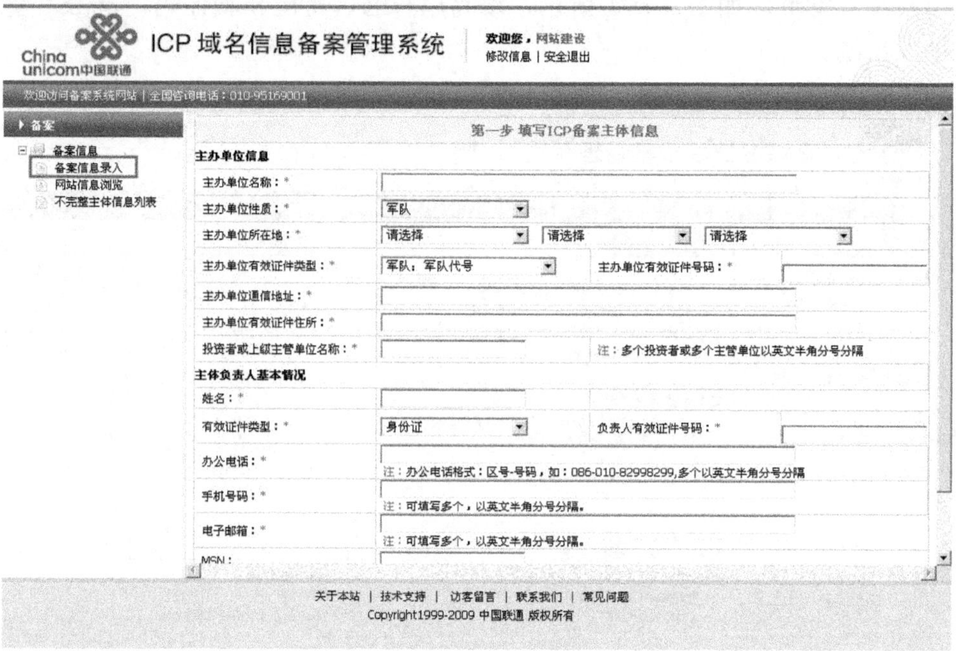

图 1-9-9　备案主体信息录入

在“第二步填写 ICP 备案网站信息”中，显示上一步所填写的信息，如果有错误，则还可单击“上一步”进行修改，如果没有错误，则单击“添加网站”按钮，如图 1-9-10 所示。

图 1-9-10　添加网站

在进入“填写ICP备案网站信息”页面后，按照要求填写相应的内容，填写完毕后，单击“提交”按钮，如图1-9-11所示。

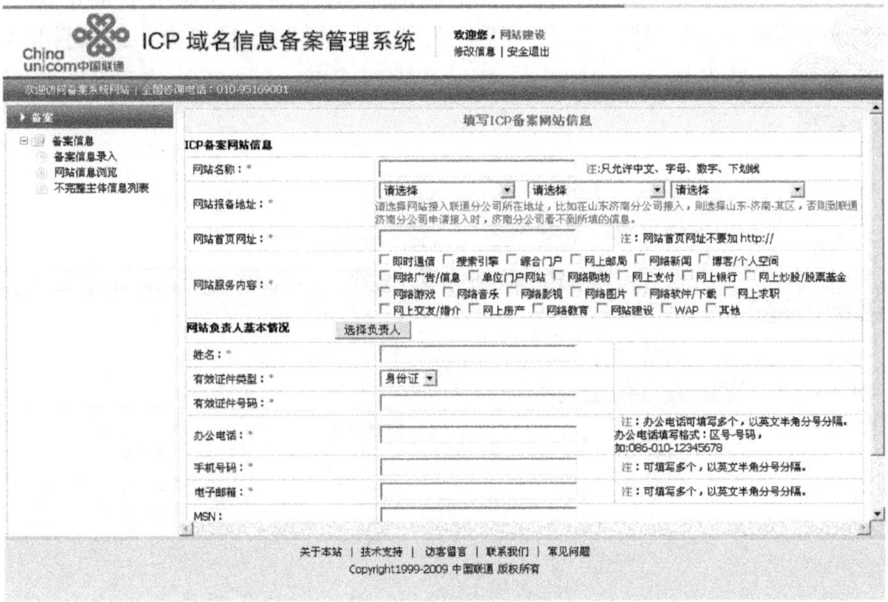

图1-9-11　备案网站信息录入

页面再次跳转到如图1-9-10所示的页面，所不同的是“ICP备案网站信息”里多了一条记录，正是刚才添加的网站信息，不过网站信息还不够完善，单击“管理域名”按钮，完善网站域名信息，如图1-9-12所示。

图1-9-12　备案网站信息完善

在如图 1-9-13 所示的“网站域名列表”页面中完善网站的域名信息，在这里只需添加网站的域名即可。在文本框中输入网站域名，单击“保存”按钮。例如，刚才添加的网站首页地址是 www.guchengitshangcheng.com，那么这里所填写的域名应该是 guchengitshangcheng.com。然后单击“返回”按钮，返回如图 1-9-12 所示的页面。在此页面中，单击“管理接入”按钮，进入“ICP 备案网站接入信息”，如图 1-9-14 所示。

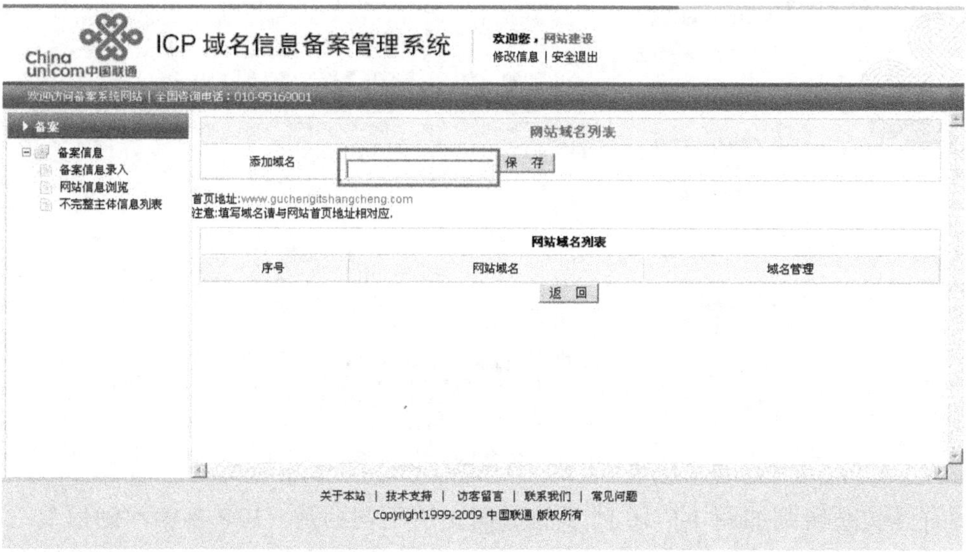

图 1-9-13　域名信息完善

图 1-9-14　网站接入信息录入

在“ICP 备案网站接入信息”页面中，需要填写和服务器空间相关的信息，首先单击“添加”按钮，页面跳转到“ICP备案接入信息”页面，如图1-9-15所示，然后选择“接入服务提供者名称”，网站接入方式根据实际情况选择，一般选择“虚拟主机”，服务器放置地根据实际情况选择，最后单击“提交”按钮，返回如图1-9-14所示的页面，看到网站接入列表中已经显示出刚才添加的那条记录。

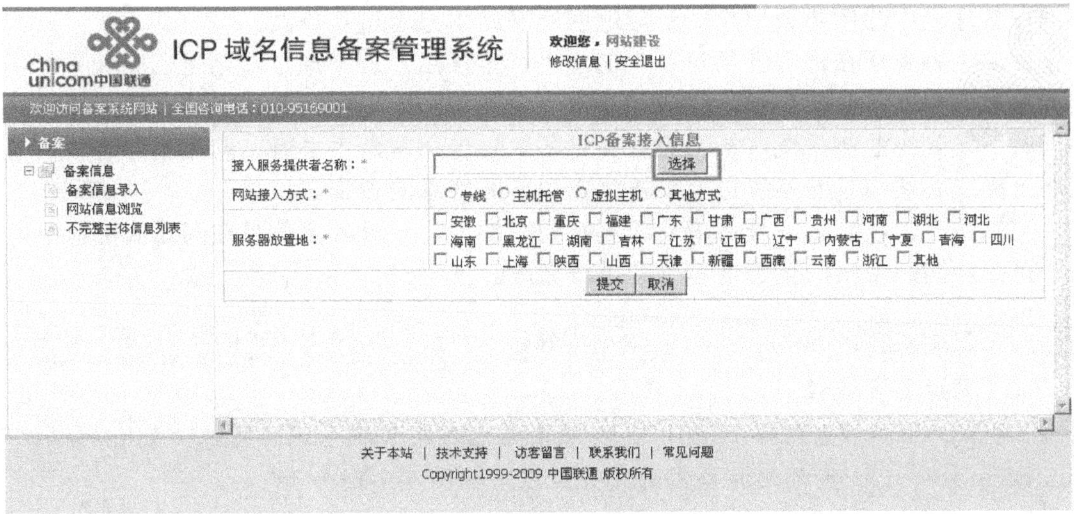

图1-9-15 网站备案接入信息提交

选中刚才添加的记录，单击“添加IP”，打开“ICP备案网站IP信息”页面，如图1-9-16所示，单击“添加”按钮，添加服务器的相应IP，如果只有一个IP地址，则起始IP地址均填写这个IP地址即可，单击“确定”按钮，完成添加IP地址，最后单击“返回”按钮。到这里，网站备案流程中网上信息提交的操作全部完成，可以单击左边导航的“网站信息浏览”来查看刚才填写的信息，如果信息填写错误则还可以进行相应的修改。

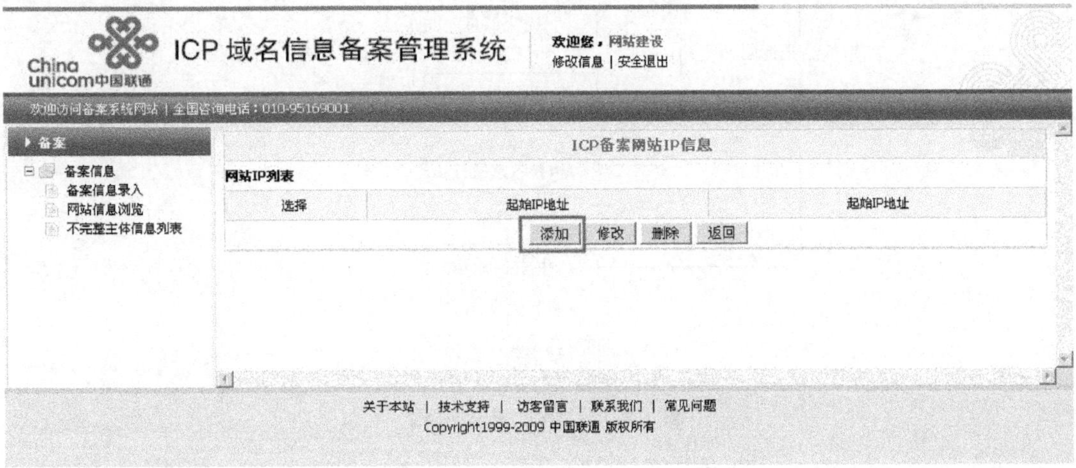

图1-9-16 备案网站IP信息录入

2. 网站备案信息的现场核验

网站备案信息网上提交完成后，还需携带相关的证件到所在地接入服务商的网站备案部门进行现场核验。核验内容包括：当面采集网站负责人照片；依据网站主办者证件信息核验提交至接入服务商系统的备案信息；填写《网站备案信息真实性核验单》。

如果备案信息无误，则接入服务商提交给省管局审核；如果信息有误，则接入服务商在备注栏中注明错误信息提示后退回给网站主办者进行修改。

网站主办者所在地省管局对备案信息进行审核后，若不通过，则退回企业系统由接入服务商修改；审核通过，生成的备案号、备案密码和备案信息上传至部级系统，并同时下发到企业侧系统，接入服务商将备案号告知网站主办者，网站主办者也可登录网上提交备案信息的系统进行审核状态和备案信息的查询。

网站主办者收到备案号后应立即更新到网站上，一般备案信息在网站底部显示。

至此，网站备案的全部过程已经操作完成。

小知识

1. 网站备案流程

登录工业和信息化部 ICP/IP 地址/域名信息备案管理系统（网址为 http://www.miibeian.gov.cn），查询网站备案的相关流程，如图 1-9-17 所示。

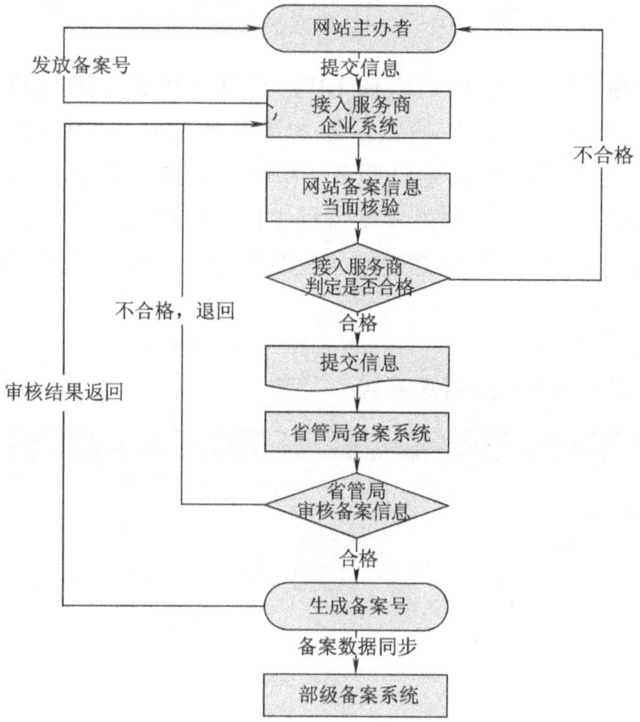

图 1-9-17 网站备案流程

在备案过程中还需要填写和提交一部分信息，例如，备案人或单位的相关信息、网站的相关信息和服务器的相关信息等，这些信息要提前准备好。

网上提交完信息后，在进行现场核验时，还需要携带以下证件：

1）网站主办者为机关、事业单位、社会团体，核验组织机构代码证（或事业法人证书、社团法人证书）。

2）网站主办者为企业，核验组织机构代码证（或工商营业执照）。

3）网站主办者为军队，核验军队代号证书。

4）网站主办者为个人，核验身份证复印件（护照、军官证、台胞证、户口本）。

准备网站备案材料的时候，特别要注意以下几点：

1）网站域名所有者与网站主办者身份必须一致。

2）网站主办者身份证扫描件与当事人必须一致。

3）网站主办者资料与备案系统上填写的信息必须一致。

2. 对于非经营性网站主办者，都应该了解哪几种备案

对于非经营性网站大体会遇到3种备案，即ICP备案、域名备案和公安备案。

1）ICP 备案已经介绍过了，它是信息产业部对网站的一种管理。通过备案的网站就像得到了官方的认可，就好像开个商店需要办营业执照一样。

备案的目的就是为了防止在网上从事非法的网站经营活动，打击不良互联网信息的传播，如果网站不备案的话，则很有可能被查处或关停。

2）域名备案是对域名所有者的一种注册，通过备案后即表示官方对域名所有者及其域名所有权的认可。备案流程如图1-9-18所示。

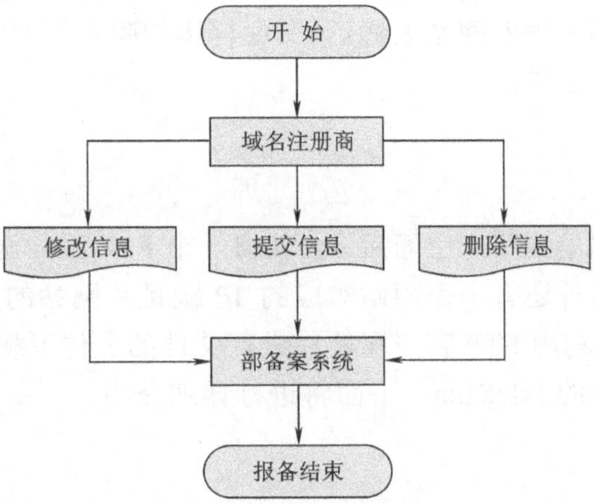

图1-9-18 域名备案流程

从图1-9-18可以看出，域名备案的实际操作并不需要自己去做，只需要面对域名注册商，在注册域名的时候填写相关信息，域名备案的工作由域名注册商完成。

3）公安备案又称网警备案，是网站及网站主办者相关信息在公安部门的一个注册过程，而ICP备案和域名备案都是在互联网管理部门备案。

公安备案主要是看网站服务器所在地公安部门的要求，如果有所要求，则要按照当地公安部门的规定，认真履行备案义务。

另外，对于经营性网站的注册和备案，管理部门有更多的规定，具体细节在此不再赘述。

任务小结

本任务是全面讲解网站备案流程，带领学生进行网站备案的实际操作，为学生将来从事相关工作做好准备。

举一反三

1）通过查阅资料，了解网站备案的相关法律法规。

2）如果网站使用的是租用的虚拟主机，那么该如何进行备案，通过查阅资料，了解相关流程。

任务 10　发布和维护网站

学习完前面的任务，对网站的搭建、调试和备案等工作有了深入的了解，也知道了如何去购买域名和租用空间，对于网站的最终上线可以说是万事俱备，但是如何将网站发布到租用的空间上呢？网站上线后，又如何维护呢？下面就讲讲如何发布网站，如何对线上的网站进行维护。

任务描述

当从空间提供商那里购买完空间后，会获得一个 FTP 服务器的地址和访问该 FTP 服务器的账号密码，另外还有一个网站对应的 IP 地址。网站的发布和维护就是将 IP 地址和域名绑定，然后利用 FTP 客户端软件进行文件的上传下载，本任务 FTP 客户端软件选用的是比较流行的 FileZilla，下面将进行详细介绍。

任务实施

1. 网站域名和 IP 绑定

域名注册成功后，会获得一个域名管理的后台地址以及账号密码。首先打开域名管理的后台地址，输入账号密码，进入域名管理后台。

不同的域名注册商其后台管理也不尽相同，但是都大同小异，添加一条解析记录，将网站的域名解析为空间上提供的 IP 地址，这也就实现了网站域名和 IP 地址的绑定。

此工作完成后，一般会在一定时间之后（通常为 1 个小时）解析才会生效，不要着急，利用这个时间可以进行下面的工作，也就是发布网站。

2. 利用 FileZilla 软件发布网站

网上的 FTP 客户端软件很多，而且在发布和维护网站的时候，很多人都推荐使用 FlashFTP 和 LeapFTP，但作者唯独青睐 FileZilla，因为 FileZilla 是一个免费开源的 FTP 客户端软件，其可控性、有条理的界面和管理多站点的简化方式使得 FileZilla 客户端成为一个方便高效的 FTP 客户端工具。

先安装 FileZilla 软件，这个工作比较简单，在此不再赘述。

安装完成后，打开 FileZilla，如图 1-10-1 所示。

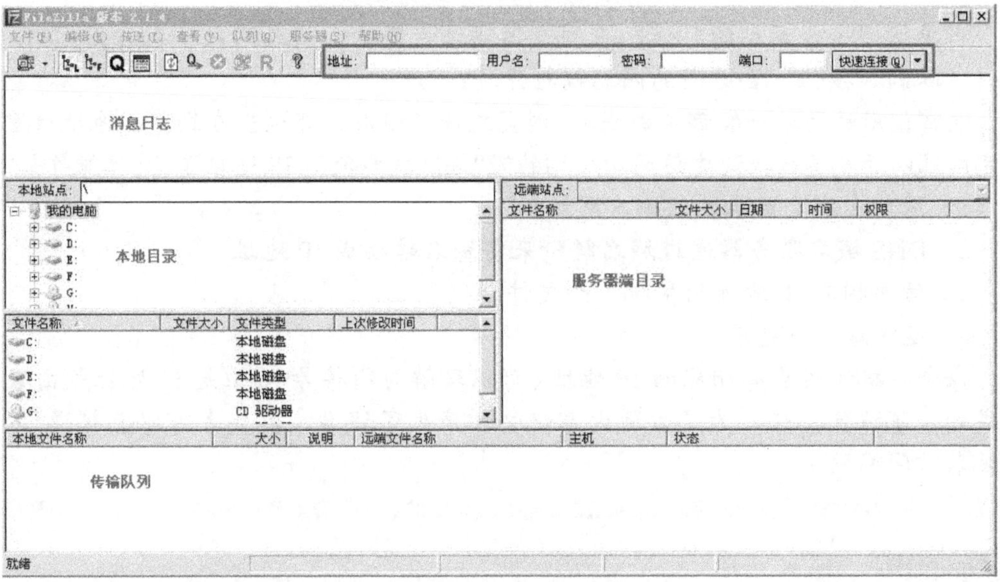

图 1-10-1 FileZilla 主界面

可以通过“站点管理器”管理 FTP 站点，出于安全的考虑，不推荐这样做。应该熟记网站空间的 FTP 账号密码等，每次登录时，直接输入 FTP 地址、用户名和密码，端口不用填写，默认为 21 端口，然后单击“快速连接”按钮即可。

小知识

FileZilla 界面介绍：

消息日志：显示 FTP 服务器连接的情况。

本地目录：显示本地的目录和文件。

服务器端目录：显示服务器端的目录和文件，空间服务器为用户提供哪一块空间。

传输队列区域：显示上传或下载的任务及任务进度。

连接成功后，在“本地目录区域”选择网站所在的目录，下方会显示该目录下所有的文件，选中所有文件，直接用鼠标拖动到“服务器端目录”中，FileZilla 立刻进行上传作业，“传输队列区域”也显示各个文件的传输进度，等到网站文件全部上传完毕后，就完成了网站发布的工作。

上面讲述的是如何通过 FileZilla 软件上传文件，下载文件也类似，只要选中服务器端的文件向本地目录拖动即可。

网站的维护其实就是网站文件的上传下载，当需要修改网站时，将需要修改的文件下载到本地，修改完毕后，再上传到服务器端。

小知识

网站域名和 IP 地址的关系

当要访问一个网站的时候，在浏览器地址栏里输入网站网址（也就是 URL），单击“转到”按钮，要访问的网站就打开了。

通常使用的网址一般都是由域名+网页文件名组成。那么当在浏览器地址栏里输入完网址以后是怎么找到要访问的网站的呢?这里就要使用 IP 地址了。具体操作如下:

1）用户在浏览器地址栏输入网址。

2）DNS 域名服务器通过域名解析来将域名转换成 IP 地址。

3）访问相应 IP 地址的主机上的文件。

4）返回给用户结果。

每个主机都对应有相应的 IP 地址（可以理解为门牌号），但是 IP 地址是由数字组成的，不方便记忆，为了方便大家记忆便产生了域名，其实也可以直接通过 IP 地址来访问网站。

任务小结

通过完成本任务需要掌握以下内容：

1）网站发布和维护的操作流程和技巧。

2）FileZilla 软件的使用。

举一反三

1）通过查阅资料，再了解 1～2 种 FTP 客户端软件的使用。

2）配置一个环境，实际操作发布和维护一个自己创建的网站。

任务 11　优化与推广网站

随着互联网技术的不断发展，大部分人都意识到了在网上作宣传对自己企业的重要性，而且现在国内大部分的企业都有自己的网站，其实有自己的网站并不代表什么，关键是有多少人能看到自己的网站。可是现在好多网站缺乏优化，缺少推广和更新，这样的网站只能是淹没在茫茫的网海中？所以必须要进行网站的优化和推广。

网站的优化和推广在业内被称为“SEO”，SEO（Search Engine Optimization，搜索引擎优化），简单的理解就是针对搜索引擎进行网站优化，从而获得很好的搜索排名，增加网站的访问量。但是，随着 SEO 的不断发展和深入，已经远远不止字面的意思，SEO 就是网站的优化和推广。通过本任务将学习如何对网站进行优化和推广，特别要注意的是，本书所讲的 SEO 方法并不针对具体的搜索引擎，但是因为百度和谷歌两大搜索引擎的用户比较多，所以通常会以这两大引擎为例。

子任务 1　分析网站 SEO 的现状

任务描述

掌握分析网站 SEO 现状的方法，了解网站 SEO 的现状，从而为下面的网站 SEO 工作奠定基础。

任务实施

网站 SEO 现状分析主要涉及网站收录量和关键字排名的分析。下面主要从这两个方面讲起。

1．网站收录量的查询和分析

在这里要用到一个工具，那就是“观其站长工具箱”，其下载地址是 http://www.flashplayer.cn/webmaster-toolbox/，下载后无需安装，直接双击运行即可。

打开“观其站长工具箱”，如图 1-11-1 所示。

图 1-11-1　站长工具箱

单击“综合查询”选项卡，在输入框中输入网站的域名 www.guchengitshangcheng.com，注意域名是 www.sitename.com 形式的，单击“查询”按钮，结果如图 1-11-2 所示。

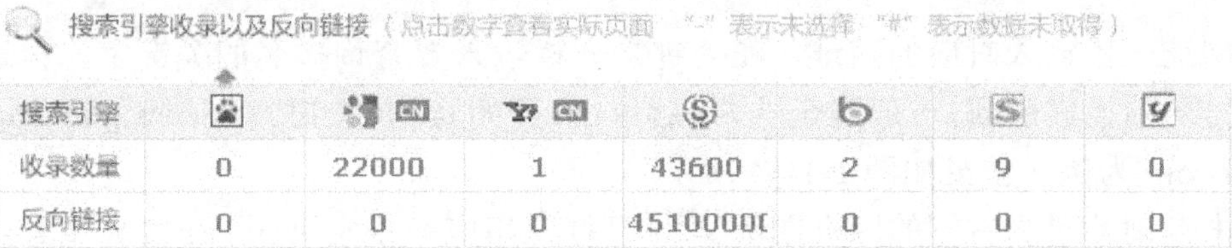

搜索引擎收录以及反向链接（点击数字查看实际页面 "-" 表示未选择 "#" 表示数据未取得）

搜索引擎		CN	Y! CN				
收录数量	0	22000	1	43600	2	9	0
反向链接	0	0	0	4510000(	0	0	0

图 1-11-2　查询结果

查询结果中列出了几种搜索引擎对目的网站的收录情况，其中“收录”一行是搜索引擎对网站的收录量。大家看一下这个网站，百度没有收录，谷歌两万多的收录量，这个SEO效果还是可以的，之所以百度没有收录，是因为百度对导购类网站比较排斥，所以不予以收录。

“反向链接”一行显示的是反链数量，所谓反链就是别人的网页对你的网站上面的某个网页做的链接，包括单向链接和双向链接，单向链接就是别人的网站给你的网站做链接，而你的网页不需要给别人网页做链接，这种链接效果最好；而双向链接就是互相都做链接，你给我做，我也给你做，也就是友情链接。

假设有两个页面A和B，B页面通过一个链接指向A页面，那么，B就是A的一个反链。一个网站的反链不仅包含友情链接，同时包含本网站其他页面的链接，反链数量大于友情链接数量。

反链对于网站的排名至关重要，可以直接提升名次，在某些SEO的教程里面甚至写着“要想提高排名就需要很多高质量的链接”类似的语句，至于如何提高反链数量，后面将会介绍。

通过上面的操作，可以得知网站在各大搜索引擎中的收录量和反链数量，这些数字当然是越高越好，如果你的网站的数字不太理想，那么就应该好好做做SEO了。

另外，站长工具箱还提供了友情链接查询、常用工具、域名查询等功能。

2. 关键字排名的查询和分析

所谓关键字就是一个网站管理员给网站设定的以便用户通过搜索引擎能搜到本网站的词汇，网站关键字代表了网站的市场定位。网站的关键字至关重要，如果选择的关键字不当，则对网站来说就是灾难性的后果。下面就看看如何去查询关键字的排名。

这里仍然要借助一个工具，即观其关键字排名查询工具，其下载地址是http://www.flashplayer.cn/keywords/，下载后无需安装，双击运行即可，如图1-11-3所示。

图1-11-3　观其关键字排名查询工具

在网址一栏输入对应的网址，在关键字一栏输入要查询排名的关键字，再选择需要查询排名的搜索引擎，一般是全选，最后单击“开始查询”按钮。以www.guchengitshangcheng.com为例，结果如图1-11-4所示。

单击查询结果框右侧的网页图标，可打开相应的搜索页面，在实际搜索页中查看排名情况。

图 1-11-4 查询结果

通过以上操作，可以知道关键字在不同搜索引擎中的排名，为关键字的选取和优化提供了重要依据。

小知识

SEO 的发展史

SEO 全称为 Search Engine Optimization，中文就是搜索引擎优化，国外 SEO 大概是源于 1997 年。以美国为首的互联网发达国家开始出现了提供搜索引擎优化相关服务的机构，国外的网站也在那时开始意识到搜索引擎优化对于网络营销的重要性。发展至今，SEO 在国外已经是一门相当正规、成熟的行业。有大批专业的公司，专业的技术人员在为广大客户网站提供全方位的搜索引擎优化服务。同时，搜索引擎优化技术也得到了广大网站管理者甚至搜索引擎在内多方面的认同。

国内 SEO 行业的发展历史大概起源于 2003 年。当时只是简单的 title 包含关键字以及关键字堆积等方法，如果放在现在则已经属于作弊范围了。但是这确实是国内 SEO 起步阶段一个重要的足迹。

国内 SEO 真正的发展始于 2004～2005 年，主要通过国外一些专业 SEO 的专业文章和国内 SEO 业界的自我试验。SEO 水平得到了长足的提高，SEO 手法也开始逐渐丰富起来。随着手法的增多 SEO 又分出了两类——白帽 SEO 以及黑帽 SEO，前者讲的主要是通过正规手法来实现优化排名，后者是通过一些非常规的手法实现优化排名效果。但是鉴于目前 SEO 没有一个明确分类情况，黑帽 SEO 和白帽 SEO 的划分也不那么明确。

2006～2007 年随着互联网的普及，搜索引擎营销中的重要性逐步显现，国内 SEO 也步入了一个快速发展阶段，各大网络公司开始涉足 SEO 优化行业。许多企业也意识到了 SEO 对于市场开发的重要性。SEO 网站开始大批量的出现。搜索引擎为此也在不断改变算法，一批又一批网站倒在了搜索引擎算法之外。

从 2007 年至今，随着 SEO 培训的兴起，SEO 技术越来越普及化，SEO 公司在各个地方都开始发展起来，有些网络公司开始有了专门的 SEO 部门，从整体发展的眼光可以看出，SEO 行业在国内正在慢慢成熟、逐渐壮大。

任务小结

通过完成本任务需要掌握以下内容：

1）获取网站收录量和关键字排名情况的方法。

2）分析网站 SEO 的现状。

举一反三

通过互联网查询 SEO 相关知识，对 SEO 形成整体认识。

子任务 2　选择域名和主机

任务描述

域名与主机是网站的基础，商业网站选择域名与主机尤其应注重形象和质量，为网络营销开展打好坚实基础。同时，选择好域名与主机也是搜索引擎优化开始的第一步。

任务实施

在本书前面的任务中已经介绍了域名和主机的相关知识，下面单纯从 SEO 的角度来分析域名和主机对搜索引擎优化的影响。

1. 域名的选择

每一个网站域名对应一个 IP 地址，IP 地址是网络分配给每台计算机或网络设备的数字标识。域名必须经过域名服务器（DNS）进行解析，转换成数字 IP，才能让计算机理解辨认，如 219.136.248.149。

大部分中小型网站都存放在由一台服务器划分出来的若干虚拟主机上，由多个网站共享一台服务器和 IP 地址，一些 Web 服务器中有成百上千个域名共享一个 IP 地址的情况。这样对站长来说成本较低，但对网站的搜索引擎排名带来很多潜在风险：

1）共享主机的其他网站如果被搜索引擎惩罚，将或多或少涉及你的网站。对此，AltaVista（国外某搜索引擎）有如下忠告："如果同一 IP 下有一个网站作弊，那么我们的搜索引擎会对该 IP 下的所有网站进行惩罚"。不过幸运的是，大部分搜索引擎不会如此武断，如 Google，一般是不会进行这种连带性惩罚的。

2）如果搜索引擎对有些垃圾网站服务器进行了惩罚，其 IP 会被认为是垃圾，则连带该 IP 下的所有网站都会受到牵连，使这些网站的排名下降或在搜索引擎中被清除。

拥有自己的独立域名是网站对搜索引擎友好的基础。目前有很多网站提供免费空间，如博客免费空间、企业免费空间、免费自助建站、电子商务平台等，通常为用户分配一个二级域名，或页面存放于网站的某一路径下，二级域名形式如 yourname.site.com，而不是 www.yourname.com。这极不利于搜索引擎重视你的网站，二级域名除了用户访问不方便以外，还有以下弊端：

1）如果你所使用二级域名的主域名受到惩罚，那么你的网站也会受到牵连。

2）很多搜索引擎会规定每个域名下的收录数，如果 www.yourname.com 这一域名的收录数上限是 30，而你的网站是第 31 个，则你的网站被搜索引擎收录的机会就会非常小了。

3）当域名供应商停止营业，那么你辛苦经营的网站也会随着域名的失去而付诸东流。

4）网站流量排名的时候，你所有的流量都会归功于所依托的顶级域名。

最好为自己的二级域名网站注册一个独立域名，然后做域名转发。

域名选择的首要原则就是寓意明确，方便记忆，以方便用户的访问。另外，对搜索引擎而言，还涉及域名中是否包含关键字的问题。英文网页内容的网站如果在域名中含有关键字，或以复合关键字作域名，都应该用短横线隔开，如 www.made-in-china.com 而不是 www.madeinchina.com。这是因为搜索引擎通常会把分隔符“-”当做一个空格来看待，因而能够识别出你的关键字，为网站排名加分（尽管影响不是很大）。短横线隔开后的关键字还可以获得更多的词组搜索结果，如 www.madeinchina.com 被认为只有一个词 madeinchina，而 made-in-china 则被看做 made in China 词组。

此外，域名的后缀选择也有一定讲究。有一种观点认为在同等情况下，代表非商业性网站的后缀.org 和.net 有着比.com 更高的排名优势；对中文网站来说，表示中国域的.cn 和.com.cn 又比无地区性的.com 有一定优势。

2. 主机的选择

主机对网站搜索引擎排名影响很大。在寻找主机提供商的时候，千万不要只考虑价格因素。如果你多次向搜索引擎提交网站，但搜索引擎却一直没有对其进行索引，则有可能是网站所在的服务器出了问题。因此选择服务器时要特别注意以下几点：

1）避免使用免费主机。由于免费主机里面经常会出现垃圾网站、镜像网站、桥页等搜索引擎垃圾，很多搜索引擎都不愿意索引免费主机上的网站。同时搜索引擎目录如 Yahoo 也很难收录来自免费主机的商业站点。此外，免费主机的服务很难保证，常常服务器超载，速度奇慢，关机频繁，甚至关闭服务，这都会直接影响网站排名。

2）选择有信誉的主机提供商。搜索引擎的索引程序定期或不定期地来访问收录的网站。对经常更新的网站，搜索引擎蜘蛛一般每天都会小幅度地“爬”一下，一个月进行一次大的索引。如果蜘蛛在索引时出现网页打不开或下载速度缓慢等现象，则放弃索引。所以你的网站在任何时候都要正常工作，以博取蜘蛛的欢心。这就要求网站存放的主机系统提供快速、稳定、安全的服务，最好有 24 小时客服支持和维护，保证你的网站快速、可靠、稳定地运行。

如果想转移网站的主机服务，则要在取消原来的服务提供商之前，先找好新的供应商。先在新的服务商处开账号，确保所有的文件都正确无误地传到新服务器上。网站在新服务器上运行无碍后再联系原供应商，告知对方将终止合作，但确保他们不会马上关闭网站，再变更域名服务器（DNS）。把旧的域名服务器改成新的，这个过程生效时间大概在1～2小时之内，少数情况下可能要24小时甚至更长。这期间，如果一个搜索引擎刚好来抓你的网页，则要么抓到旧的IP地址上的网站，要么抓到新的域名解析生效后的网站，总之都不会出现网站打不开的空当。

小知识

什么是虚拟主机

所谓虚拟主机，就是把一台运行在互联网上的服务器划分成多个“虚拟”的服务器，每一个虚拟主机都具有独立的域名和完整的Internet服务器功能（支持WWW、FTP、E-mail等）。一台服务器上的不同虚拟主机是各自独立的，并由用户自行管理。但一台服务器主机只能够支持一定数量的虚拟主机，当超过这个数量时，用户将会感到性能急剧下降。

任务小结

通过完成本任务需要掌握以下内容：

1）域名主机的选择对SEO的影响。

2）选择好的域名和主机的方法。

举一反三

1）假设要为一个生产男士服装的公司设计网站，为这个网站选择域名，并说明理由。

2）假设要为一个生产男士服装的公司设计网站，为这个网站选择主机，并说明理由。

子任务3　优化关键字

任务描述

掌握网站关键字优化的方法，并能实际运用。

任务实施

根据目标用户在搜索引擎中找到网站时输入的语句，产生了关键字（Keywords）的概念，这是搜索引擎优化的核心。

1. 关键字的选择

首先确定核心关键字，再围绕核心关键字进行排列组合产生关键字组合或短句。需要SEO服务的大部分是企业和商家，因为可以从中产生利润。对企业、商家而言，核心关键字就是他们的经营范围，如产品/服务名称、行业定位，以及企业名称或品牌名称等。总结起来，选择关键字有以下技巧：

（1)站在用户的角度考虑　目标用户在搜索产品时将使用什么关键字？这可以从众多资源中获得反馈，包括从客户、供应商、品牌经理和销售人员那里获知其想法。

（2）将关键字扩展成一系列词组/短语　勿用单一词汇，而是在单一词汇基础上进行扩展，如营销→网络营销→网络营销管理。某个关键字在搜索引擎中被搜索的频率可以通过一些工具得到，比较有名的是百度的“相关搜索”和Google提供的KeywordSandbox工具。

工具推荐：百度关键字工具。特定关键字的常见查询、扩展匹配及查询热度。

http://www2.baidu.com/inquire/dsquery.php

（3）进行多重排列组合　改变短语中的词序以创建不同的词语组合。使用不常用的组合。组合成一个问句。包含同义词、替换词、比喻词和常见错拼词。包含所卖产品的商标名和品名。使用其他限定词来创建更多的两字组合，三字、四字组合。

（4）勿用意义太泛的关键字　如果从事包装机械制造，则选择“机械”作为核心关键字就无益于吸引到目标用户。实际上，为了准确找到需要的信息，搜索用户倾向使用具体词汇及组合寻找信息（尤其是二词组合），而不是使用那些大而泛的概念。此外，使用意义太广的关键字，也意味着你的网站要与更多的网站竞争排名，难以胜出。

（5）用自己的品牌做关键字　如果是知名企业，则别忘了在关键字中使用公司名或产品品牌名称。

（6）使用地理位置　地理位置对于服务于地方性的企业尤其重要。如果业务范围以本地为主，则在关键字组合中加上地区名称如“保定网站建设”。

（7)回顾竞争者使用的关键字　查寻竞争者的关键字可让你想到一些可能漏掉的词组。但不要照抄任何人的关键字，因为你并不清楚他们如何要使用这些关键字——你得自己想关键字。寻找别人的关键字只是对你已经选好的关键字进行补充。

查看竞争对手关键字的方法：

在浏览器中打开目标网页，选择“查看”菜单下的“源文件”菜单项，打开网页源文件，在内容“<meta name="keywords" content=”后面的文字即该网站的关键字。

（8）不用与自己无关的关键字　总是会有人将热门的词汇列入自己的META关键字中——尽管这个热门关键字跟自己网站内容毫不相干。甚至有人把竞争对手的品牌也加入到自己的关键字中，这不仅侵权，还可能被起诉（国外多起类似案例），并且由于这些所谓“热门”词汇并未在网站内容中出现，因此对排名并无实质帮助，过多的虚假关键字还可能受到处罚而降低排名。

（9）控制关键字数量　一页中的关键字最多不要超过3个为佳，然后所有内容都针对这几个核心关键字展开，才能保证关键字密度合理。搜索引擎也会认为该页主题明确。如果确实有大量关键字需要呈现，则可以分散写在其他页面并有针对性地优化。这也是首页和内页的关键字通常要有所区分的原因。最典型的情况是在拥有不同的产品和服务的情况下，对每个产品进行单网页优化，而不是罗列在一个首页上。

2．关键字密度

在确定了关键字之后，需要在网页文本中适当出现这些关键字。关键字在网页中出现的频率，即关键字密度，就是在一个页面中，占所有该页面中总的文字的比例，该指标对搜索引擎的优化起到重要作用。关键字密度一般在 1%～7%较为合适，超过这一标准就有过高或过低之嫌。

切记避免进行关键字堆砌，即一页中关键字的出现不是根据内容的需要而安排，而是为了讨好搜索引擎人为堆积关键字。这已经被搜索引擎归入恶意行为，有遭到惩罚的危险。

3．关键字分布

关键字分布是指关键字都在网页的哪些部分出现，关键字的分布原则是“无所不在，有所侧重”。下面就介绍一下都在网页的哪些地方安排关键字。

1）网页代码中的 Title、META 标签，META 标签中主要是关键字（keywords）和描述（description）。

如古城 IT 商城网站的代码：

```
<title>古城 IT 商城_优秀购物平台</title>
<meta name="keywords" content="IT，购物，键盘，鼠标" />
<meta name="description" content="古城 IT 商城是一个优秀的电子产品购物平台！" />
```

上面的代码示例了解即可，一般网站后台管理系统都带有相关的功能去设置这些参数。

2）网页正文最吸引注意力的地方。正文内容必须适当出现关键字，并且“有所侧重”，意指用户阅读习惯形成的阅读优先位置——从上到下，从左至右——成为关键字重点分布的位置，包括页面靠顶部、左侧、标题、正文前 200 字以内。在这些地方出现关键字对排名更有帮助。

3）超链接文本（锚文本）。除了在导航、网站地图、锚文本中有意识地使用关键字，还可以人为增加友情超链接的超链接文本。如一个童装厂商网站可以通过加上“中国童装网、织里童装网”等友情链接。这些含有“童装”文字的链接来达到增加超链接文本的目的。这也值得网站在添加友情链接时作参考，即链接对象中最好是包含关键字或相关语义的网站。

4）标题文字，即正文标题<H1></H1>中的文字。搜索引擎比较重视标题行中的文字。用<b></b>加粗的文字通常也是关键字出现的地方。

5）图片 Alt 属性。搜索引擎不能抓取图片，因此网页制作时在图片属性 Alt 中加入关键字是对搜索引擎友好的好办法，它会认为该图片内容与你的关键字一致，从而有利于排名。

小知识

网站关键字的分类

对关键字进行分类有很多种方式，比如，按照长度或者热度，通常情况下有下面几种分类：

1. 泛关键字

泛关键字是指那些搜索量很大，范围很广的词语，通常都是代表一个行业或者一个事物，比如，地产、金融、服装等。这样的词，除非是很有实力的公司，舍得投入人力和资金，但就算这样也不一定有好的效果。建议一般的企业还是放弃这类关键字。

2. 核心关键字

核心关键字指可以描述网站核心内容的词汇，是网站的核心。网站上的一切内容都是围绕这个轴心展开。从SEO的角度考虑，核心关键字本身对网站没有过多意义，重要的是核心关键字被搜索后网站的排名表现。如果核心关键字选择得当，则在SEO的过程中可以事半功倍，并且可以提高网站流量和业务成交率。核心关键字主要以行业名称、产品名称、服务名称为主。另外核心关键字通常是搜索量很大的词以及精准的词，所以转化率相对来说比较高。

3. 相对关键字

相对关键字是由关键字扩展引申出来的，所在行业、公司、服务相关的关键字，比如“SEO优化”就可以引申出很多的相关关键字，SEO顾问、网络推广、网站建设、推广文案等。

4. 借力关键字

借力关键字是指借助同行或者新闻（热门）作关键字。热门关键字的选取可以参考百度搜索风云榜，其网址是http://top.baidu.com/。

5. 长尾关键字

长尾关键字一般比较长，通常由2~3个词组成，甚至是短语。它存在于内容页面，除了内容页的标题，还存在于内容中，搜索量非常少，并且不稳定，但是目标很准确。一个网站如果存在大量长尾关键字，其带来的总流量非常大。所以长尾关键字是非常重要的。比如，“保定旅游”的长尾关键字可以设定为“保定一日游”。

6. 问答关键字

其实很多SEO都开始使用问答关键字了，效果也很好，很多用户习惯输入问答关键字，可以设置一些这样的关键字，想想用户在使用产品或者是解决跟产品相关问题的时候搜索的关键字，通常在网站资讯页面优化，需大力推广，单独问题分类优化。

7. 时间关键字

时间关键字是指在关键字前面加入时间，一般是加入最近的、最新的时间，比如“最新的女装款式”等。

8. 别名关键字

别名关键字主要是叫法不同，比如，计算机（电脑）、移动电话（手机）、番茄（西红柿）等，特别是随着地域的不同，很多东西都有不同的叫法，做地域和全国性的站的时候一定要把握好。

9. 错别关键字

这个一看大家都明白什么意思，比如，迅雷（讯雷）、机票订购（机票定购）等。

任务小结

通过完成本任务需要掌握以下内容：关键字优化的方法。

举一反三

通过互联网查询关键字选取和优化的其他方法，多方面优化关键字。

子任务4　优化网站结构

任务描述

本任务主要从 title（标题）、keywords（关键字）和 description（描述）的设置，网站静态化，建立网站地图三个方面来对网站结构进行优化，这也是网站优化的重点。

任务实施

1. title（标题）、keywords（关键字）和 description（描述）的设置

Meta 是网页源文件中的一种标签，用于网页的<head>与</head>中。Meta 标签的用处很多，目前几乎所有的搜索引擎机器人都通过自动查找 Meta 值来给网页分类，是判断网页内容的基础。其中最重要的是 description（网站描述）和 keywords（网站关键字）。另外一个基本属性是 Title 标签，提示搜索引擎关于本页的主题。Meta 和 Title 的形式在 html 语言中体现为：

```
<head>
<title>title 标题</title>
<meta name="keywords" content="关键字">
<meta name="description" content="网页描述">
…
</head>
```

尽管Meta本身不足以解决排名问题，但对Meta标签的书写仍然是搜索引擎优化的基础工作。清晰准确的Meta文字与正文内容的关键字相呼应，是排名加分的重要条件之一。

（1）标题（Title）

网页优化可以说是从Title开始的。在搜索结果中，每个抓取内容的第一行显示文字就是该页的Title，同样在浏览器中打开一个页面，地址栏上方显示的也是该页的Title。因此Title可谓是一个页面的核心。对Title的书写要注意以下几点：

1）Title简短精炼，高度概括，含有关键字，而不是只有一个公司名。但关键字不宜过多，不要超过3个词组。企业网站的Title通常以公司名+关键字为内容。

2）前几个词对搜索引擎最重要，因此关键字位置尽量靠前。

3）最好将Title组织成符合语法结构和阅读习惯的短句或短语，避免无意义的词组罗列式Title。

（2）关键字（Keywords）

Keywords提示搜索引擎搜索本网站内容围绕这些词汇展开。因此Keywords书写的关键是每个词都能在内容中找到相应的匹配才有利于排名。

（3）描述（Description）

描述部分用简短的句子告诉搜索引擎和访问者关于本网页的主要内容。用该网站的核心关键字搜索后得到的搜索结果中，描述通常显示为标题后的几行描述文字。Description一般被认为重要性在Title和Keywords之后。

描述的书写要注意以下几点：

1）描述中出现关键字，与正文内容相关。

2）遵循简短原则，字符数含空格在内不要超过200个字符。

3）补充在Title和Keywords中未能充分表述的说明。

Title（标题）、Keywords（关键字）和Description（描述）的设置一般在网站的后台管理系统中都有专门的设置功能，方便快捷，如果没有这些功能，那么就要自行修改源文件了。首页、重要内页的Title和Meta标签最好分别书写，针对栏目主题体现不同的内容。

2. 网站静态化

以.html或.htm为扩展名的HTML文档称为静态网页。对搜索引擎最友好的网页是静态网页，但大部分内容丰富或互动型网站都不可避免采用到相关技术语言来实现内容管理和交互功能。

目前大部分网站的后台管理系统都有网站静态化的功能，只要开启该功能，再访问网站时链接就都变成静态链接了。

3. 建立网站地图

网站地图，又称站点地图，它就是一个页面，上面放置了网站上所有页面的链接。大多数人在网站上找不到所需要的信息时，都会将网站地图作为一种补救措施。

网站地图是一个网站所有链接的容器。网站地图可以方便搜索引擎抓取网站页面，通过抓取网站页面，清晰了解网站的架构。

大多数人都知道网站地图对于提高用户体验有好处，它们为网站访问者指明方向，并帮助迷失的访问者找到他们想看的页面。

对于 SEO，网站地图的好处包括：

1）为搜索引擎提供可以浏览整个网站的链接。

2）为搜索引擎提供一些链接，指向动态页面或者采用其他方法比较难以到达的页面。

3）如果访问者试图访问网站所在域内并不存在的 URL，那么会被转到“无法找到文件”的错误页面，而网站地图可以作为该页面的“准”内容。

制作网站地图的方法也很简单，和网站静态化一样，大部分网站的后台管理系统都提供了相关功能，执行相关操作，系统会自动生成网站地图。如果没有这个功能，则还可以在网上下载一些自动生成网站地图的软件，或者自己手动制作一个网站地图。

小知识

搜索引擎蜘蛛

搜索引擎靠搜索引擎蜘蛛这个程序收录网页提供用户搜索。

每个搜索引擎都有其蜘蛛程序，你的网站如果没有蜘蛛光临的话，则排名就不会很好，网站内容页面也不会收录。只有蜘蛛天天去你的网站，你网站的搜索信息才会每天更新，才会有一个良好的排名。

搜索引擎蜘蛛的工作原理：搜索引擎蜘蛛并不认识你网页的美观度，其爬行的路线就是靠链接而来。比如，你在 A、B 网页都有你网站的链接，蜘蛛去了 A、B 网页后就会顺着链接来到你的网站上，再顺着你网站上的链接开始浏览，如果你网站上出现没有被收录的文章，则蜘蛛就会暂时记下，等一段时间给你放出来，搜索引擎蜘蛛就是从 A 网页到 B 网页再从 B 网页到 C 网页，一直循环下去，只要有链接就去爬，就去抓取。千万不要让你的网站出现死链接，如果出现死链接则会影响你网站对搜索引擎的友好度。

蜘蛛是个很形象的比喻，它在互联网这张大网上工作，网站与网站相连，很多网页与很多网页相连，形成一张很大的网，而搜索引擎蜘蛛就是在这张大网上抓取内容的。

任务小结

通过完成本任务需要掌握以下内容：网站结构优化的方法。

举一反三

1）对自己所创建的个人网站进行网站结构优化。

2）通过互联网，查询一些其他的结构优化方法。

子任务5 创建网站链接

任务描述

链接是网站的灵魂。用户通过超级链接获得丰富的网站内容，搜索引擎蜘蛛也是沿着一个网站的页面链接层层跟踪深入，完成对该网站的信息抓取。对搜索引擎来说，决定一个网站排名的关键，是外部有多少高质量的链接指向这个网站。这就是外部链接或反向链接，也称导入链接（Inbound links）。而从网站引向其他网站的导出链接以及网站内部页面间的彼此链接也对排名带来或多或少的影响。

任务实施

下面就从网站的导入链接、导出链接和内部链接等几个方面介绍网站链接建设的相关内容。

1. 高质量导入链接

搜索引擎在决定一个网站排名时，不仅要对网页内容和结构进行分析，还要围绕网站的链接展开分析。对网站排名至关重要的影响因素是获得尽可能多的高质量外部链接，也称导入链接。网站即使没有向目录提交，但由于其他重要网站上有你的网站链接，一样可以获得搜索引擎的快速抓取，并为取得好排名加分。

以下网站的链接都可以称为高质量的链接。

1）搜索引擎目录中的链接以及已加入目录的网站链接。

2）与你的主题相关或互补的网站。

3）PR值不低于4的网站。

4）流量大、知名度高、更新频繁的重要网站（如搜索引擎新闻源）。

5）具有很少导出链接的网站。

6）以你的关键字在搜索结果中排名前三页的网站。

7）内容质量高的网站。

相比高质量链接，以下链接属于垃圾链接，对网站排名不起作用或起反作用。

1）留言本、评论或BBS中大量发帖夹带的网站链接。

2）已经加入太多导出链接的网站（几十甚至上百个“友情链接”中有一个你的网站）。

3）加入链接基地、大宗链接交换程序、交叉链接等链接程序，与大量会员网站自动交换链接，被搜索引擎视为典型的垃圾链接，极有可能受到惩罚或牵连。

还有两种导入链接被误认为可以增加链接广度。

1）点击付费的搜索引擎广告链接，如百度竞价排名中右侧的关键字广告。

2）多层级的网络会员制联盟链接。

这些链接不会直接指向你的网站，而是指向盟主的网站，以方便他们跟踪点击计费，因此，不会提高你网站的链接广度。

通过以下方法可获得高质量导入链接。

1）向搜索引擎目录提交网站。这是在 SEO 过程中非常重要的一个环节，在后面的任务中会单独介绍。

2）寻找网站交换链接。俗称友情链接或互惠链接。互惠链接的基础是你的网站内容具有较高质量，否则请求链接不容易成功。已经加入搜索引擎分类目录的相关网站，所有主要搜索引擎中的与你的行业相关的目录下的网站，都是理想的交换链接对象。

3）与你的竞争对手链接的相关网站。要找到这些网站，可以在搜索引擎中输入“link：”，再输入竞争者的域名，如“link：theirdomain.com”和“link：www.theirdomain.com.”。

4）生意链中的对象。竞争对手与你的主题最相关，但交换链接不大可能，因此可以考虑与你的生意链中的上下游合作伙伴，包括分销商、代理商、供应商等的网站交换链接。

5）容易被找到的相关网站。例如，那些做搜索引擎广告的网站或其他大力宣传推广的网站，以及自然排名不错的相关网站。

找到以上网站之后，再对其进行分析，考察是否属于高质量导入链接对象。诸如流量 Alexa 排名、PR 值高低和导出链接的数量都是考察的基本条件。最好为对方能提供链接的 HTML 源代码，这样链接交换只需简单复制这些代码并嵌入对方的网页即可。注意，由于你的网站可以通过好几个不同的 URL 达到。比如下面这 4 个 URL 地址都指向“古城 IT 商城”的主页：

http://guchengitshangcheng.com/

http://www.guchengitshangcheng.com

http://guchengitshangcheng.com/index.asp

http://www.guchengitshangcheng.com/index.asp

但搜索引擎的链接分析系统视它们为四个完全不同的页面。因此，在交换链接时必须提供一个统一的 URL，一般以符合大多数人群使用习惯的 http://www.yourname.com 为准。

交换链接的过程是经过对对方网站仔细分析后，通过诚恳的一对一的联系最终获得，而不是漫天撒网的垃圾邮件轰炸来请求交换链接。

1）网站被主动链接或转载。这是最获搜索引擎赏识的链接，也是搜索引擎重视外部链接的根本原因。如果你的网站内容丰富，质量高，则其他相关网站会主动将你的网站链接到他们的网站。尤其当你的网站提供很多相关免费资源、知识库时，被其他网站链接和转载的机会更高。

2）在重要网站发表专业文章。围绕目标关键字在一些重要网站发表文章，在文章中或结尾部分带上你的网站签名，或在作者简介中放上你的链接和围绕关键字的网站描述。这样也是获得高质量互惠链接及目标客户的方法。在你的博客日志或个人主页上也不要忘了加上网站链接。注意，你发表的每篇文章标题都应该包含关键字在内。

重要网站就是指那些流量高，威信度高的网站。搜索引擎对这些网站更新频繁，这些网站上的链接自然也成为被更新的对象，效果极佳。

3）在所在行业目录提交网站。尽可能向更多的相关网络目录、行业目录、商务目录、黄页、白页提交你的网站，加入企业库。

2．导出链接和内部链接

导出链接就是网站中指向其他网站的链接。搜索引擎除了分析导入链接，也会分析引出去的站点，如果导出链接站点内容与网站主题相关联，同样有利于搜索引擎友好。这也是交换链接要选择主题相关网站的原因。最后，一个网站内页面间的链接也被纳入链接分析之中，影响到网站的页面等级，最终影响排名。

在网站上如果增加一些与关键字有关的行业、专业的资源性网站链接，不仅有利于丰富网站内容，也有利于提升搜索引擎对网站的好印象。

由于缺乏原创资料，常常转摘其他网站的文章作为自己网站的内容，但又不注明来源，唯恐导出链接助长了竞争对手，不利于自己的网站访问量。其实，对搜索引擎来说，适量、适当的导出链接是很有必要的。

当然，导出不同于导入，即使主题相关，也要控制数量。因为从“网页级别”的角度看，搜索引擎认为一个页面奉献的导出链接数量越多，则该网站其他页面的受益相应越少。所以一个页面导出链接数量应受到合理控制，不要超过15个。首页的导出链接更要控制在10个以内，多出的应单独安排在次级页面。

除了导入导出链接，一个站点的页面之间通常也彼此链接，如一篇文章结束后的“相关文章”列表，将该网站中同一主题下的其他文章都链接在内，不仅方便访问者，也有利于搜索引擎。网站应有意识地将重要内容页面链接在其他页面内，让搜索引擎知道这是重要页面，从而给予更高的PR值，进行重点索引。

网站还可以通过建立多个二级域名子站，子站间彼此互相链接，再一起链回主站，形成一个子站群包围主站，对提高排名相当有利。

无论是导出链接还是内部链接，都要保证链接有效而不是死链接，死链接过多不仅给用户造成不便，也极不利于搜索引擎友好，影响排名效果。

推荐一款免费链接检测工具：http://tool.chinaz.com/Links/。

3．关键字链接文本及上下文语意

搜索引擎比较重视链接文本中出现的关键字。因此无论是导出链接、导入链接还是内部链接，都最好兼顾到链接文本中含有关键字。比如，导出链接最好选择那些有关键字命名的网站，如一个服装厂商的网站可以在友情链接中添加名称中带有“服装”二字的导出链接。

需要注意的是，如果一个网站的导入链接的文本完全相同，则可能导致搜索引擎的忽略或惩罚。因为搜索引擎希望导入链接是别人自然创建的，这种统一文字使搜索引擎怀疑该网站是为了增加链接广度而进行人为制造的结果。因此，网站在对外交换友情链接时最好使用不同的文本。

除了链接文本，链接周围的文字即上下文语意也非常重要。链接分析系统通过检查链接上下文内容来确定网站与其链接对象之间的关联度，以评估该页面的内容质量。通过语意分析，也可以判断出关键字是否作弊。

小知识

SEO 中的一些名词解释

1. 死链

简单地讲，死链指原来正常，后来失效的链接。通过死链发送请求时，通常返回 404 错误页面或者无法显示网页。形成死链的原因有很多，如某个文件或网页移动了位置、网页内容更新并换成其他的链接、网站服务器设置错误等。死链会给网站带来不利影响，比如，被搜索引擎降权、降低用户体验等。

2. 链接广度

有些文章翻译为“链接流行度”“链接广泛度”等，其实都是一个意思。在搜索引擎优化中，常用链接广度来度量网站被其他网站链接的数量也叫“链入数量”，或者通俗地称为“来自外部网站的链接”“被其他网站链接的数量”。

3. PR 值

即 PageRank，网页的级别。取自 Google 的创始人 Larry Page，它是 Google 排名运算法则（排名公式）的一部分，用来标识网页的等级/重要性。级别从 0～10 级，10 级为满分。PR 值越高说明该网页越受欢迎。例如，一个 PR 值为 1 的网站表明这个网站不太具有流行度，而 PR 值为 7～10 则表明这个网站非常受欢迎（或者说极其重要）。

4. Alexa 排名

该排名是指网站的 NNT 流量世界排名，主要分两种：综合排名和分类排名。Alexa 提供了包括综合排名、到访量排名、页面访问量排名等多个评价指标信息，大多数人把它当作当前较为权威的网站访问量评价指标。

任务小结

通过完成本任务需要掌握以下内容：建设网站链接的方法。

举一反三

1）通过本任务学习，总结归纳网站链接的类型和内容。

2）实际分析所创建的个人网站的链接组成和内容。

子任务6 提交网站

任务描述

前面几个任务介绍了网站优化的常规操作，在这个基础上，网站已经基本具备了 SEO 的架构，下面就将网站提交到各大搜索引擎，让搜索引擎知道网站并能收录它。

任务实施

也许有的同学要问，为什么不在网站上线之后就立即提交到搜索引擎呢，网站做好常规的 SEO 工作之后再提交各搜索引擎，可以给搜索引擎一个良好的第一认识，增加收录的几率。如果网站没有做 SEO 就盲目提交，那么就算被收录也不会有一个良好的排名，以后再重复提交，可能遭到搜索引擎的惩罚。

下面是各大搜索引擎网站的提交入口网址，只需打开相应的网址将网站首页地址提交即可，个别搜索引擎需要注册才能提交。这里请注意，提交完后，网站的规模和物理结构最好不要改动。

1）百度网站登录入口提交地址：http://www.baidu.com/search/url_submit.html

2）腾讯 soso 网站登录入口提交地址：http://www.soso.com/help/usb/urlsubmit.shtml

3）雅虎 Yahoo 网站登录入口提交地址：http://search.help.cn.yahoo.com/h4_4.html

4）搜狗网站登录入口提交地址：http://www.sogou.com/feedback/urlfeedback.php

5）有道搜索网站登录入口提交地址：http://tellbot.yodao.com/report

6）TOM 网站登录入口提交地址：http://search.tom.com/tools/weblog/log.php

7）微软搜索网站收录入口提交地址：http://search.msn.com/docs/submit.aspx

只需将网站的首页提交即可，搜索引擎会自动遍历网站。但是，要想网站被成功收录，还要符合搜索引擎的如下规则：

1）具有良好的用户体验。

2）所在的服务器具有良好的稳定性。

3）内容完全符合国家法律和法规规定。

符合上面的规则，一般搜索引擎会在一个月内自行处理。也要在搜索引擎中实际查验一下，和提交前进行对比，看看收录量和排名是否有变化。

小知识

禁止搜索引擎收录的方法

搜索引擎通过搜索引擎蜘蛛，自动访问互联网上的网页并获取网页信息。

可以在网站根目录下创建一个纯文本文件 robots.txt，在这个文件中声明该网站中不想被搜索引擎访问的部分，这样，该网站的这部分内容就可以不被搜索引擎收录了。还可以利用这个文件来指定网站哪些部分可以被搜索引擎收录。

举例来说，当搜索引擎蜘蛛访问一个网站（比如，http://www.abc.com）时，首先会检查该网站中是否存在 http://www.abc.com/robots.txt 这个文件，如果搜索引擎找到这个文件，就会根据这个文件的内容，来确定它访问权限的范围。

“robots.txt”文件包含一条或更多的记录，这些记录通过换行分开（以 CR、CR/NL、或者 NL 作为结束符），每一条记录的格式如下所示：

```
<field>:<optionalspace><value><optionalspace>
```

在该文件中可以使用“#”进行注解，即在某行前面加上“#”，可表示该行无效。该文件中的记录通常以一行或多行 User-agent 开始，后面加上若干 Disallow 行，详细情况如下。

User-agent:

该项值用于描述搜索引擎蜘蛛的名字，在“robots.txt”文件中，如果有多条 User-agent 记录则说明有多个搜索引擎蜘蛛会受到该协议的限制，对该文件来说，至少要有一条 User-agent 记录。如果该项的值设为“*”（星号），则该协议对任何搜索引擎均有效，在“robots.txt”文件中，“User-agent:*”这样的记录只能有一条。

Disallow:

该项值用于描述不希望被访问到的一个 URL，这个 URL 可以是一条完整的路径，也可以是部分路径，任何以 Disallow 开头的 URL 均不会被搜索引擎蜘蛛访问到。

例如，“Disallow:/help”对/help.html 和/help/index.html 都不允许搜索引擎访问，而“Disallow:/help/”则允许 robot 访问/help.html，而不能访问 /help/index.html。

任何一条 Disallow 记录为空，说明该网站的所有部分都允许被访问，在“/robots.txt”文件中，至少要有一条 Disallow 记录。如果“/robots.txt”是一个空文件，则对于所有的搜索引擎蜘蛛，该网站都是开放的。

robots.txt 文件用法举例。

例 1　禁止所有搜索引擎蜘蛛访问网站的任何部分。

User-agent: *

Disallow: /

例 2　允许所有的搜索引擎蜘蛛访问(或者也可以建立一个空文件“robots.txt”)。

User-agent: *

Disallow:

例 3　禁止百度搜索引擎蜘蛛访问。

User-agent: Baiduspider

Disallow: /

例 4　允许百度搜索引擎访问，而拒绝其他搜索引擎访问。

User-agent: baiduspider

Disallow:

User-agent: *

Disallow: /

例 5　一个简单例子。

在这个例子中，该网站有三个目录对搜索引擎的访问做了限制，即搜索引擎不会访问这三个目录。

需要注意的是对每一个目录必须分开声明，而不要写成“Disallow: /cgi-bin/ /tmp/”。

User-agent:后的*具有特殊的含义，代表任何搜索引擎蜘蛛，所以在该文件中不能有“Disallow: /tmp/*”或“Disallow:*.gif”这样的记录出现。

User-agent: *

Disallow: /cgi-bin/

Disallow: /tmp/

任务小结

通过完成本任务需要掌握以下内容：网站提交到各大搜索引擎的方法。

举一反三

1）通过查询资料，收集除本任务所讲之外的搜索引擎提交地址。

2）实际提交一个网站，看看提交前后的区别。

子任务 7　分析网站流量

任务描述

本任务主要介绍网站流量分析的作用和方法，为 SEO 提供数据基础。

任务实施

前面几个任务系统地介绍了如何对网站 SEO 优化，经过优化的网站其效果如何很难得知，有的同学可能要说，去搜索引擎实验一下不就知道了，这个方法可行，但是所得到的数据不系统，下面就介绍一下网站流量分析的相关知识。

网站流量统计分析是网站运营和维护的基础工作。在分析访问数据的基础上对网站内容及优化策略进行调整，以期获得更好的优化效果，这是进行流量分析的最终目的。

获取网站访问统计资料通常有两种方法：一种是通过在自己的网站服务器端安装统计分析软件来进行网站流量监测；另一种是采用第三方提供的网站流量分析服务。

对 SEO 来说，流量分析中有两个重要的统计指标：访问来源和搜索使用的关键字，即用户通过哪些链接进入自己的网站，以及通过哪些关键字找到自己。这些链接可能是各大搜索引擎，可能是某些导入链接，也可能是发布在某网站上的文章的 URL。而关键字分析则可以了解哪些关键字及组合能带来访问量。这样就对网站的链接及关键字调整提供了依据。

网站访问数据分析对 SEO 的指导是多方面的。但由于市面上大部分流量统计软件目前仅停留在统计数据的罗列上，缺乏对优化指导的结论性报告，因此这些模式化的分析结果实际上只是半成品，还需要网站优化专业人士对这些原始数据进行深度剖析，其对于 SEO 的指导作用才能真正发挥出来。

对于获取网站访问统计资料的方法，目前用得比较多的是第三方提供的网站流量分析服务，这也是最方便快捷的。现在互联网上提供这样服务的提供商很多，可以根据实际情况选取。下面仅介绍一种常用的方法，同学们可以举一反三。

CNZZ 专业为中文网站及中小企业提供专业、权威、独立的第三方数据统计与分析服务。其网址是 http://www.cnzz.com/，打开网站后，先根据提示自行注册一个账号，然后用账号登录网站，进入系统后，单击“添加站点”，进入如图 1-11-5 所示的页面。

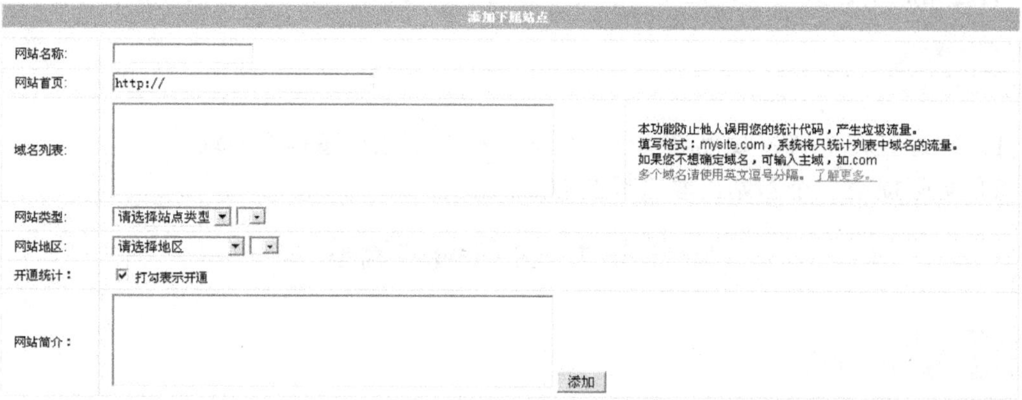

图 1-11-5　添加站点

填写正确的“网站名称”和“网站首页”，将“开通统计”勾选上，其他可根据实际情况选择填写，然后单击“添加”按钮，如图 1-11-6 所示。

图 1-11-6　站点列表

以“古城 IT 商城”网站为例，单击右侧的获取代码，跳到代码获取页面，在这个页面中，根据实际情况选取适当的样式，并将该样式的统计代码复制，然后粘贴到网页的结尾部分，即要跟踪的每个网页标记</body>之前。如果网站的后台管理系统具有添加统计代码的功能，则可以直接在后台提交统计代码。

做完以上工作后，返回统计列表，在这里就可以查看网站流量的分类统计了。

当打开流量统计的时候，大多数人最关心的是今天网站的总流量有多少。这个反应也很正常，总流量的多少确实能反映网站运营状况的好坏。

但是，只是看总流量还是不够的。所以，下面就介绍一下常用的统计数据。

1）新旧访客率。一个健康的网站，旧访客的比例是应该高于新访客率，因为不断有新房客变成旧访客，总流量是持续稳定上升的。但是如果旧访客的比例太高，又说明网站需要补充新鲜血液了。这时候可以加大投入广告或者宣传，引入一些新流量。假如真的很不幸，旧访客率太低，那就需要赶快自查原因，看看为什么用户对网站没有兴趣。

2）搜索引擎来的流量占总流量的百分比。一般来说，它会随着你的搜索引擎优化效果不断地增高。当你有多种流量渠道的时候，可以通过这里看看你的 SEO 是否有效果。

3）流量分别来自哪些搜索引擎。这个数据与各大搜索引擎的市场占有率有关，但是也可以通过这里看看你的网站在各大搜索引擎的表现，方便调整战略。在中文优化中，中国人更偏向百度；对于英文比较多的，则更倾向于 Google、Bing、Yahoo 等。

4）用户是通过搜索哪些关键字来到你的网站，哪个关键字搜索次数最多。最能反应网站的 SEO 效果也许就是这里。在这里，可以知道每个关键字实际带来的流量。有可能你会发现，自己努力优化的关键字，已经排在第一位了，但是流量却很少，这确实很让人失望。因此，在确定优化某个关键字之前，不妨先分析下该关键字能带来多少流量后再着手工作。

同样，在这里，会看到一些你没想过要优化的关键字，但确实有人在搜索，为你带来了流量。因此，整理出这类关键字的相关链接，在首页为其添加一个位置，比如在搜索框旁边。一来方便用户不需搜索直接点击，二来利用首页的权重提高这些页面的排名，争取排到第一，带来更多流量。

假如你发现很多人通过搜索你的网站名字过来的，那说明开始有回头客了，只是人家还没记住你的网址。好的开始是成功的一半，假以时日，这类用户慢慢会变成直接输入网址过来的用户，那时候网站就优化得很成功了。

小知识

如何查看网站被百度抓取的情况

百度用于抓取网页的程序叫做 Baiduspider（百度蜘蛛），查看网站被百度抓取的情况主要是分析网站日志里百度蜘蛛 Baiduspider 的活跃性（抓取频率），返回的 HTTP 状态码等。

查看日志方式：

通过FTP，下载网站的日志文件，这里面记录了网站被访问和操作的情况。

因为各个服务器和主机的情况不同，所以不同的主机日志功能记录的内容不同，有的甚至没有日志功能。

日志内容如下：

61.135.168.22 - - [11/Jan/2009:04:02:45 +0800] "GET /bbs/thread-7303-1-1.html HTTP/1.1" 200 8450 "-" "Baiduspider+（+http://www.baidu.com/search/spider.htm）"

分析：

GET /bbs/thread-7303-1-1.html：代表抓取/bbs/thread-7303-1-1.html 这个页面。

200：代表成功抓取。

8450：代表抓取了8450个字节。

如果日志里格式不是如此，则代表日志格式设置不同。

很多日志里可以看到“200 0 0”和“200 0　64”，这些代表正常抓取。

抓取频率是通过查看每日的日志里百度蜘蛛抓取次数来获知。抓取频率并没有一个规范的时间表或频率数字，一般通过多天的日志来分析判断。当然，希望百度蜘蛛每日抓取的次数越多越好。

任务小结

通过完成本任务需要掌握以下内容：网站流量分析的方法。

举一反三

通过本任务的讲解，找一示例实际操作网站流量分析。

项目 2　制作解忧硬件产品论坛

本项目通过开发“解忧硬件产品论坛”网站，介绍使用 Dreamweaver 工具来开发动态网站，主要使用的工具有连接、记录集、动态数据、重复的区域、显示区域、记录集分页、转到详细页、记录集导航状态、主详细页集、插入记录、更新记录、删除记录、用户身份验证。本项目还会介绍 ASP 脚本知识，主要包括 ASP 的 5 个内置对象，即 request、response、session、server、applicaton。还包括 Ado 中的常用对象，即 connection、recordset 等。利用这些工具以及脚本知识可以灵活、高效地开发功能强大的动态网站。

任务 1　介绍功能

任务描述

在设计一个网站时首先要和用户沟通，了解网站需要实现哪些功能，分为哪些栏目和板块，需要遵循的规则和标准有哪些等。本任务就是在和客户进行沟通的基础上，得出“解忧硬件产品论坛”网站要实现的功能，并进行功能模块划分。

任务实施

1. 网站主要功能

“解忧硬件产品论坛”网站实现的主要功能包括：用户注册、登录、发布、浏览、回复帖子以及后台管理等。

（1）用户注册　用户如果想在论坛发布帖子，则必须是注册用户，本功能就是实现用户注册，把用户的一些信息保存到数据库中。

（2）用户登录　用户注册后，就可以用获得的用户名和密码登录论坛发布帖子。

（3）发布帖子　允许用户把要发表的文章发布到论坛中。

（4）浏览帖子　所有用户都可以浏览论坛中的内容。

（5）回复帖子　所有用户都可以对感兴趣的帖子进行回复。

（6）后台管理功能　网站管理员可以对论坛所有帖子、帖子回复信息进行查询、修改、删除。

2. 功能模块划分

“解忧硬件产品论坛”网站主要包括前台和后台管理两大功能模块。根据功能介绍，可以设计出系统的功能结构图，如图 2-1-1 所示。

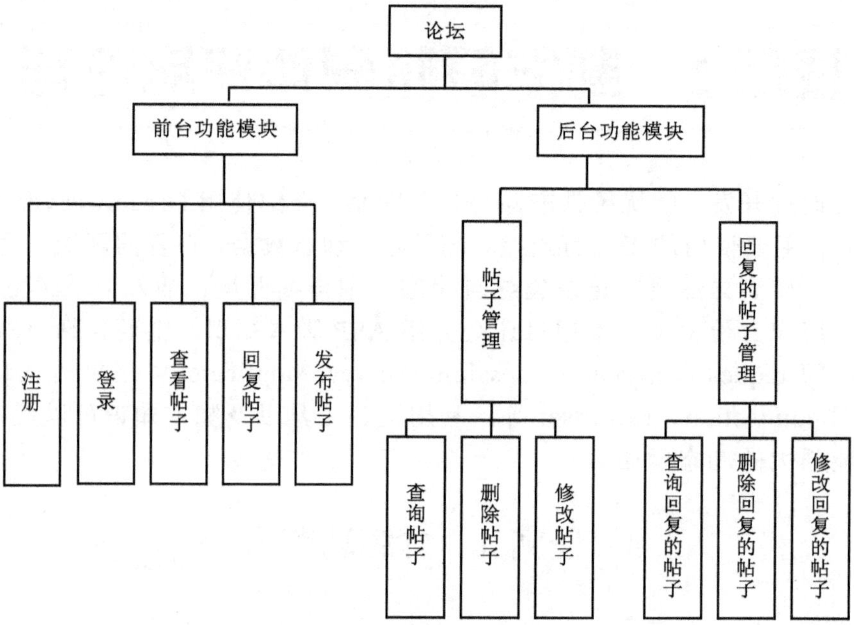

图 2-1-1　系统功能模块图

本书只介绍“解忧硬件产品论坛”网站前台的制作，后台模板可以利用学过的知识自己制作。

3. 系统流程分析

在本论坛中，用户必须先注册，获得用户名和密码。然后登录，登录成功才可以发布帖子，否则不能发布帖子。所有用户都可以浏览帖子和对某个帖子进行回复。

管理员登录以后可以管理发布和回复的帖子。

根据以上分析，可以设计出用户、管理员操作流程，如图 2-1-2 所示。

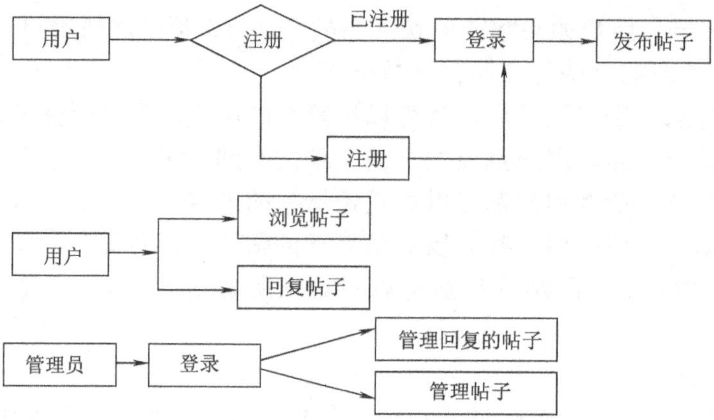

图 2-1-2　操作流程

小知识

1. 前台与后台

所谓前台与后台，是指在网站建设过程中，根据网站使用者的不同而划分出的、相对的、不同的功能模块。前台针对的主要是网站的浏览者，后台针对的主要是网站的管理者。

动态网站的建设主要集中在后台的建设与开发，它的开发质量是影响整个网站的重要部分。因此，现在大部分网站建设者都把主要精力放在后台建设部分，而把静态网页建设部分交给专业的美工来完成。

2. 系统流程图

所谓系统流程就是用户在使用系统时的工作过程，一般通过流程图表示出来。流程图是由一些图框和流程线组成的，其中图框表示各种操作的类型，图框中的文字和符号表示操作的内容，流程线表示操作的先后次序。

系统流程图表示的是系统的操作控制和数据流。它主要包括：

1）指明数据存在的数据符号，这些数据符号也可指明该数据所使用的媒体。

2）定义要执行的逻辑路径以及指明对数据执行的操作处理符号。

3）指明各处理和数据媒体间数据流的流线符号。

4）便于读写系统流程图的特殊符号。

任务小结

通过完成本任务应该掌握以下内容：

1）对用户需求进行分析。

2）根据需求分析画出功能结构图。

3）根据需求分析总结网站操作流程。

举一反三

1）如果要为鲜花店开发一个网站，请根据自己的理解进行需求分析。

2）参照本书及其他优秀网站，了解并熟练掌握网站系统设计的有关知识。

任务2 设计数据库

任务描述

如果要实现本网站的功能，则需要有后台数据库支持，在数据库中要存储一些数据和存储过程。本任务就是对“解忧硬件产品论坛”网站数据进行分析，设计出数据库逻辑结构，并创建数据库。

任务实施

1. 数据库逻辑结构的设计

根据系统功能分析，本网站需要创建 4 个数据表：用户信息表 RegUser，帖子信息表 Forum，回复帖子信息表 revertArtical，用户头像信息表 Userimage；一个视图 vi_forum，用以查询帖子详细信息。具体设置见表 2-2-1～2-2-4。

表 2-2-1　用户信息表 RegUser

字段名	标识	主键	类型	长度	小数位数	允许空	默认值	字段说明
id	√	√	tinyint	1				用户 ID
username			varchar	30		√		用户名
password			varchar	30		√		密码
address			varchar	50		√		家庭地址
telephone			char	15		√		联系电话
sex			char	2		√		性别
email			varchar	50		√		邮件地址
header_image			varchar	50		√		头像

表 2-2-2　帖子信息表 Forum

字段名	标识	主键	类型	长度	小数位数	允许空	默认值	字段说明
id	√	√	int	4				帖子 ID
writer			varchar	50		√		作者
content			varchar	2000		√		内容
stroke			int	4		√	(0)	点击次数
reback_num			int	4		√	(0)	回复次数
subject			varchar	100		√		标题
write_date			datetime	8		√	(getdate())	发帖日期
ip			char	20		√		发帖人 IP 地址

表 2-2-3　回复帖子信息表 revertArtical

列名	标识	主键	类型	长度	小数位数	允许空	默认值	字段说明
id	√	√	int	4				回复帖子编号
reback_writer			varchar	50		√	('作者')	
reback_content			varchar	2000		√		回复内容

（续）

列名	标识	主键	类型	长度	小数位数	允许空	默认值	字段说明
reback_date			datetime	8		√	(getdate())	回复日期
reback_article_code			int	4		√		回复日期编号
ip			char	15		√		回复人 IP 地址
reback_sex			char	2		√		性别
reback_email			varchar	50		√		邮件
reback_header_image			varchar	50		√		头像

表 2-2-4 用户头像信息表 Userimage

字段名	标识	主键	类型	长度	小数位数	允许空	默认值	字段说明
imageip		√	int	4				头像编号
imagename			varchar	50		√		头像名
imagepath			varchar	50		√		头像地址

创建视图 vi_forum，查询帖子的详细信息。代码如下：

```
CREATE VIEW dbo.vi_forum
AS
SELECT dbo.forum.subject,dbo.forum.content,dbo.forum.write_date,dbo.forum.id,
       dbo.forum.writer, dbo.RegUser.Email, dbo.RegUser.header_image
FROM dbo.forum INNER JOIN
     dbo.RegUser ON dbo.forum.writer = dbo.RegUser.Username
```

2. 创建数据库

1）启动 SQL Server 数据库软件。

2）按以上分析创建数据库 forumdata，并创建表添加相关记录。

小知识

1. 创建数据库注意事项

数据库用来保存网站的长久信息，以实现网站的动态管理。目前网站建设比较常用的数据库系统主要有：SQL Server、Access、My SQL 等。这里用到的是微软的 SQL Server。

在用 SQL Server 创建数据库时，需要注意以下几个问题：

1）数据库的命名规范，尽量和网站名称统一。

2）数据库的保存位置，尽量和网站位置一致。

3）数据库文件及日志文件的大小，应根据网站数据保有量设计合适值。

2. 创建数据库表注意事项

数据库逻辑结构设计主要指数据表的设计。根据数据分析，建立相应的数据表，用以存放网站信息数据。

数据表的设计需要注意以下几个问题：

1）表名称的命名规范。

2）表字段的命名，长度、默认值的设置是否为空等。

3）表之间的关系要明确，并建立主外键。

3. ADO 组件简介

1）ADO 是一项微软的技术。

2）ADO 指 ActiveX 数据对象（ActiveX Data Objects）。

3）ADO 会随微软的 IIS 被自动安装。

4）ADO 是一个访问数据库中数据的编程接口。

4. 从一个 ASP 页面内部访问数据库的常用方法

1）创建一个到数据库的 ADO 连接。

2）打开数据库连接。

3）创建 ADO 记录集。

4）从记录集提取需要的数据。

5）关闭记录集。

6）关闭连接。

任务小结

通过完成本任务应该掌握以下内容：

1）创建、修改、删除数据库。

2）创建、修改、删除表。

3）表的基本操作。

4）创建、修改、删除视图。

举一反三

1）参考相关资料，了解数据库系统的相关知识。掌握网站系统数据表的设计知识及技能。

2）根据需求创建用于存储网站管理员的表。

任务 3　创建虚拟目录和站点

任务描述

“解忧硬件产品论坛”网站可以让用户发布帖子、浏览帖子，管理员可以管理帖子，网站和用户具有交互功能。要实现这样的功能，网页中需要含有服务器端脚本，它的执行需要服务器解释或编译。本任务把它放在 ASP 平台的 Web 服务器上，这就需要为它创建虚拟目录和站点。

任务实施

1. 创建站点目录

在 D 盘根据目录创建 forum 文件夹，把素材文件夹中的 images 文件夹及内容复制到 forum 文件夹中。

2. 启动 IIS 创建 forum 虚拟目录，对应 d：\forum 路径

3. 创建站点

1）启动 Dreamweaver，选择“站点”→“创建站点”菜单项，弹出“站点设置对象”对话框，站点名称输入：forum，本地站点文件夹输入“d：\forum\”，如图 2-3-1 所示。

2）单击左边的“服务器”，设置 Web 服务器，如图 2-3-2 所示。

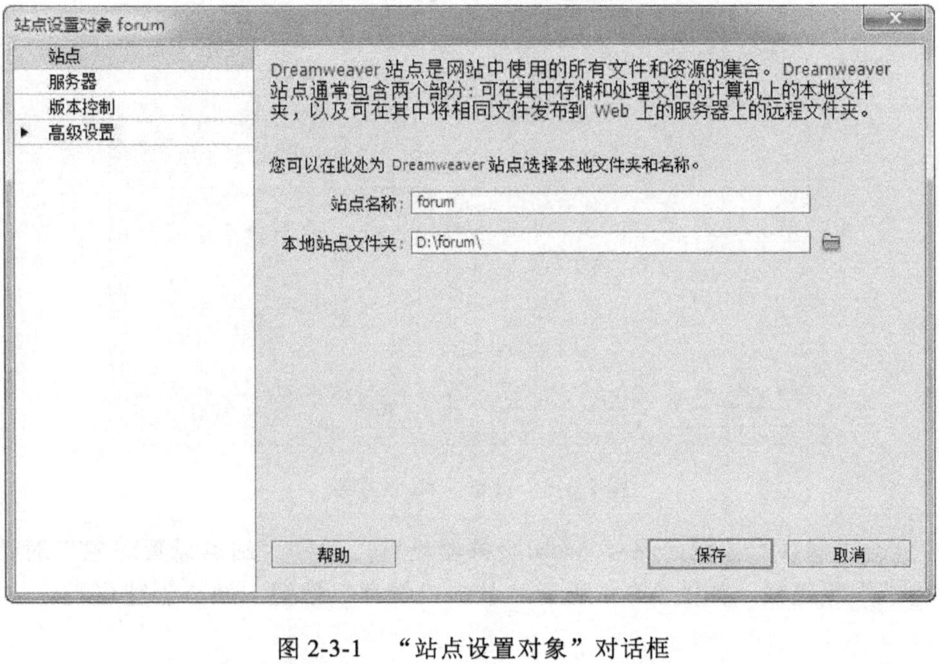

图 2-3-1　“站点设置对象”对话框

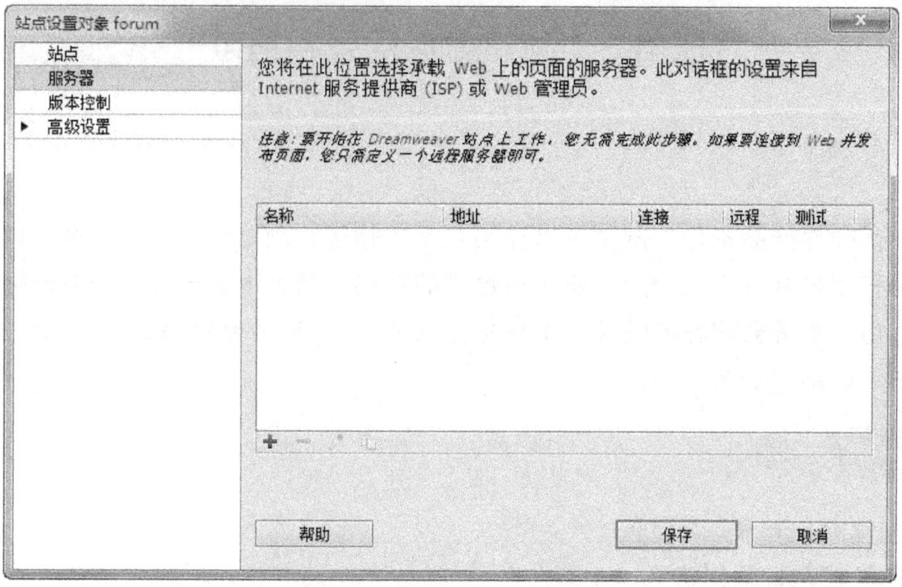

图 2-3-2　选择“服务器”

3）单击“添加新服务器”按钮[+]，打开 Web 服务器设置对话框，设置如图 2-3-3 所示。

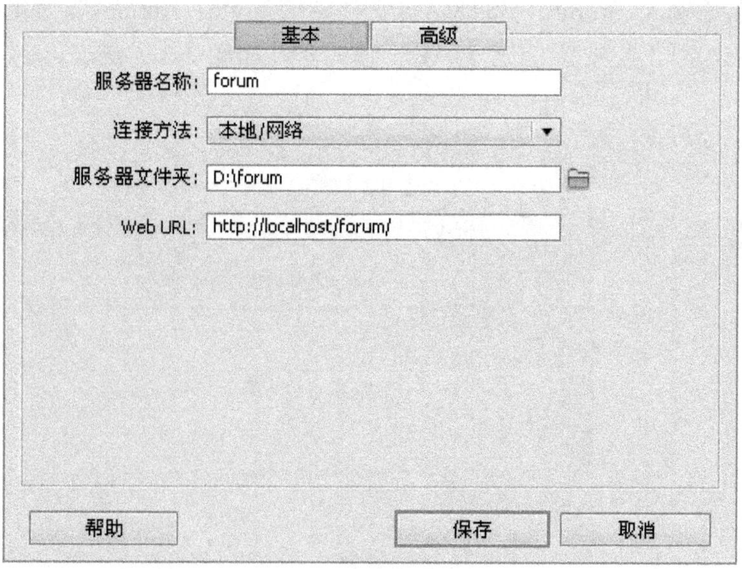

图 2-3-3　设置 Web 服务器

4）单击“保存”按钮，保存 Web 服务器设置，回到“站点设置对象”对话框，选中“测试”复选框，如图 2-3-4 所示，单击“保存”按钮，站点创建成功。

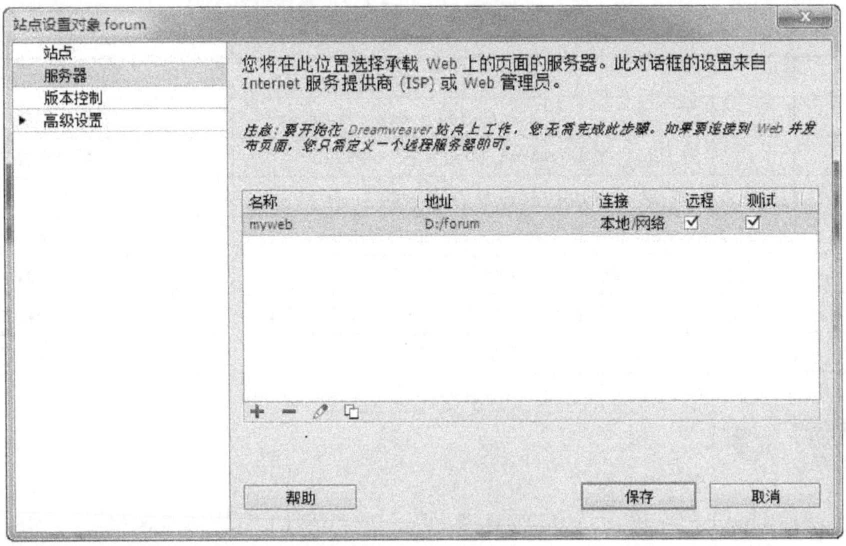

图 2-3-4　站点创建成功

任务小结

通过完成本任务应该掌握以下内容：

1）创建网站文件夹。

2）创建虚拟目录。

3）创建 Dreamweaver 站点。

举一反三

1）如果准备为本班创建一个网站，那么请在 IIS 中为班级网站创建对应的网站，在 Dreamweaver 中创建站点。

2）IIS 有 6.0、7.0 等版本，请说明它们的区别。

任务 4　创建网站样式文件

任务描述

根据预先设计的网站风格，创建 CSS 样式文件“forumcss.css”，以便在各个页面中统一应用样式，规范各个网页中显示的文字格式、链接样式等。结合网站结构，需要在样式文件中定义 7 种样式，见表 2-4-1。

表 2-4-1　网站样式

样式名称	样式内容	应用位置或含义
body	上、下、左、右页边距为 0px	页面样式
.titlefont	大小为 16pt，字体为黑体，颜色为 “#FFFFFF”	页面文字样式
.contentfont	大小为 11pt，颜色为 “#000000”	正文
.rootfont	大小为 9pt，字体为宋体，颜色为 “#000000”	页脚文字颜色
a	大小为 11pt，颜色为 “#0000FF”，“修饰” 为 “无”	文本超级链接的样式
a：hover	大小为 11pt，颜色为 “#cc3300”，“修饰” 为带下划线	鼠标指向文本超级链接时的样式
a：visited	大小为 11pt，颜色为 “#cc3300”	已经访问过的文本超级链接样式

任务实施

打开 Dreamweaver 新建一个 HTML 网页。在“窗口”菜单中选择“CSS 样式”选项，打开“CSS 样式”面板。

单击“CSS 样式”面板右下角的“新建 CSS 规则”按钮，打开“新建 CSS 规则”对话框，选择器类型选择“标签（重新定义 HTML 元素）”，选择器名称选择“body”，规则定义选择“（新建样式表文件）”，如图 2-4-1 所示。

单击“确定”按钮，打开“保存样式表文件为”对话框，文件命名为“forumcss.css”，保存在“d：\forum”文件夹下。单击“确定”按钮，打开“body 的 CSS 规则定义”对话框，设置“方框”中的边界“上”为 0，并选中“全部相同”复选框，如图 2-4-2 所示。单击“确定”按钮保存样式。

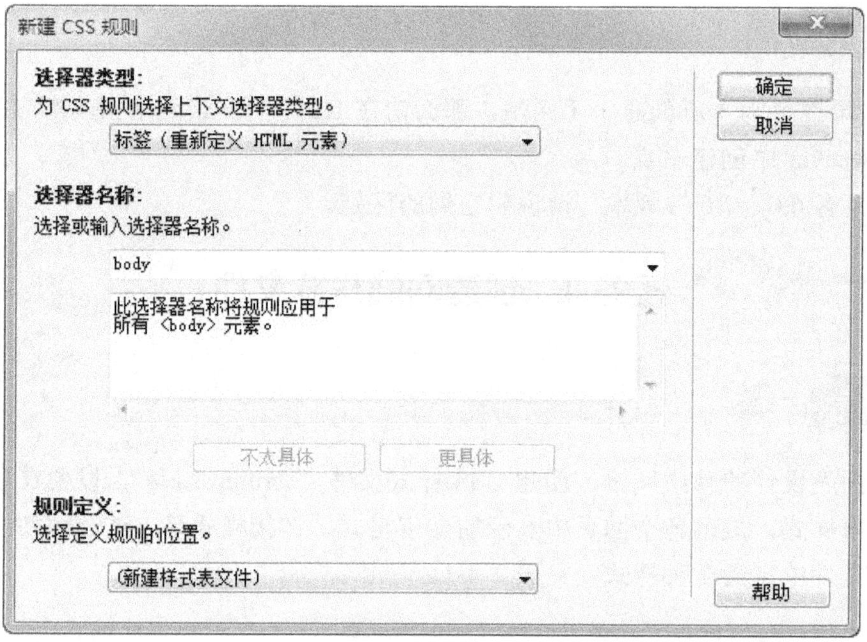

图 2-4-1　新建样式

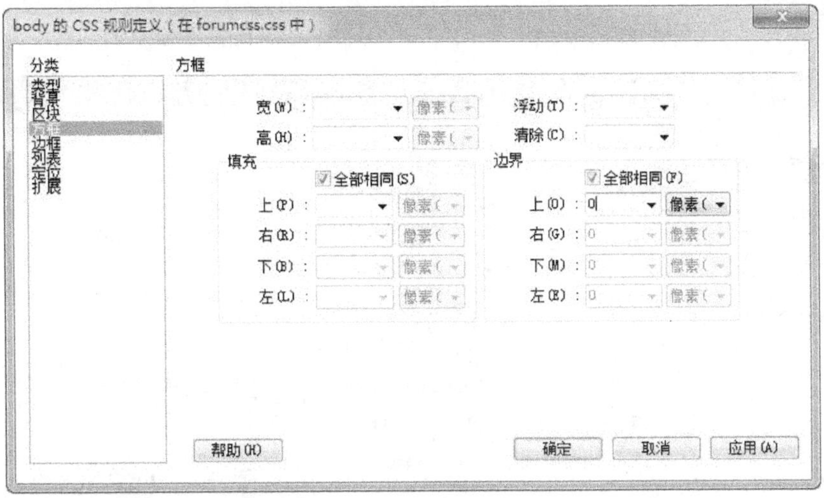

图 2-4-2　设置 body 样式

采用同样的方法，在“forumcss.css”样式文件中定义其他样式。至此，完成了“forumcss.css”样式文件 7 个样式的定义。

任务小结

通过完成本任务需要掌握以下内容：

1）掌握样式的作用、样式的保存、样式的使用。

2）创建网站样式文件。

举一反三

1）如果要制作一个鲜花店网站，那么请为其设计网站样式文件。

2）如果要制作一个幼儿用品网站，那么请为其设计网站样式文件。

任务 5　制作网站模板

任务描述

使用 Dreamweaver 软件创建网站模板，可以统一整个网站的风格，提高网站开发效率。本任务就是为“解忧硬件产品论坛”网站创建模板，模板风格以蓝色为主色调，学习制作网站模板。

任务实施

打开 Dreamweaver，创建并保存动态网页 form.asp，并附加样式文件 forumcss.css。

如图 2-5-1 所示。

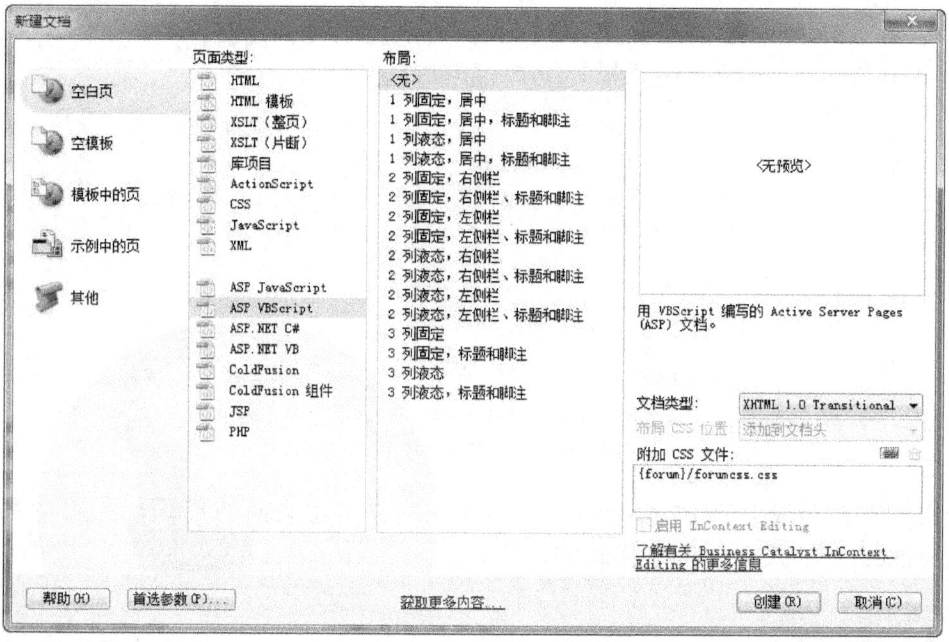

图 2-5-1　新建动态网页

在网页中插入一个 5 行 1 列的表格 gl，设置表格宽度为 968，边框粗细为 0，单元格边距为 0，单元格间距为 0，表格居中对齐，如图 2-5-2 所示。

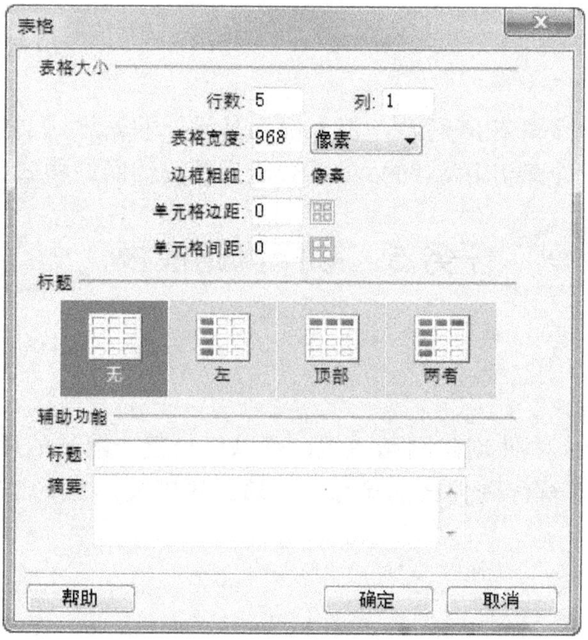

图 2-5-2　添加表格

设置表格第 1 行高 50px，第 2 行高 6px，第 4 行高 6px，第 5 行高 50px。然后转到代码视图，删除表格第 2 行，第 4 行的“ ”，如图 2-5-3 所示。

```
<body>
<table width="968"border="0"align="center"cellpadding="0"cellspacing="0">
 <tr>
   <td height="50"> </td>
 </tr>
 <tr>
   <td height="6"></td>
 </tr>
 <tr>
   <td> </td>
 </tr>
 <tr>
   <td height="6"> </td>
 </tr>
 <tr>
  <td height="50"> </td>
 </tr>
</table>
</body>
```

图 2-5-3 设置表格行高

设置表格 gl 第 1 行背景为图片 top.jpg，内容垂直对齐为底部。在第 1 行中插入一个 1 行 6 列的表格 gen，其中边框粗细为 0，单元格边距为 0，单元格间距为 0，表格宽度为 96%，且表格居中显示。设置表格 gen 第 2 列、第 3 列、第 4 列、第 5 列、第 6 列宽为 8%。

在表格 gen 中添加以下内容。

第 2 列中输入内容“浏览帖子”，居中显示，设置链接为：../forumindex.asp。

第 3 列中输入内容“发布帖子”，居中显示，设置链接为：../forumaddarticle.asp。

第 4 列中输入内容“登录”，居中显示，设置链接为：../forumlogin.asp。

第 5 列中输入内容“注册”，居中显示，设置链接为：../forumadduser.asp。

第 6 列中输入内容“管理”，居中显示，设置链接为：../manage/manageforumlogin.asp。

设置表格 gl 第 5 行背景颜色为 b5daec。输入内容“Copyright © 解忧 IT 有限公司 版权所有”，插入换行符（注意不要按回车键，因为按回车键是设置段落，两行间的距离太大）。再输入内容“联系 QQ：372975191”；选中这两行内容居中显示，并从“样式”列表中选择“rootfont”，设置文字样式为“rootfont”。效果如图 2-5-4 所示。

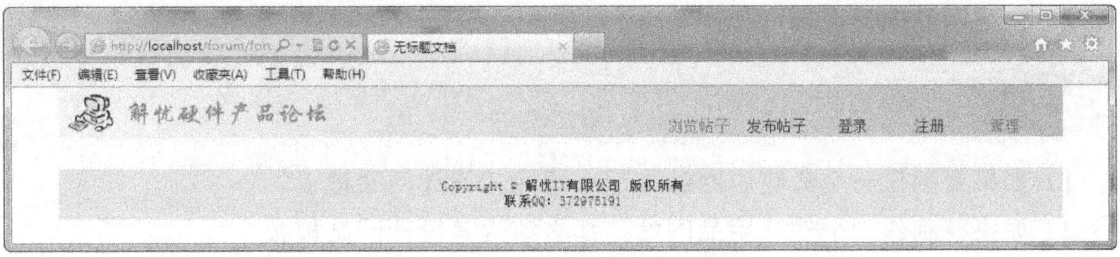

图 2-5-4 添加表格内容及链接

单击文件菜单中的“另存为模板”，打开如图 2-5-5 所示的“另存模板”对话框。

单击“保存”按钮，保存为 forum，打开如图 2-5-6 所示的对话框，单击“是”按钮更新链接。

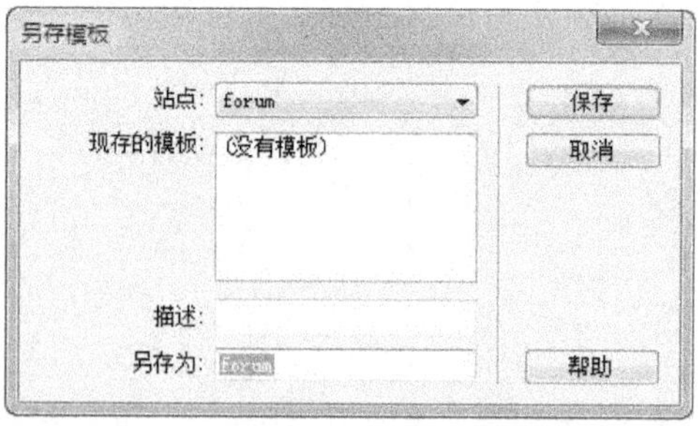

图 2-5-5　保存模板

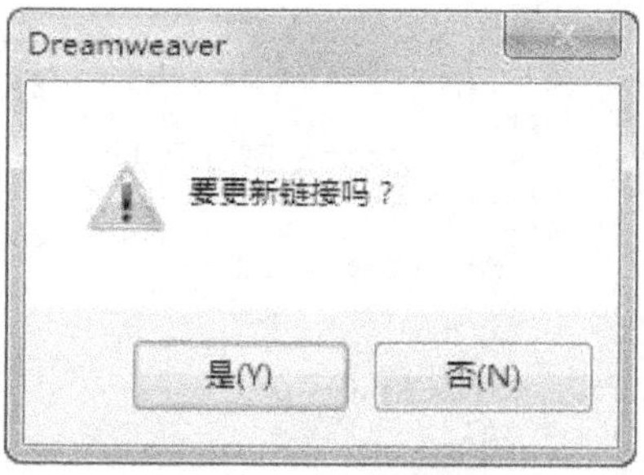

图 2-5-6　更新链接

单击表格 gen 中第 3 行，把光标放入第 3 行；单击“插入”→“模板对象” →“可编辑区域”，打开如图 2-5-7 所示的“新建可编辑区域”对话框，单击“确定”按钮插入可编辑区域。保存文件，完成网站模板的创建。

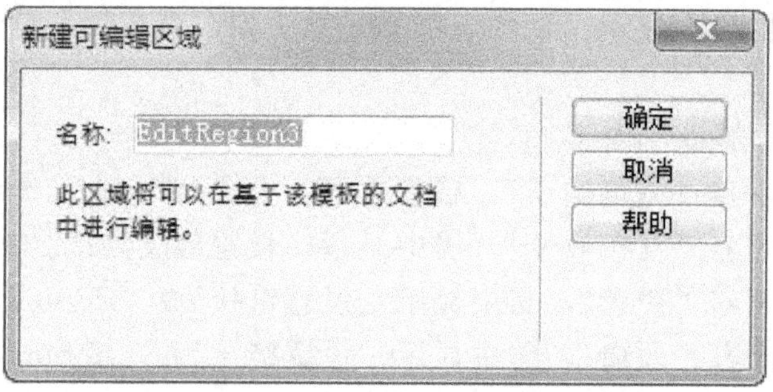

图 2-5-7　新建可编辑区域

任务小结

通过完成本任务需要掌握以下内容：

1）网站模板的作用。

2）创建网站模板。

举一反三

1）如果要制作一个鲜花店网站，那么请为其设计网站模板。

2）如果要制作一个幼儿用品网站，那么请为其设计网站模板。

任务 6　制作用户注册界面

任务描述

本论坛只有登录用户才能发布帖子，如果一个网友想要发布帖子，他首先要在论坛中进行注册，成为注册用户，然后才能登录发布帖子。本任务就是创建动态网页，实现用户注册功能。本功能实质是通过网页向 ForumData 数据库的 RegUser 表中添加记录。

任务实施

1. 新建网页并插入表格

通过模板 forum，创建动态网页 forumadduser.asp 并保存。删除可编辑区域中的内容，并插入一个 2 行 1 列的表格 fau，边框粗细为 0，单元格边距为 0，单元格间距为 0，表格宽度为 100%。表格背景为 b5daec。设置表格第 1 行高为 60，输入内容为用户注册，居中显示，并对它使用样式为 bigtitle。效果如图 2-6-1 所示。

图 2-6-1　新建用户注册页面

2. 连接数据库

选择“窗口”→“数据库”菜单项，打开“数据库”面板，如图 2-6-2 所示。

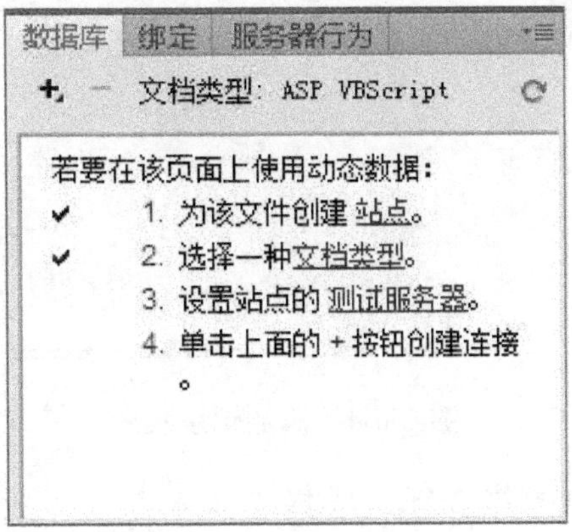

图 2-6-2　“数据库”面板

如果“文档类型”前没有对钩，单击“文档类型”链接，打开“选择文档类型”对话框，选择“ASP VBScript”。

单击“自定义连接字符串”按钮，打开“自定义连接字符串”对话框，如图 2-6-3 所示。连接名称为 conn，连接字符串为"driver=sql server; server=(local); uid=sa; pwd=123; database=forumdata"（注意：本连接在整个论坛网站中只创建一次。使用时要把 uid 内容修改成登录 SQL Server 的登录名，pwd 内容修改成指定登录的密码）。

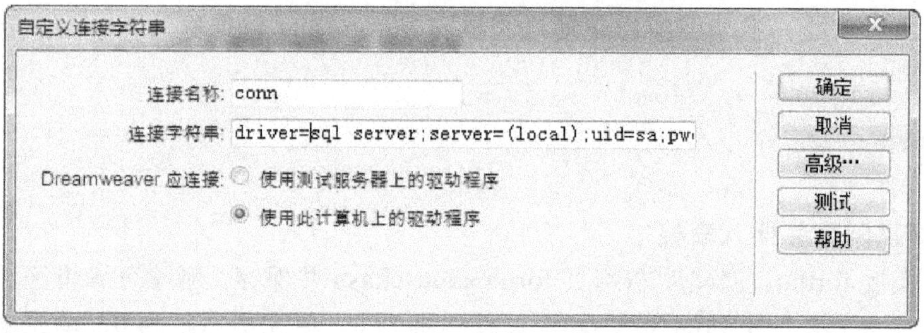

图 2-6-3 “自定义连接字符串”对话框

3. 添加记录集

选择“插入”→“数据对象”→“记录集”菜单项，打开“记录集”对话框，如图 2-6-4 所示。创建记录集 RsRegUser，查询用户头像信息，只查询 userimage 表中 imagename、imagepath 两列，用于在用户注册时让用户选择头像。

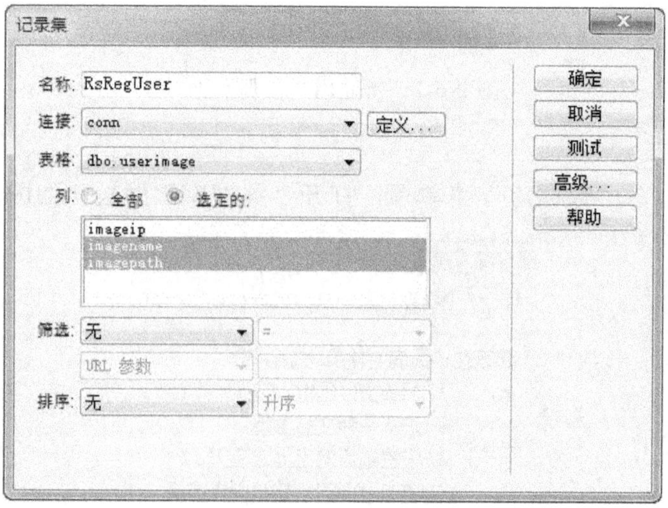

图 2-6-4 添加记录集

把光标放入表格 fau 中的第 2 行，选择“插入”→“数据对象”→“插入记录”→“插入记录表单向导”菜单项，显示“插入记录表单”对话框。将此对话框中的

“连接”选择为 conn；“插入到表格”选择为 dbo.RegUser；在“插入后，转到”文本框中输入“forumlogin.asp”；在表单字段中删除 ID 列；选中 Password 列，“显示为”改为“密码字段”；选中 Sex 列，“显示为”改为“单选按钮组”。单击“单选按钮组属性”按钮，打开“单选按钮组属性”对话框，添加选项男和女，选取值等于“男”，如图 2-6-5 所示。

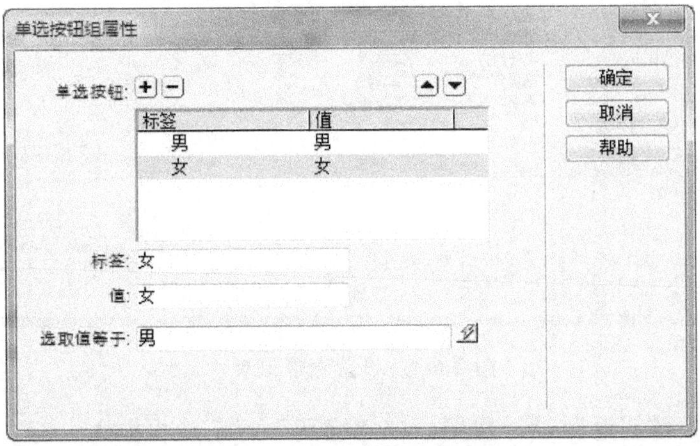

图 2-6-5　单选按钮组属性

把表单字段中 header_image 列“显示为”改为菜单，单击“菜单属性”按钮，打开“菜单属性”对话框，把菜单属性改为如图 2-6-6 所示的内容。

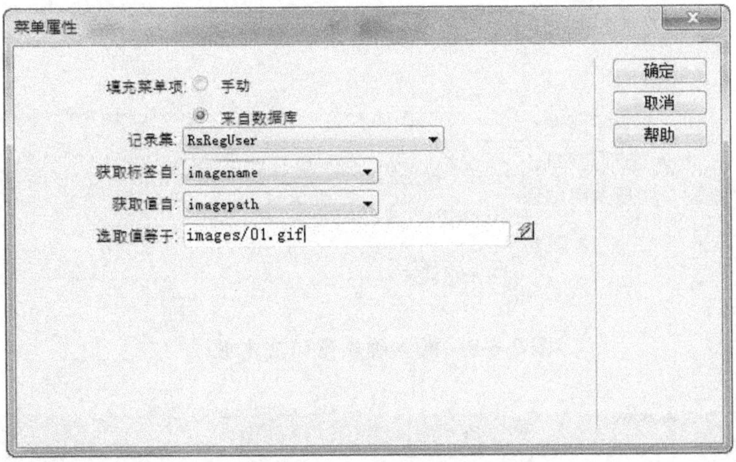

图 2-6-6　设置菜单属性

单击“确定”按钮，返回“插入记录表单向导”对话框。各表单字段 Username、Password、Sex、Email、Address、Telephone、Header_image 标签依次修改为用户名、密码、性别、电子邮件、家庭住址、联系电话、头像，如图 2-6-7 所示。

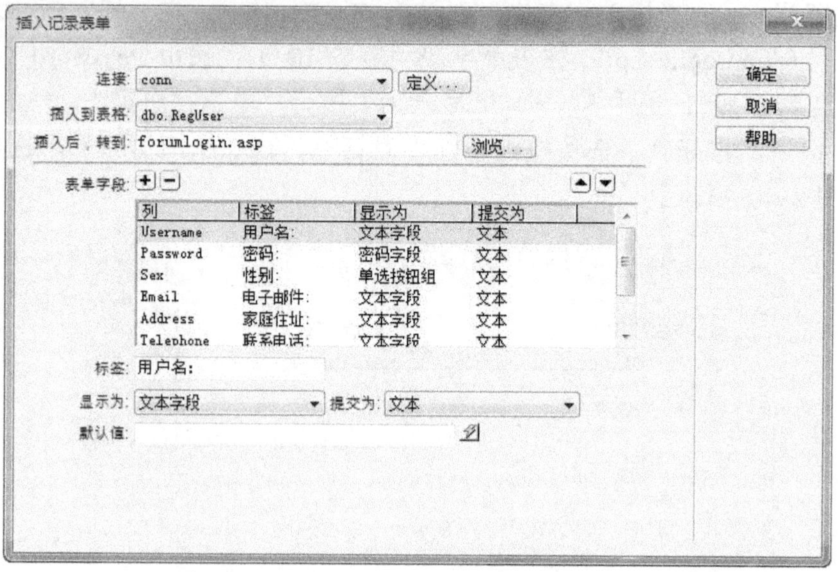

图 2-6-7　设置表单记录

单击“确定”按钮返回设计视图。在“密码”行下边再插入一行，第 1 列输入内容为“确认密码”，第 2 列添加文本字段，名称为 password1，如图 2-6-8 所示。

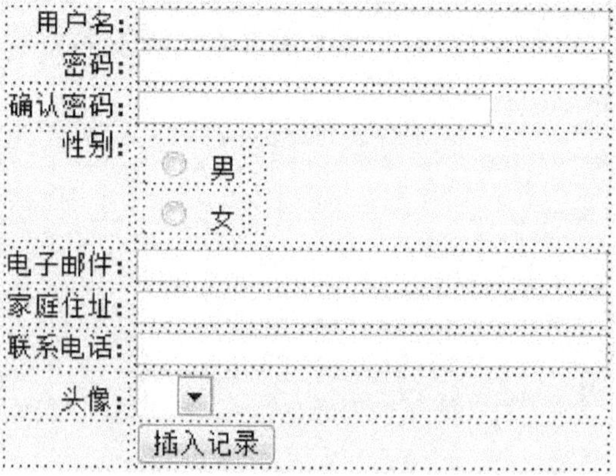

图 2-6-8　插入确认密码文本域

小知识

1. 数据库连接

为了实现网站的动态管理，需要和数据库建立相应连接。具体内容如下。

1）连接名称。为连接设置名称，注意，不要在该名称中使用任何空格或特殊字符。

2）连接字符串。输入连接数据库所用的字符串，其中各部分内容如下。

Driver(provider)：设置要连接的数据库服务器类型。

server(Data Source)：设置数据源，要连接的 SQL Server 实例的名称或网络地址。

uid(User id)：设置登录数据库服务器的用户名。

pwd(Password)：设置登录数据库服务器的密码。

Database(Initial Catalog)：设置要操作的数据库名称。

Dbq：连接 Access 数据库时所用数据库的名称。

3）常用连接字符串

连接 sql server 数据库，用户名为 sa，密码为 123：

driver=sql server；server=(local)；uid=sa；pwd=123；database=corp_web

连接 Access 数据库，数据库无密码：

DRIVER=Microsoft Access Driver (*.mdb)；dbq=C：\student.mdb 或

Connstr="DRIVER=Microsoft Access Driver

(*.mdb)：dbq="+server.mappath("student.mdb")

其中 server.mappath(“文件名”)的功能是把“网络路径”转换为服务器上的物理路径，再加文件名。表示数据库文件和网页在同一物理文件夹下。

如果 Access 数据库有密码，则密码为 123：

DRIVER=Microsoft Access Driver (*.mdb)：dbq=C：\

asp\student.mdb；uid=admin；pwd=123

2. Dreamweaver 工具

插入记录下有插入记录表单向导、插入记录。插入记录：由设计者自己设计用户输入内容的界面，然后在网页中添加代码，收集用户输入的数据添加到数据库中。插入记录表单向导：向导自动生成输入内容界面和添加记录到数据库的代码。

4．实现验证功能

为了提高页面效果，要求对输入的数据进行如下验证。

1）用户名必须输入，字符数不能超过 20，只能由数字、大小写字母和下划线组成。

2）密码必须输入，字符数不能超过 20，密码内容要和确认密码内容相同。

3）电子邮件要符合邮件格式。

转入代码视图，在<!--#include file="Connections/conn.asp" -->代码下面插入如下代码。

```
<script language=javascript>
//判断用户输入的内容是否符合邮件格式。
function isEmail(theStr)
{
      var atIndex = theStr.indexOf('@');
```

```
        var dotIndex = theStr.indexOf('.', atIndex);
        theSub = theStr.substring(0, dotIndex+1);
        if ((atIndex <1) || (atIndex != theStr.lastIndexOf('@')) ||
(dotIndex<atIndex+2)
              || (theStr.length<= theSub.length))
              return false;
        return true;
  }
  //删除字符串的尾空格
  function rtrim(s){
    var count=0;
    var i=s.length-1;
    var space=" ";
    var newline="\n";
    var cr="\r";
    var tab="\t";
    var sret;
    var schar;
    schar=s.charAt(i);
    while (
    (schar==space)||
    (schar==newline)||
    (schar==cr)||
    (schar==tab)){
     count++;
     i--;
     schar=s.charAt(i);
     }
    if (count>0)
     sret=s.substring(0, s.length-count);
    else
     sret=s;
     return(sret);
  }
  //删除字符串的尾空格
  function ltrim(s){
    var count=0;
    var i=0;
    var space=" ";
    var newline="\n";
    var cr="\r";
    var tab="\t";
    var sret;
    var schar;
    schar=s.charAt(i);
```

```
    while ((schar==space)||(schar==newline)||(schar==cr)||(schar==tab)){
     count++;
     i++
     schar=s.charAt(i);
     }
    if (count>0)
      sret=s.substring(count, s.length);
    else
      sret=s;
    return(sret);
}
//删除字符串的首尾空格
function trim(s){
    if (s!=""){
     s=rtrim(s);
     }
    if (s!=""){
     s=ltrim(s);
     }
     return(s);
}
//判断用户名输入是否合法，用户名只能输入数字、大小写字母和下划线。
function userNameFilter(value)
{
   var                              checkOK                              =
"0123456789abcdefghijklmnopqrstuvwxyzABCDEFGHIJKLMNOPQRSTUVWXYZ_";
   var allValid = true;
   if (value == "") return false;
   for (i = 0;  i < value.length;  i++)
   {
     ch = value.charAt(i);
     for (j = 0;  j < checkOK.length;  j++)
       if (ch == checkOK.charAt(j))
         break;
     if (j == checkOK.length)
     {
       allValid = false;
       break;
     }
   }
   return allValid;
}
function checkform()
{
var un=document.form1.Username.value;
```

```
var pwd=document.form1.Password.value;
var pwd1=document.form1.Password1.value;
var em=document.form1.Email.value;
if (trim(un).length==0)
 {
 alert("用户名要求必须输入！")
 return false;
 }
if (un.length>20)
 {
 alert("用户名不能超过 20 个字符！");
 return false;
 }
if (!userNameFilter(un))
 {
 alert("用户名含有非法字符，请修改！");
    return false;
    }
if(trim(pwd).length==0)
 {
 alert("密码要求必须输入！")
 return false
 }
if (pwd.length>20)
 {
 alert("密码不能超过 20 个字符！");
 return false;
 }
if (pwd!=pwd1)
 {
 alert("密码输入不一致！");
 return false;
 }

if (!isEmail(em) && trim(em).length!=0)
 {
 alert("邮箱格式不正确，请修改！");
 return false;
 }
 else
 {
 alert("添加成功！");
 }
 }
</script>
```

转入设计视图，选中“插入记录”按钮，把值改为“注册”，展开“行为”面板。在左边的列表框中选择“onClick”，右边输入 return checkform()，如图 2-6-9 所示。

在“注册”按钮右边添加一个“重置”按钮。

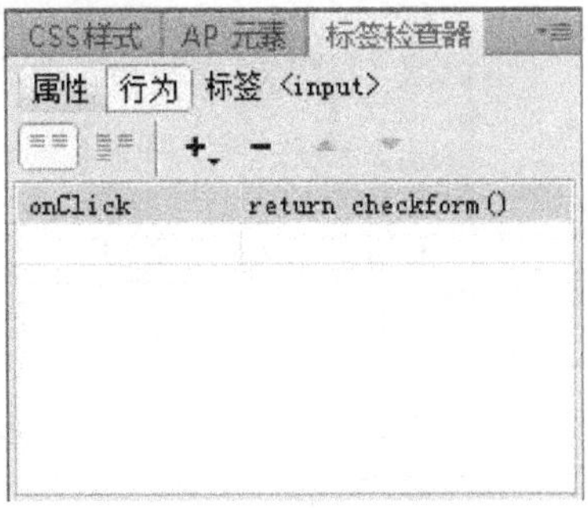

图 2-6-9　“行为”面板

5. 实现用户头像预览功能

1）在 header_image 列表框右侧插入图像，显示图片为 01.jpg，并为图片标记命名为 userimage，如图 2-6-10 所示。

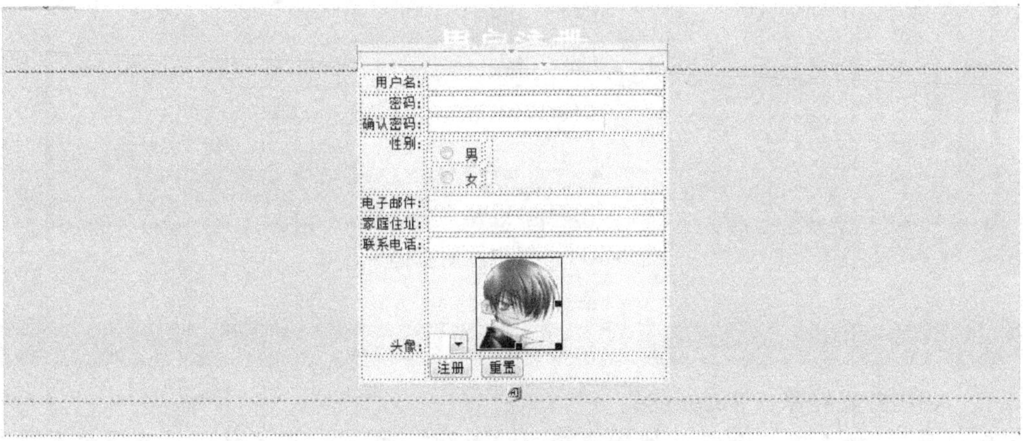

图 2-6-10　插入图片

2）转入代码视图，添加一个客户端函数，实现根据用户在 header_image 列表框中的选择，右边显示相应的图片。函数内容如下：

```
function changeuserimage()
{
document.form1.userimage.src=document.form1.header_image.value
}
```

3）选中 header_image 列表框，展开“行为”面板。在左边的列表框中选择“onChange”，右边输入 changeuserimage()。

6. 设置网页外观

设置用户注册表格宽为 600，整个表格背景色为#3366CC，间距为 2，填充为 5，边框为 0，表格内所有单元格的背景颜色为 b5daec。Username、Password、Password1 文本字段字符宽度为 20。在文字“用户名”“密码”“确认密码”前加“*”，保存网页，效果如图 2-6-11 所示。

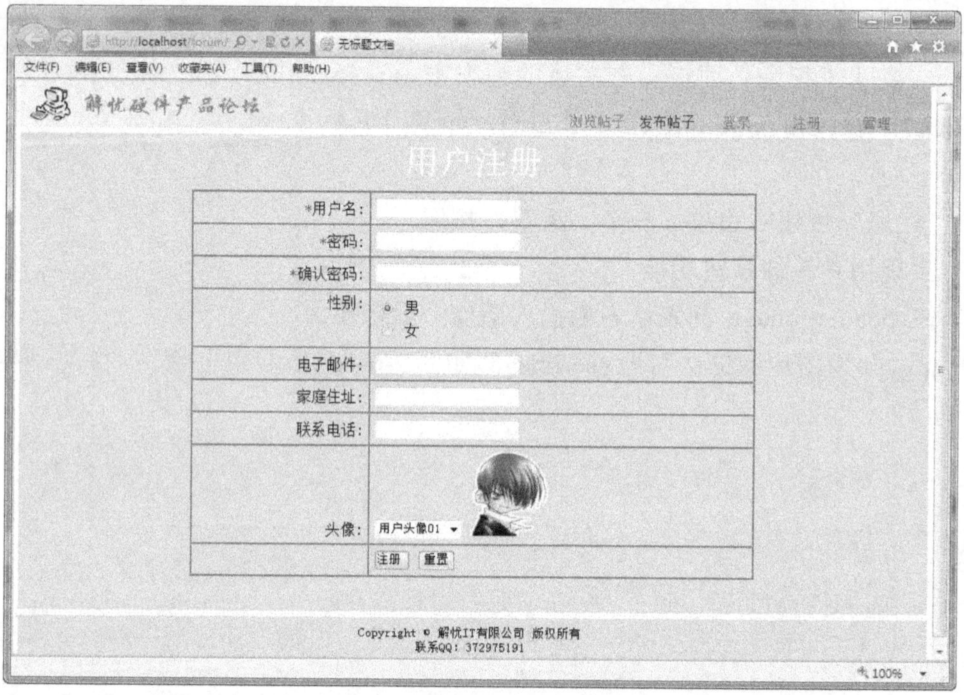

图 2-6-11　用户注册页面

小知识

1. ASP 内置对象：Response

Response 对象用于向客户端浏览器发送数据，用户可以使用该对象将服务器的数据以 HTML 的格式发送到用户端的浏览器，它与 Request 组成了一对接收、发送数据的对象，这也是实现动态的基础。常用的属性和方法如下。

（1）Write 方法

该方法把数据发送到客户端浏览器，如：

<%Response.write ("Hello，world!")%>

（2）Redirect 方法

该方法使浏览器可以重新定位到另一个 URL 上，这样，当客户发出 Web 请求时，客户被重新定位到相应的页面，即转而显示另外一个网页，如：

<%Response.redirect(http：//www.sohu.com)%>

（3）End 方法

该方法用于告知 Active Server 停止处理 ASP 文件。如果 Response 对象的 Buffer 属性设置为 True，则这时 End 方法即把缓存中的内容发送到客户并清除缓冲区。因此，要取消所有向客户的输出区，可以先清除缓冲区，然后利用 End 方法。简单说就是到此终止输出。

2. ASP 内置对象：Request

Request 对象用于接收所有从浏览器发往服务器的请求信息。常用的属性和方法如下。

（1）Request.Form(“表单元素名称”)

该方法用于获取 Post 方式提交的数据，如:

<%Uname=request.form(“username”)%>

（2）Request.querystring(“名称”)

该方法用于获取通过 get 方法传递的数据，或通过地址传递的数据，如:

<%Uid= Request.querystring(“id”)%>

（3）Request.ServerVaribles(“环境变量”)

该方法用于获得环境信息。常用的环境变量有:

1）Request.ServerVariables("HTTP_USER_AGENT")

获取浏览器版本号。

2）Request.ServerVariables("REMOTE_ADDR")

获取用户的 IP。

3）Request.ServerVariables("REQUEST_METHOD")

获取地址请求的方法。

3. <script>标签

<script>用于定义一段脚本，如果包含元素“runat=server”则表明是服务器端运行的脚本，如果不包含则表明是客户端脚本。“language='javascript'”元素表明使用的脚本语言为 javascript。

4. Alert 函数的用法

Alert 是 javascript 脚本中的一个函数。功能用于显示警告框，参数只有一个，为要显示的警告信息，无返回值。如:

```
<script language="javascript">
 alert("确定。")
  </script>
```

5. Javascript 中自定义函数

定义格式:

```
<script language= “javascript” >
……
Function  函数名(函数参数列表)
{
函数体
return  函数返回值
}
……
</script>
```

6. 为表单元素添加单击事件

为表单元素添加属性 onclick="单击要执行的脚本代码或要调用的函数"，如：

```
<input type="button"value="确定"onclick="ck()">
```

上条代码的功能为添加一个确定按钮，单击确定按钮，调用 ck()函数。

任务小结

通过完成本任务需要掌握以下内容：

1）创建数据库连接。

2）利用 Dreamweaver 工具创建网页向表中添加记录。

3）实现用户录入信息验证。

举一反三

1）制作网页 ManageMan.asp，为本论坛网站添加网站后台管理员。

2）建设学生信息管理网站，创建数据库 StuManage，在数据库中创建表 Student，包含字段学号、姓名、性别、家庭住址、联系电话、入学时间；创建管理员表 User，包含字段编号、用户名、密码、备注。在 IIS 中创建网站 Stu，在网站 Stu 下创建网页 StuAdd.asp，实现向表 Student 添加学生信息的功能。

3）在学生信息网站中制作网页 StuUserAdd.asp，实现添加管理员的功能。

任务 7　制作用户登录界面

任务描述

为了维护本论坛的内容，防止用户恶意发布反动、涉黄等信息，本论坛只有登录后的用户才能发帖子，现在开始创建用户登录网页，实现验证用户的功能。

任务实施

1. 创建提示页面

通过模板 forum 创建网页 loginerror.asp 并保存。

删除可编辑区域中的内容，插入一个 1 行 1 列的表格，宽为 100%，在表格内输入内容“用户名或密码错误，请单击返回，重新登录!”，然后插入换行符，再输入“如果您还没有注册，请注册!”，内容居中显示。选中“返回”设置链接 javascript:history.go(-1)，选中“注册”设置链接 forumadduser.asp。效果如图 2-7-1 所示。

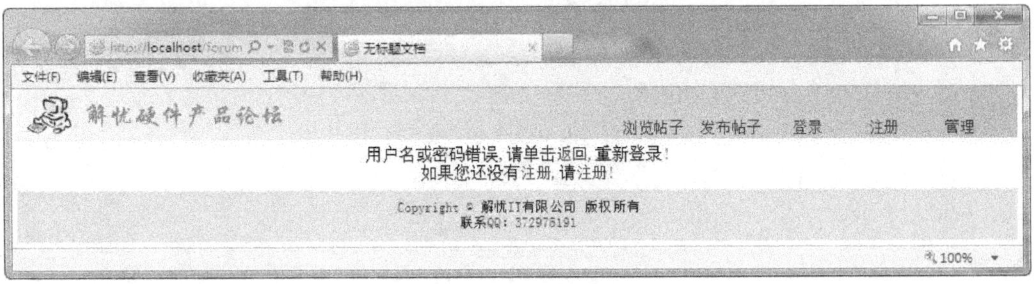

图 2-7-1　提示页面

2．创建登录页面

通过模块 forum 创建网页 forumlogin. asp 并保存。

删除可编辑区域中的内容，插入一个表单 form1，在表单中插入一个 4 行 2 列的表格，在表格中添加内容并设置样式。设置用户名文本字段名为 Username，密码文本字段名为 Password，如图 2-7-2 所示。

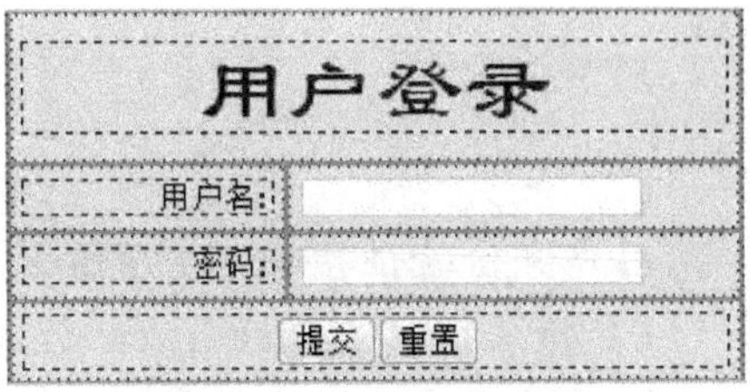

图 2-7-2　用户登录界面

选择“插入”→“数据对象”→“用户身份验证”→“登录用户”菜单项，打开“登录用户”对话框，设置内容如图 2-7-3 所示。

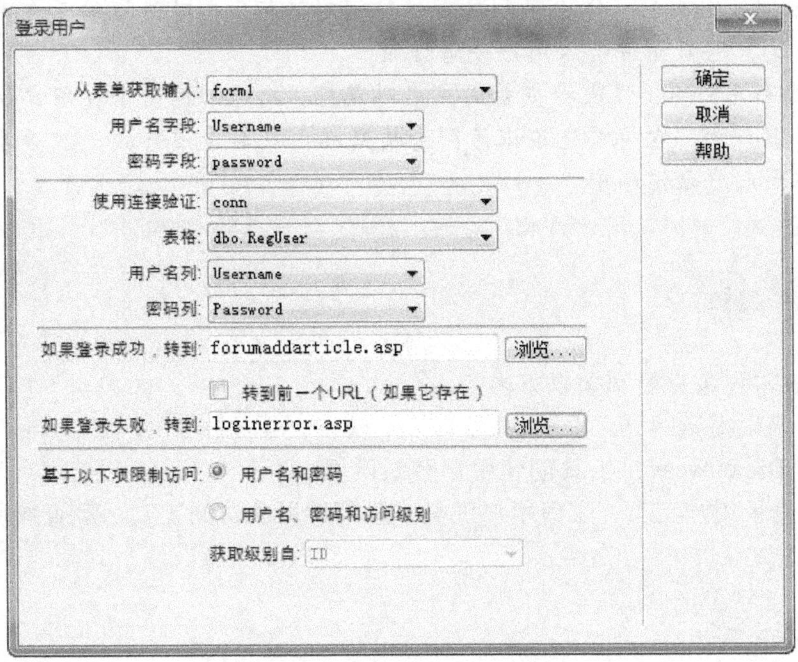

图 2-7-3　设置登录用户数据

设置好后单击“确定”按钮。最后保存网页，完成登录用户页面的创建。效果如图 2-7-4 所示。

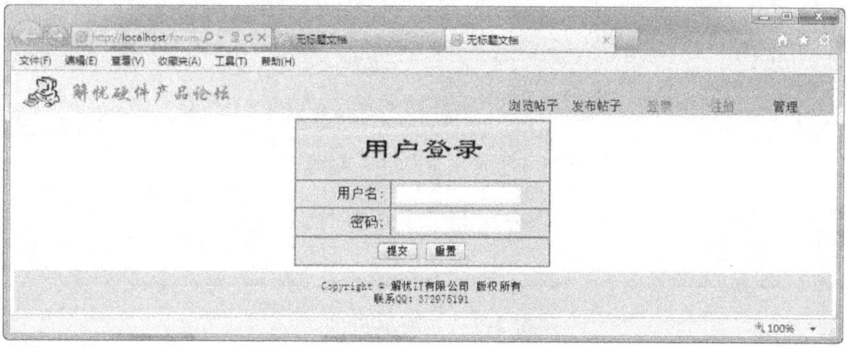

图 2-7-4　用户登录页面

小知识

Dreamweaver 工具

用户身份验证按钮下有登录用户、注销用户、限制对页的访问、检查新用户名。

1）登录用户：Dreamweaver 在登录页上添加了一个服务器行为，它将确保访问者输入的用户名和密码有效。

2）注销用户：当用户成功登录后，将创建一个包含其用户名的阶段变量。当用户退出站点时，可以使用“注销用户”服务器行为来清除该阶段变量并将用户重定向到另一页（通常是“再见”或“谢谢”页）。

3）限制对页的访问：弹出限制对页的访问对话框，此对话框用于在页上添加一个服务器行为，它只允许授权用户查看该页。

4）检查新用户名：弹出检查新用户名对话框，此对话框用于在用户注册页上添加一个服务器行为，它将首先验证访问者提交的用户名是唯一的，然后才将该访问者添加到注册用户数据库中。

任务小结

通过完成本任务需要掌握以下内容：

1）制作错误提示网页。

2）利用 Dreamweaver 工具创建用户登录网页。

3）掌握登录用户工具、注销用户工具、限制对页的访问工具、检查新用户名工具的使用。

举一反三

1）请为本论坛网站制作管理员登录网页 ManageLogin.asp，实现管理员登录网站后台。

2）完善项目 2 任务 6 举一反三中的学生信息管理网站，创建网页 StuUserLogin.asp，实现管理员用户登录的功能。

任务 8　制作网站显示主界面

任务描述

在一个论坛中要有一个帖子显示主界面，分页显示所有帖子的标题、作者、发布时间、点击次数、回复次数等信息，不显示帖子的详细内容，通过单击帖子标题链接再显示帖子的详细信息。本任务通过制作网站显示主界面学习记录集等工具的使用。

任务实施

1．新建网页并插入表格

通过模板 forum 创建动态网页 forumindex.asp 并保存。

删除可编辑区域中的内容，插入 3 行 1 列的表格 zgti，宽 100%。设置第 1 行高为 30，插入图像：postnew.gif，设置此图像链接网页 forumaddarticle.asp；第 3 行高为 30px，背景颜色为#006699。

2．添加记录集并编辑表格

选择“插入”→“数据对象”→“记录集”菜单项，打开“记录集”对话框，创建记录集 rsforum 查询用户发布帖子的内容，查询内容包括 id、writer、stroke、reback_num、subject、reback_date，如图 2-8-1 所示。

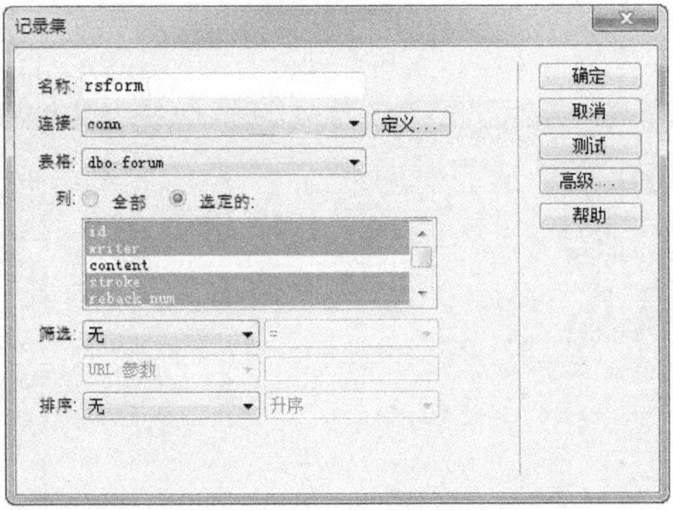

图 2-8-1　添加记录集

在表格 zgti 第 2 行插入动态表格 dg，选择“插入”→“数据对象”→“动态数据”→“动态表格”菜单项，打开“动态表格”对话框，设置每页显示 15 行，如图 2-8-2 所示。

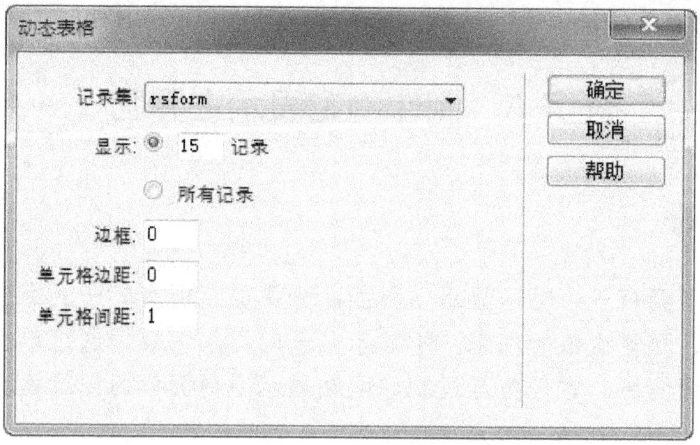

图 2-8-2　设置动态表格

删除动态表格 dg 放置 id 的第 1 列，设置动态表格 dg 背景颜色为#006699，宽为 100%，第 1 行高为 30px，设置表格第 2 行高为 28px。第 2 行第 1 列、第 3 列、第 5 列背景颜色为 b5daec，第 2 列、第 4 列背景颜色为#FFFFFF。

调整动态表格 dg 各列宽度和顺序。通过拖动调整各列显示内容，依次为 subject、writer、reback_num、stroke、reback_date；并把标题修改为中文标题依次为主题、作者、回复次数、点击次数、发表日期；标题居中显示，使用样式 titlefont。第 2 行第 2 列到第 5 列内容居中显示。第 1～4 列宽度分别为 49%、15%、10%、10%。效果如图 2-8-3 所示。

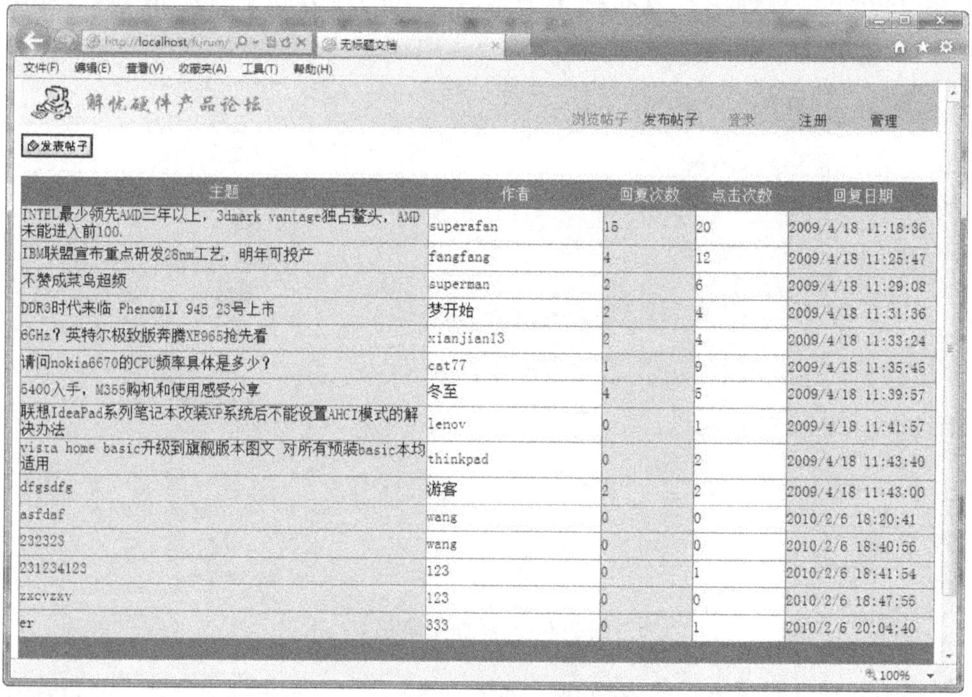

主题	作者	回复次数	点击次数	回复日期
INTEL最少领先AMD三年以上，3dmark vantage独占鳌头，AMD未能进入前100.	superafan	15	20	2009/4/18 11:18:36
IBM联盟宣布重点研发28nm工艺，明年可投产	fangfang	4	12	2009/4/18 11:25:47
不赞成菜鸟超频	superman	2	6	2009/4/18 11:29:08
DDR3时代来临 PhenomII 945 23号上市	梦开始	2	4	2009/4/18 11:31:36
6GHz？英特尔极致版奔腾XE965抢先看	xianjian13	2	4	2009/4/18 11:33:24
请问nokia6670的CPU频率具体是多少？	cat77	1	9	2009/4/18 11:35:46
5400入手，M355购机和使用感受分享	冬至	4	5	2009/4/18 11:39:57
联想IdeaPad系列笔记本改装XP系统后不能设置AHCI模式的解决办法	lenov	0	1	2009/4/18 11:41:57
vista home basic升级到旗舰版本图文 对所有预装basic本均适用	thinkpad	0	2	2009/4/18 11:43:40
dfgsdfg	游客	2	2	2009/4/18 11:43:00
asfdaf	wang	0	0	2010/2/6 18:20:41
232323	wang	0	0	2010/2/6 18:40:56
231234123	123	0	1	2010/2/6 18:41:54
zxcvzxv	123	0	0	2010/2/6 18:47:55
er	333	0	1	2010/2/6 20:04:40

图 2-8-3　动态表格设置效果图

在表格 dg 第 3 行插入一个 1 行 2 列的表格 dh，边框线宽度为 0，宽为 100%；第 1 列宽为 40%。单击表格 dh 第 1 列，选择“插入”→“数据对象”→“显示记录计数”→“记录集导航状态”菜单项，插入“记录集导航状态”。单击表格 dh 第 2 列，选择“插入”→“数据对象”→“记录集分页”→“记录集导航条”菜单项，插入“记录集导航条”，如图 2-8-4 所示。

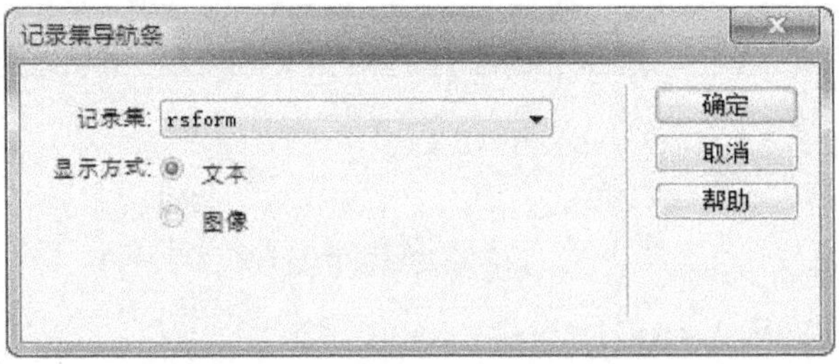

图 2-8-4　设置记录集导航条

选中记录导航条，进入代码视图，删除如图 2-8-5 和图 2-8-6 所示的代码。把显示记录导航条和显示记录导航状态的表格合并成一个 1 行 5 列的表格。

```
        <td height="30" bgcolor="#006699"><table width="100%" border="0" cellspacing="0" cellpadding="0">
          <tr>
            <td width="40%"> 
记录 <%=(rsform_first)%> 到 <%=(rsform_last)%> (总共 <%=(rsform_total)%></td>
            <td> 
              <table border="0">
                <tr>
                  <td><% If MM_offset <> 0 Then %>
                      <a href="<%=MM_moveFirst%>">第一页</a>
                      <% End If ' end MM_offset <> 0 %></td>
                  <td><% If MM_offset <> 0 Then %>
                      <a href="<%=MM_movePrev%>">前一页</a>
                      <% End If ' end MM_offset <> 0 %></td>
                  <td><% If Not MM_atTotal Then %>
                      <a href="<%=MM_moveNext%>">下一个</a>
                      <% End If ' end Not MM_atTotal %></td>
                  <td><% If Not MM_atTotal Then %>
                      <a href="<%=MM_moveLast%>">最后一页</a>
                      <% End If ' end Not MM_atTotal %></td>
                </tr>
              </table></td>
          </tr>
        </table></td>
```

图 2-8-5　代码视图 1

```
        <td height="30" bgcolor="#006699"><table width="100%" border="0" cellspacing="0" cellpadding="0">
          <tr>
            <td width="40%"> 
记录 <%=(rsform_first)%> 到 <%=(rsform_last)%> (总共 <%=(rsform_total)%></td>

                  <td><% If MM_offset <> 0 Then %>
                      <a href="<%=MM_moveFirst%>">第一页</a>
                      <% End If ' end MM_offset <> 0 %></td>
                  <td><% If MM_offset <> 0 Then %>
                      <a href="<%=MM_movePrev%>">前一页</a>
                      <% End If ' end MM_offset <> 0 %></td>
                  <td><% If Not MM_atTotal Then %>
                      <a href="<%=MM_moveNext%>">下一个</a>
                      <% End If ' end Not MM_atTotal %></td>
                  <td><% If Not MM_atTotal Then %>
                      <a href="<%=MM_moveLast%>">最后一页</a>
                      <% End If ' end Not MM_atTotal %></td>
                </tr>
              </table></td>
```

图 2-8-6　代码视图 2

设置以上合并生成的表格第 2～4 列的宽度依次为 15%、15%、15%。

选中主题内容，选择“插入”→“数据对象”→“转到”→“转到详细页”菜单项，打开“转到详细页面”对话框，设置详细信息页为 forumdetail.asp；传递 URL 参数为 id；记录集为 rsforum；列为 id，如图 2-8-7 所示。

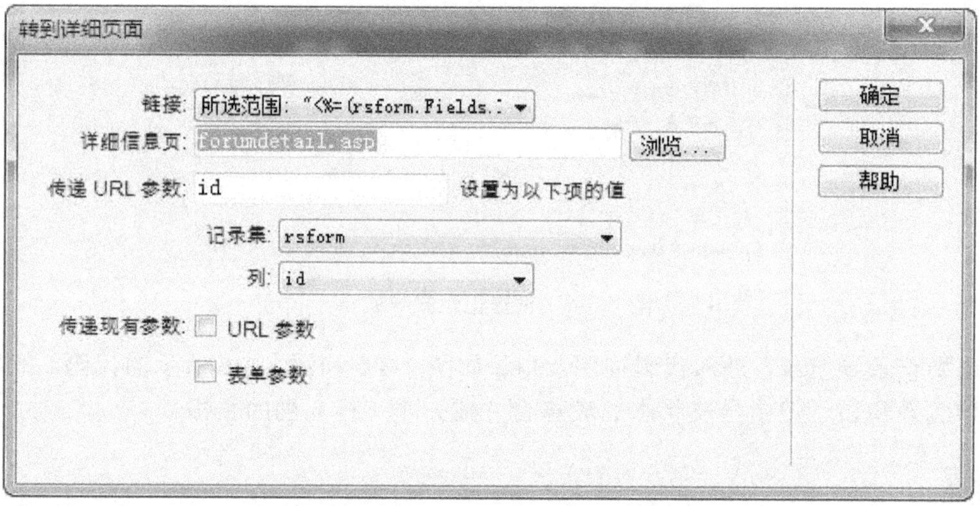

图 2-8-7 “转到详细页面”对话框

小知识

转到详细页面对话框：此对话框用于创建一个链接（该链接可以打开一个详细页并传递一个记录 ID），以便找到所需的记录并将其显示在详细页上。仅当在 ASP 站点上工作时，此服务器行为才可用。

若要设置对话框的选项，需执行以下操作：

在“详细信息页”框中，单击“浏览”并定位详细页。

从“记录集”和“列”弹出菜单中选择记录集和列，以指定要传递到详细页的值。通常，该值对于记录是唯一的，如记录的唯一键“ID”。

如果需要，则可选择“URL 参数”或“表单参数”选项将现有的页面参数传递到详细页。再单击“确定”按钮。

预览效果如图 2-8-8 所示。

最后保存网页文件，完成网站显示主界面的创建。

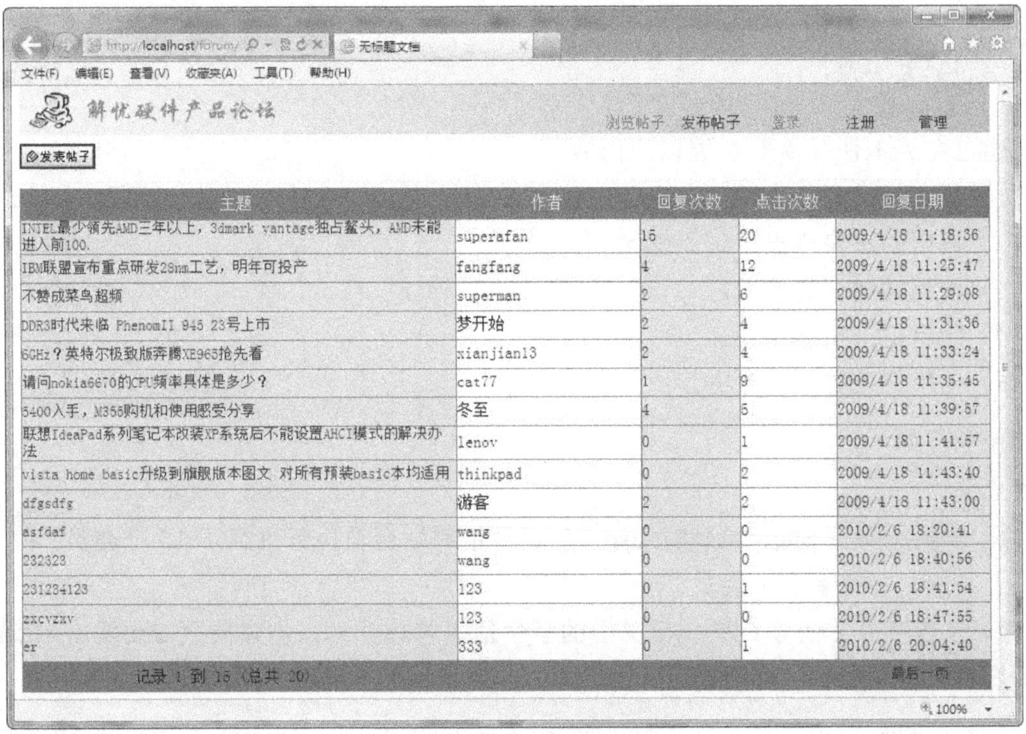

图 2-8-8　转到详细页面

小知识

Dreamweaver 工具

1）记录集：为网页添加记录集。记录集在存储内容的数据库和生成页面的应用程序服务器之间起一种桥梁作用。记录集由数据库查询返回的数据组成，并且临时存储在应用程序服务器的内存中，以便进行快速数据检索。当服务器不再需要记录集时，就会将其丢弃。

记录集本身是从指定数据库中检索到的数据的集合。它可以包括完整的数据库表，也可以包括表的行和列的子集。

2）动态数据下有动态表格等。

动态表格：在网页中以表格的形式显示记录集中的内容。

3）记录集分页下有记录集导航条等。

记录集导航条：设置网页中记录集的内容分页显示。

4）转到详细页面包括转到详细页面和转到相关页面。

转到详细页面：为某个内容添加链接，可以指明以记录集中哪个内容为参数添加在链接中。

转到相关页面：为某个内容添加链接，不能为链接自动添加参数。

5）记录集导航状态：在网页中显示记录集的信息，总共有多少条记录。

任务小结

通过完成本任务需要掌握以下内容：

1）创建记录集。

2）使用动态表格显示记录集数据。

3）转到详细页的使用。

4）使用记录集导航条。

5）使用记录集导航状态。

举一反三

1）请制作网页 ShowMember.asp，分页显示网站会员，每页显示 15 个会员，并在网页上显示总共有多少个会员。

2）完善项目 2 任务 6 举一反三中的学生信息管理网站，创建网页 StuShowAll.asp 分页显示所有学生的信息。

任务 9　制作显示帖子详细信息网页

任务描述

任务 8 中制作了帖子显示主界面，只显示帖子的标题等基本信息。本任务将制作网页，显示用户所选帖子的详细内容，用户浏览了详细内容后，还可以在本网页针对帖子内容进行回复。通过实现这些功能学习记录集等工具的灵活运用。

任务实施

1. 新建网页插入表格并编辑

通过模块 forum 创建动态网页 forumdetail.asp 并保存。删除可编辑区域中的内容，在可编辑区域内插入一个 4 行 1 列的表格 zbj，宽为 100%，背景为#b5daec，填充为 0，间距为 1，边框为 0。

在表格 zbj 第 1 行插入一个 1 行 3 列的表格 fb，宽为 100%，填充为 0，间距为 1，边框为 0。表格 fb 第 1 列宽为 10%，插入 images 文件夹中的图片 postnew.gif，设置链接为 forumaddcontent.asp；第 2 列宽为 10%，插入 images 文件夹中的图片 newreply.gif，设置链接为#rebackarti（在接下来的步骤中将在回复帖子处插入锚点），如图 2-9-1 所示。

图 2-9-1　编辑表格

2. 显示帖子信息

建立记录集 rsforumdetail，查询在 forumindex.asp 网页中单击的主题详细信息，查询视图 vi_forum 中的 id、writer、subject、content、write_date、email、header_image。设置筛选为 id、=、url 参数、id，如图 2-9-2 所示。

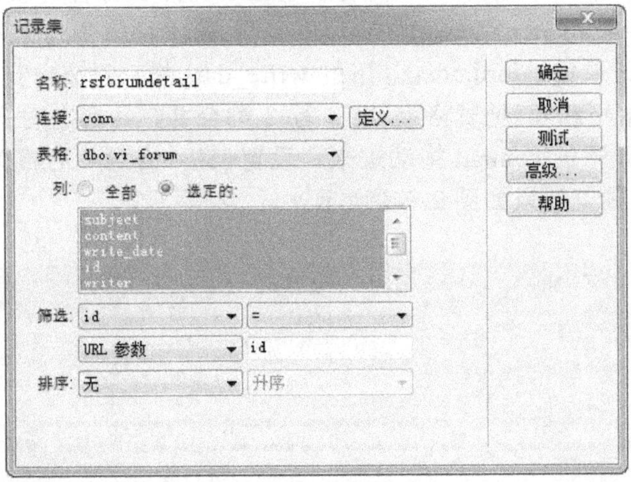

图 2-9-2　添加记录集

在表格 zbj 第 2 行插入一个 5 行 2 列的表格 ng，宽度为 96%，填充为 0，间距为 1，边框为 0，背景颜色为#006699，居中对齐。

设置表格 ng 第 1 行高为 30，把两列合并，输入内容“主题:”。显示“应用程序”下的“绑定”面板，拖动记录集 rsforumdetail 中的 subject 到“主题:”右边，使内容居中显示，选中第 1 行中的所有内容，应用样式 titlefont。

设置表格 ng 第 2 行高为 130，第 1 列宽为 20%，此单元格背景颜色为#FFFFCC，单元格内容居中对齐，把“绑定”面板中记录集 rsforumdetail 下的 writer 拖动进来。在 writer 下选择“插入”→“图像对象”→“图像占位符”菜单项，打开“图像占位符”对话框，设置图像占位符的高度和宽度均为 80，如图 2-9-3 所示。

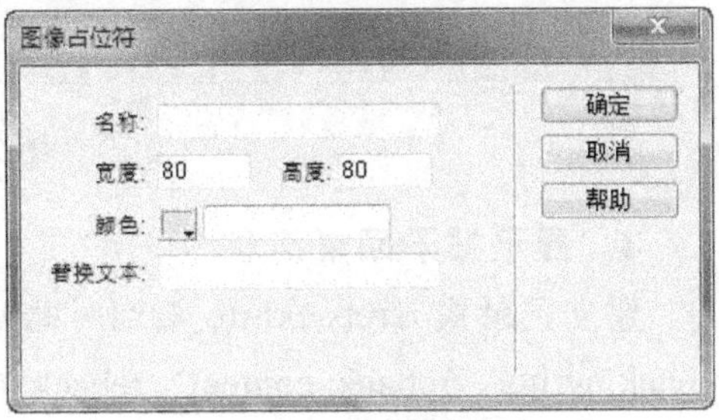

图 2-9-3　设置图像占位符

转到代码视图，找到图像标签代码。把绑定面板中记录集 rsforumdetail 下的 header_image 拖动到 src=后的双引号中间，如图 2-9-4 所示。

```
<tr>
  <td height="30" colspan="2" class="cen"><span class="titlefont">主题：<%=(rsforumdetail.Fields.Item("subject").Value)%></span></td>
  </tr>
<tr>
  <td width="20%" height="130" class="ce"><p><%=(rsforumdetail.Fields.Item("writer").Value)%></p>
    <p><img name="" src="<%=(rsforumdetail.Fields.Item("header_image").Value)%>" width="80" height="80" alt="" /></p></td>
  <td> </td>
</tr>
<tr>
  <td> </td>
  <td> </td>
</tr>
```

图 2-9-4　修改图像标签代码

设置表格 ng 第 2 行第 2 列中内容垂直顶端对齐，水平居中对齐，背景颜色为#FFFFFF。并插入一个 3 行 3 列的表格 ys，宽度为 96%，填充为 0，间距为 1，边框为 0。表格 ys 第 1 行第 1 列宽为 10%，内容居中显示，输入“邮件”，设置链接为“mailto：<%= (rsforumdetail.Fields.Item("email").Value)%>”；第 1 行第 2 列宽为 80%，内容右对齐，把绑定面板中记录集 rsforumdetail 下的 write_date 拖动进来。把表格 ys 第 2 行的 3 列合并，插入“水平线”。把表格 ys 第 3 行 3 列合并，内容左对齐，把绑定面板中记录集 rsforumdetail 下的 content 拖动进来。设置表格 ng 第 3 行高为 8，两列单元格背景色为#b5daec。预览效果如图 2-9-5 所示。

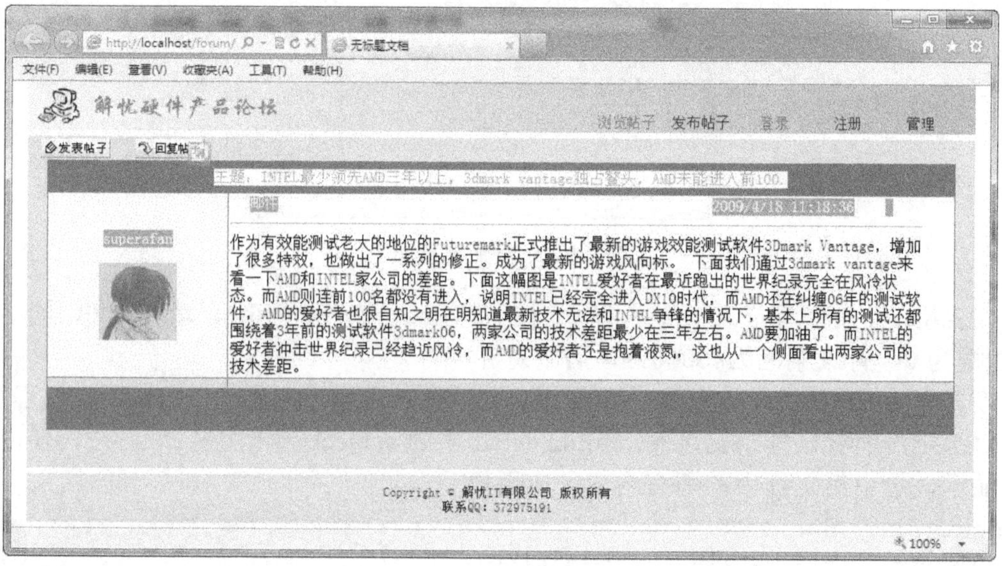

图 2-9-5　效果图

3．显示帖子回复信息

建立记录集 rsrebackinfo 查询对此帖子的回复信息，查询 revertArtical 表中字段 id、reback_writer、reback_content、reback_date、reback_article_code、reback_email、reback_header_image，筛选为 reback_article_code、=、URL 参数、id，如图 2-9-6 所示。

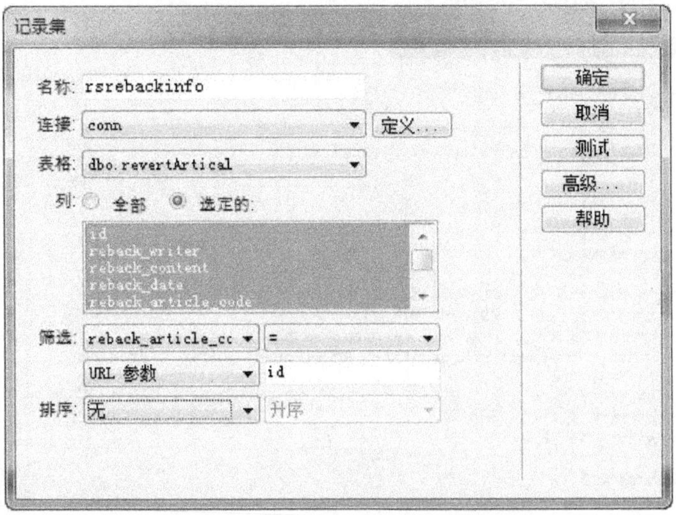

图 2-9-6 设置记录集

按<F12>键预览，如果出现如图 2-9-7 所示的错误提示页面，则转入代码视图，找到如图 2-9-8 所示的代码行。会发现第 2 行和第 3 行内容相同，删除一行即可解决问题。

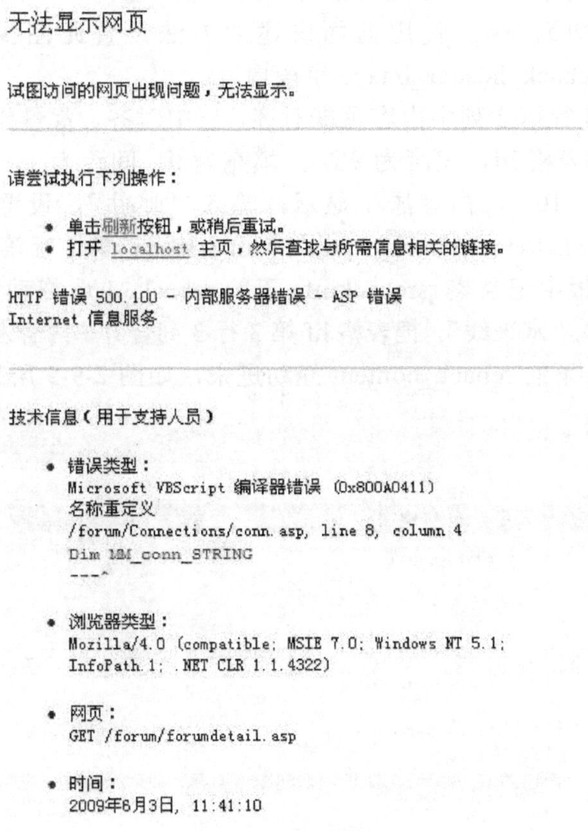

图 2-9-7 错误提示页面

```
<%@LANGUAGE="VBSCRIPT" CODEPAGE="936"%>
<!--#include file="Connections/conn.asp" -->
<!--#include file="Connections/conn.asp" -->
<%
Dim rsforumdetail__MMColParam
rsforumdetail__MMColParam = "1"
If (Request.QueryString("id") <> "") Then
  rsforumdetail__MMColParam = Request.QueryString("id")
End If
%>
<%
Dim rsforumdetail
Dim rsforumdetail_numRows

Set rsforumdetail = Server.CreateObject("ADODB.Recordset")
rsforumdetail.ActiveConnection = MM_conn_STRING
rsforumdetail.Source = "SELECT id, writer, content, subject, write_date, email, header_image FROM
dbo.forum WHERE id = " + Replace(rsforumdetail__MMColParam, "'", "''") + ""
rsforumdetail.CursorType = 0
rsforumdetail.CursorLocation = 2
rsforumdetail.LockType = 1
rsforumdetail.Open()

rsforumdetail_numRows = 0
%>
```

图 2-9-8　错误代码

设置表格 ng 第 4 行高为 130，第 1 列背景颜色为#FFFFCC，单元格内容居中对齐，把绑定面板中记录集 rsrebackinfo 下的 reback_writer 拖动进来。在 reback_writer 下选择“插入”→“图像对象”→“图像占位符”菜单项，插入一个图像占位符，此图像占位符宽度和高度均为 80。使用前面讲述的方法设置此图像占位符的 src 为 revertArtical 表中的 reback_header_image 字段内容。

设置表格 ng 第 4 行第 2 列中内容顶端对齐，居中对齐，背景颜色为#FFFFFF。并插入一个 3 行 3 列的表格 hf，宽度为 96%，填充为 0，间距为 1，边框为 0。表格 hf 第 1 行第 1 列宽为 10%，内容居中显示，输入“邮件”，设置链接为“mailto：<%=(rsrebackinfo. Fields.Item("reback_email").Value)%>”；第 1 行第 2 列宽为 80%，内容右对齐，把绑定面板中记录集 rsrebackinfo 下的 reback_date 拖动进来。把表格 hf 第 2 行的 3 列合并，插入“水平线”。把表格 hf 第 3 行 3 列合并，内容左对齐，把绑定面板中记录集 rsrebackinfo 下的 reback_content 拖动进来，如图 2-9-9 所示。

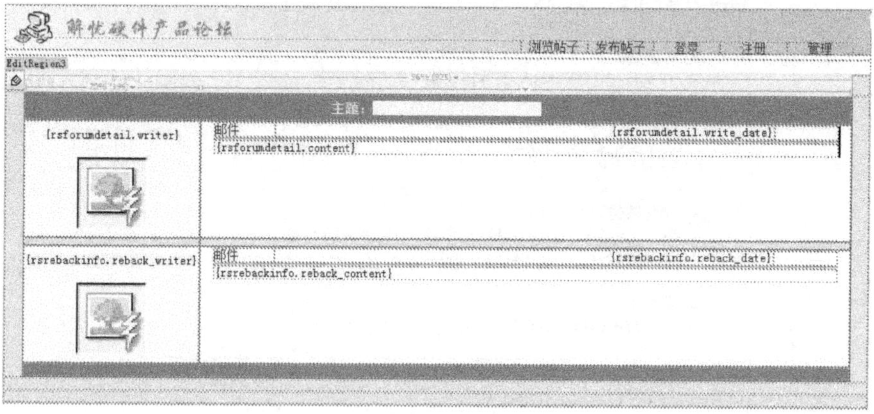

图 2-9-9　设置表格

选中表格 ng 的第 3 行和第 4 行（注意选中的是两行“<tr>”，不是两行中的单元格），代码视图如图 2-9-10 所示。

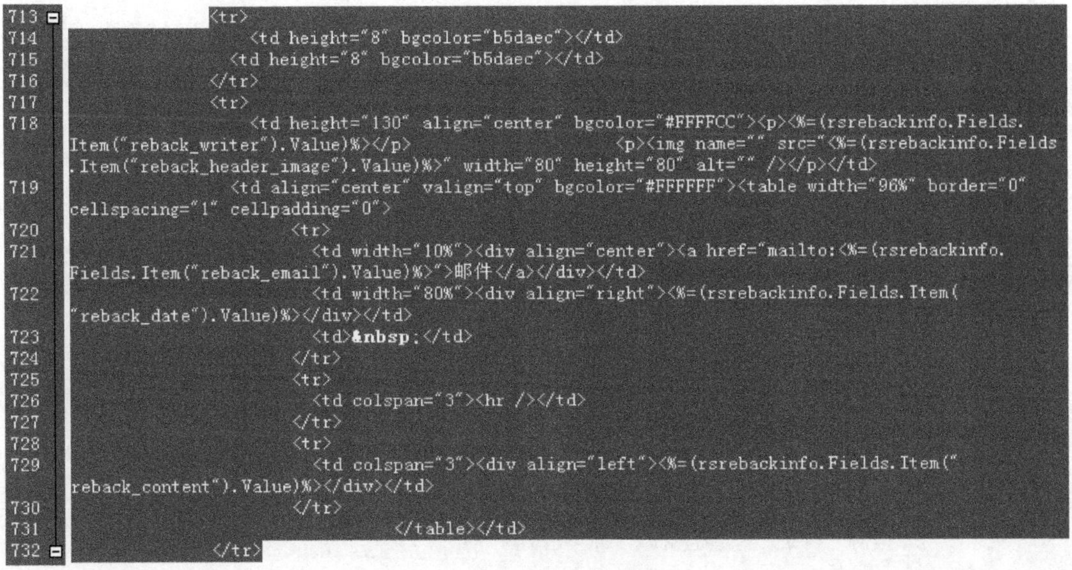

```
<tr>
    <td height="8" bgcolor="b5daec"></td>
  <td height="8" bgcolor="b5daec"></td>
</tr>
<tr>
    <td height="130" align="center" bgcolor="#FFFFCC"><p><%=(rsrebackinfo.Fields.Item("reback_writer").Value)%></p>            <p><img name="" src="<%=(rsrebackinfo.Fields.Item("reback_header_image").Value)%>" width="80" height="80" alt="" /></p></td>
  <td align="center" valign="top" bgcolor="#FFFFFF"><table width="96%" border="0" cellspacing="1" cellpadding="0">
      <tr>
        <td width="10%"><div align="center"><a href="mailto:<%=(rsrebackinfo.Fields.Item("reback_email").Value)%>">邮件</a></div></td>
        <td width="80%"><div align="right"><%=(rsrebackinfo.Fields.Item("reback_date").Value)%></div></td>
        <td> </td>
      </tr>
      <tr>
        <td colspan="3"><hr /></td>
      </tr>
      <tr>
        <td colspan="3"><div align="left"><%=(rsrebackinfo.Fields.Item("reback_content").Value)%></div></td>
      </tr>
              </table></td>
</tr>
```

图 2-9-10　代码视图

选择“插入”→“数据对象”→“重复区域”菜单项，打开“重复区域”对话框，设置记录集为“rsrebackinfo”，每页显示 5 条回复信息，单击“确定”按钮，如图 2-9-11 所示。

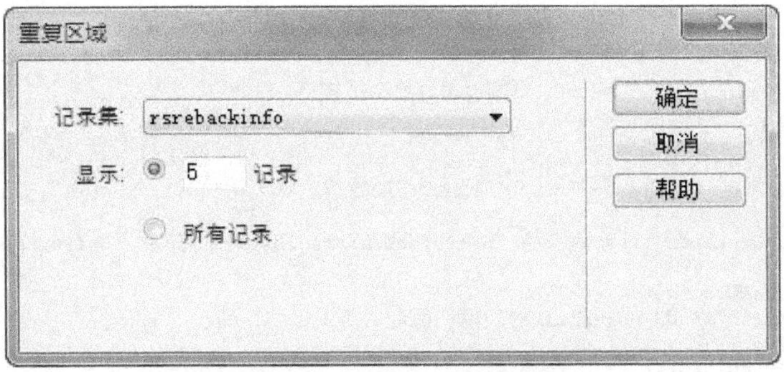

图 2-9-11　设置重复区域

设置表格 ng 第 5 行高为 30，合并两列，单击“记录集导航状态”按钮，插入记录集 rsrebackinfo 的导航状态，单击“记录集分页：记录集导航条”按钮，插入记录集 rsrebackinfo 导航条，如图 2-9-12 所示。

转入代码视图，将如图 2-9-13 所示的代码 1 的内容改为如图 2-9-14 所示的代码 2 的内容。

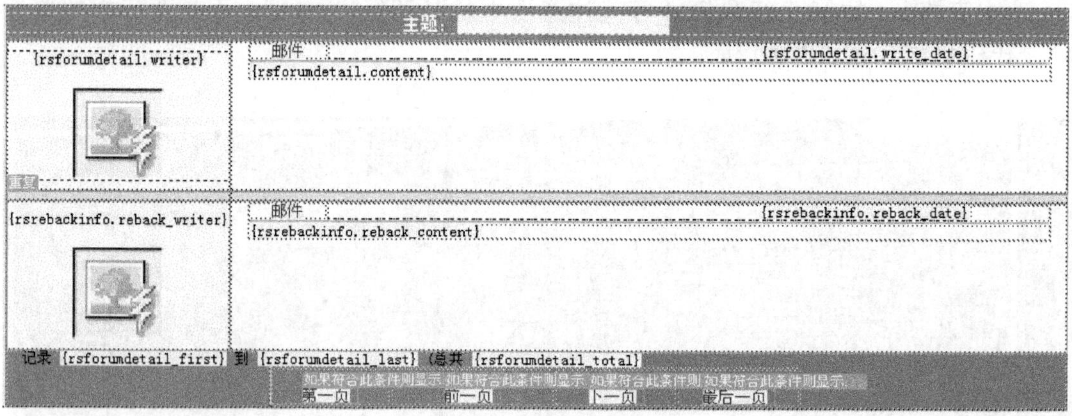

图 2-9-12 设置导航条

```
<tr>
  <td colspan="2"> 
记录 <%=(rsrebackinfo_first)%> 到 <%=(rsrebackinfo_last)%> (总共 <%=(rsrebackinfo_total)%>
<table border="0">
  <tr>
    <td><% If MM_offset <> 0 Then %>
        <a href="<%=MM_moveFirst%>">第一页</a>
        <% End If ' end MM_offset <> 0 %></td>
    <td><% If MM_offset <> 0 Then %>
        <a href="<%=MM_movePrev%>">前一页</a>
        <% End If ' end MM_offset <> 0 %></td>
    <td><% If Not MM_atTotal Then %>
        <a href="<%=MM_moveNext%>">下一个</a>
        <% End If ' end Not MM_atTotal %></td>
    <td><% If Not MM_atTotal Then %>
        <a href="<%=MM_moveLast%>">最后一页</a>
        <% End If ' end Not MM_atTotal %></td>
  </tr>
</table></td>
        </tr>
```

图 2-9-13 代码 1

```
<tr>
  <td colspan="2"><table border="0" width="100%">
  <tr><td>
记录 <%=(rsrebackinfo_first)%> 到 <%=(rsrebackinfo_last)%> (总共 <%=(rsrebackinfo_total)%>)
</td>
    <td><% If MM_offset <> 0 Then %>
        <a href="<%=MM_moveFirst%>">第一页</a>
        <% End If ' end MM_offset <> 0 %></td>
    <td><% If MM_offset <> 0 Then %>
        <a href="<%=MM_movePrev%>">前一页</a>
        <% End If ' end MM_offset <> 0 %></td>
    <td><% If Not MM_atTotal Then %>
        <a href="<%=MM_moveNext%>">下一个</a>
        <% End If ' end Not MM_atTotal %></td>
    <td><% If Not MM_atTotal Then %>
        <a href="<%=MM_moveLast%>">最后一页</a>
        <% End If ' end Not MM_atTotal %></td>
  </tr>
</table></td>
        </tr>
```

图 2-9-14 代码 2

修改代码使表格 ng 第 5 行中的内容放在一个 1 行 5 列的表格中。设置新合并的表格宽为 100%，第 1～4 列宽各为 40%、15%、15%、15%，如图 2-9-15 所示。

预览效果如图 2-9-16 所示。

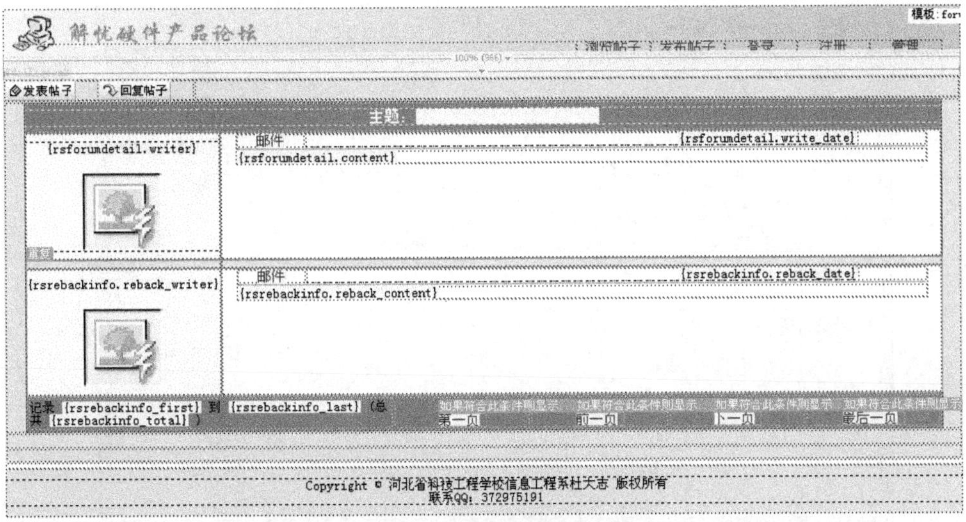

图 2-9-15　设置表格

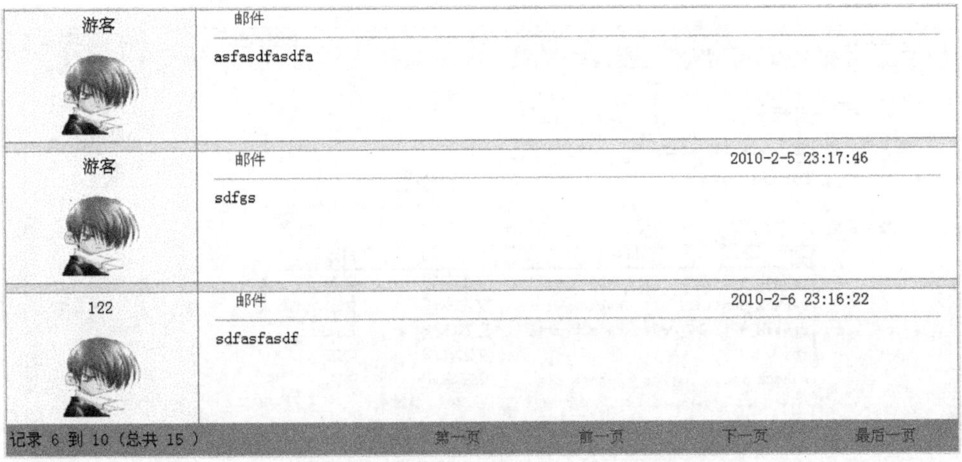

图 2-9-16　显示帖子详细信息界面

4．实现回复帖子

设置表格 zbj 第 3 行高为 15。创建记录集 rsuserimage 查询用户头像的信息，用于填充在菜单/列表中。参数设置如图 2-9-17 所示。

把光标放在表格 zbj 第 4 行中，选择“插入”→“数据对象”→“插入记录”→“插入记录表单向导”菜单项，打开“插入记录表单”对话框，向表 revertArtical 中添加记录。移除“表单字段”中的 ip 和 reback_date（因为在数据库此为自动填充），如图 2-9-18 所示。

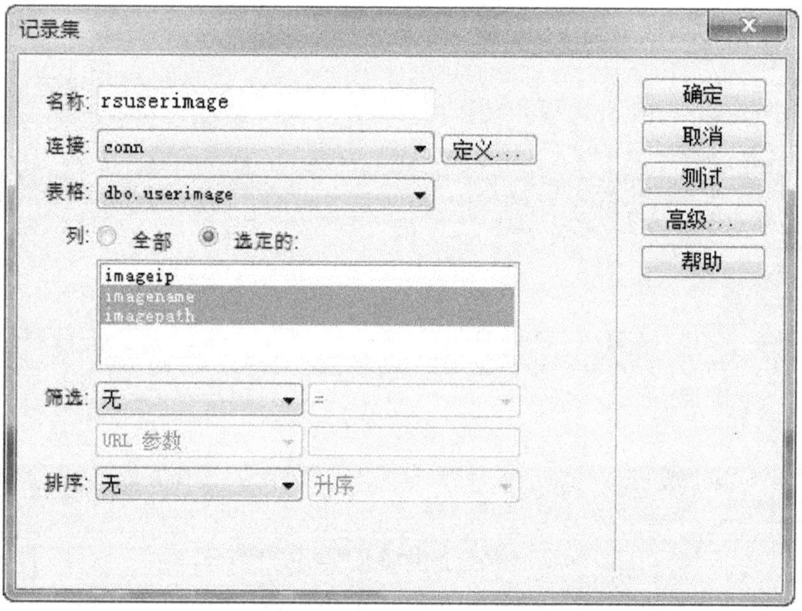

图 2-9-17　添加记录集

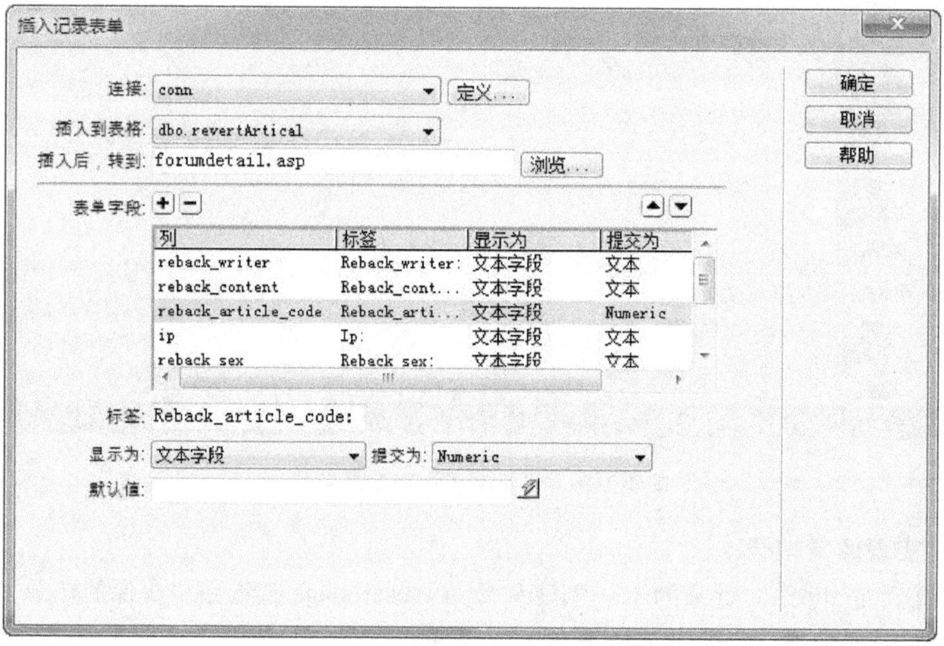

图 2-9-18　添加表单

选中表单列表中的 reback_article_code，把“显示为:”改为隐藏域，单击“默认值”右边的按钮，打开“动态数据”对话框，选中记录集 rsforumdetail 中的 id 作为默认值，如图 2-9-19 所示，单击“确定”按钮。

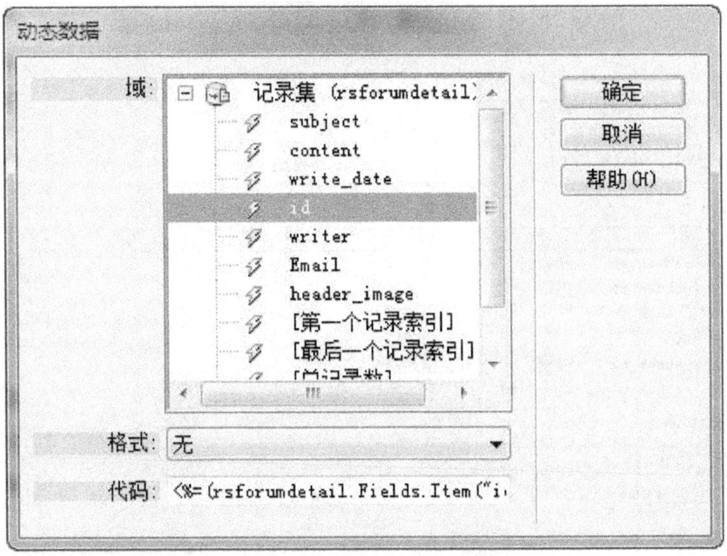

图 2-9-19　设置动态数据

回到插入记录表单对话框，选中 ip，把“显示为”改为隐藏域，设置默认值为<%=Request.ServerVariables("REMOTE_ADDR")%>。选中 reback_sex，“显示为”改为单选按钮组，并添加男、女两个选项，选取值等于“男”。

把表单字段 reback_writer、reback_content、reback_sex、reback_email、reback_header_image 的标签依次改为“作者：”“内容：”“性别：”“电子邮箱：”“头像：”。设置表单字段 reback_writer 的默认值为“游客”。把表单字段 reback_header_image 的“显示为”改为菜单，并设置如图 2-9-20 所示的菜单属性。

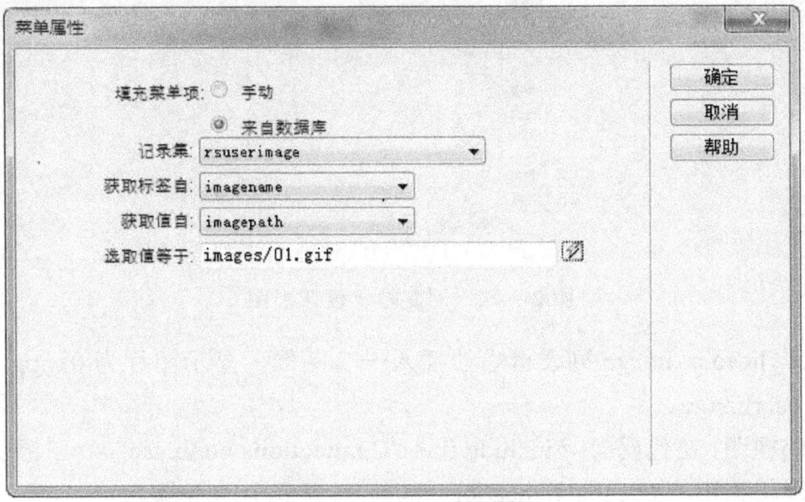

图 2-9-20　菜单属性

插入记录表单设置的最终效果图如图 2-9-21 所示。

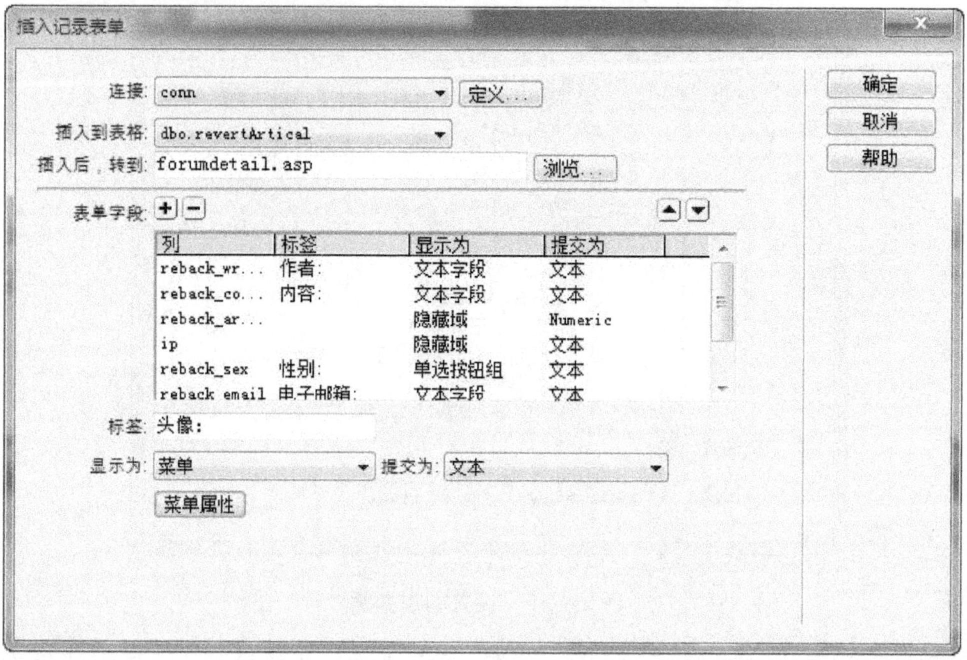

图 2-9-21　插入记录表单设置的最终效果图

单击“确定”按钮，转到设计视图，如图 2-9-22 所示。

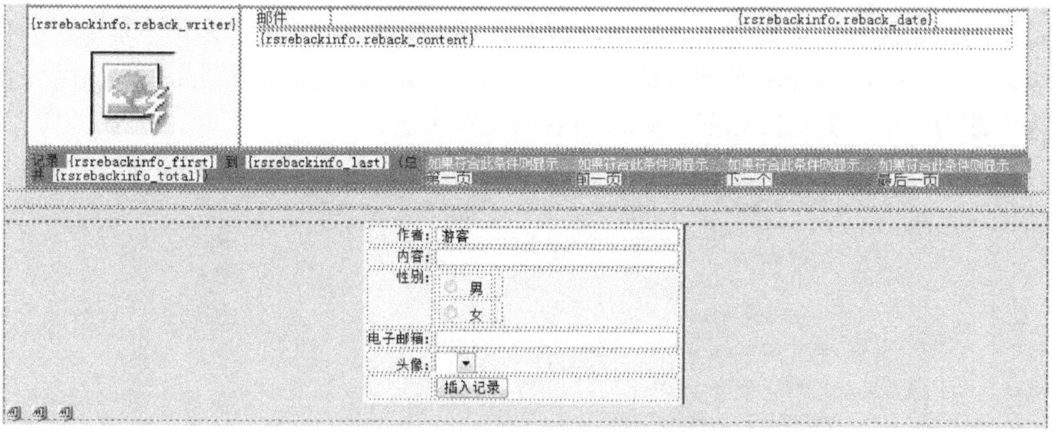

图 2-9-22　回复帖子设计视图

在 reback_header_image 列表框右边插入一个图像，显示图片为 01.jpg，并为图片标记命名为 userimage。

转入代码视图，在代码<!--#include file="Connections/conn.asp" -->下添加一个客户端函数，实现根据用户在 reback_header_image 列表框中的选择。

```
<script language=javascript>
```

```
//实现用户头像预览
function changeuserimage()
{
document.form1.userimage.src=document.form1.reback_header_image.value
}
```

选中 reback_header_image 列表框，展开“行为”面板。在左边的列表框中选择“onChange”，右边输入 changeuserimage()。

在“作者”行上边插入一行，并把此行两列合并，内容左对齐，选择“插入”→“命名锚记”菜单项，插入一个锚点，名称为 rebackarti。在后边输入内容为“回复:”，拖动“绑定”面板中记录集 rsforumdetail 的 subject 列到“回复:”的后边，设置文字“回复:”的样式为 titlefont，如图 2-9-23 所示。

图 2-9-23　回复帖子

5. 实现验证功能

本页面要求实现如下验证：

1）作者必须输入。

2）内容必须输入。

3）电子邮箱输入必须符合邮箱格式。

具体参照前面内容。

进一步设置回复帖子的网页布局和样式，如图 2-9-24 所示。

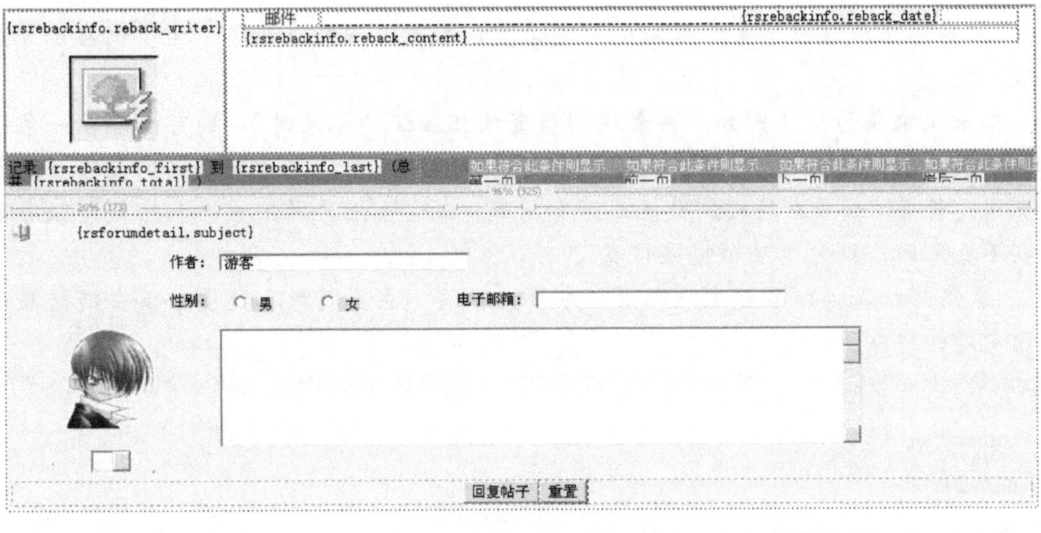

图 2-9-24　设置页面布局和样式

最后保存页面文件，完成回复帖子功能。预览效果如图 2-9-25 所示。

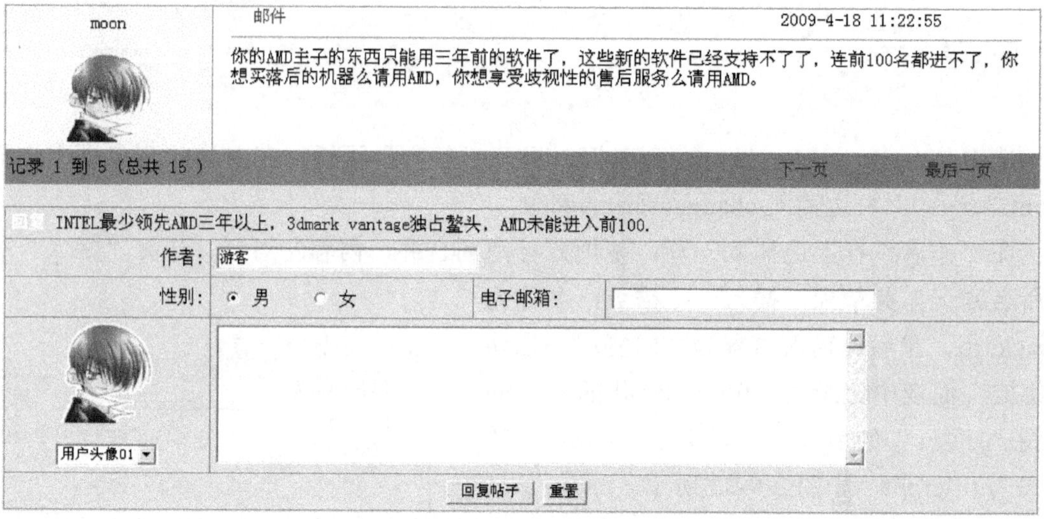

图 2-9-25　回复帖子页面预览效果

小知识

Dreamweaver 工具

1）命令对象：为网页添加命令对象，命令对象是对数据库执行某些操作的服务器对象。

2）重复的区域：重复的区域行为允许在页面中显示记录集中的多条记录。任何动态数据选择都可以转变成重复的区域。但最常见的区域是表格、表格行或一系列表格行。

3）显示区域按钮下有：如果记录集为空则显示、如果记录集不为空则显示等菜单项。

如果记录集为空（例如，在未找到与查询相匹配的记录时），则可以显示一条消息通知用户没有记录返回。这在创建依靠用户输入的搜索词来运行查询的搜索页时尤其有用。同样，如果在连接到数据库时有问题，或者当用户的用户名和密码与服务器识别不匹配时，则可以显示错误信息。

4）主详细页集：创建主详细页，本页为主页，在主页中有链接，单击链接显示自动创建的详细页。

任务小结

通过完成本任务需要掌握以下内容：

1）记录集的灵活运用。

2）使用重复区域。

3）使用主详细页集。

举一反三

1）完善项目 2 任务 6 举一反三中的学生信息管理网站，创建两个网页，第一个网页 StuShowTitile.asp 用于显示学生的学号、姓名，在学生姓名上添加超级链接。单击学生姓名显示第二个网页 StuShowDetail.asp，显示选中学生的详细信息。

2）完善项目 2 任务 6 举一反三中的学生信息管理网站，在数据库 StuManage 中创建成绩表，包含字段学号、课程名、成绩。再创建两个网页，第一个网页 StuShowStuInfo.asp 用于显示学生的基本信息，在学生姓名上添加超级链接。单击学生姓名显示第二个网页 StuShowScore.asp，显示选中学生的各门课的成绩信息。

任务 10　实现发布帖子功能

任务描述

论坛中的帖子是由用户一条条发布的，这就需要用到帖子发布功能。本任务通过实现发布帖子功能，学习插入记录表单向导等工具的灵活运用，Session 对象的使用。

任务实施

1. 新建网页并插入表格

通过模板 forum 创建动态网页 forumaddarticle.asp 并保存。删除可编辑区域中的内容，并插入一个 2 行 1 列的表格 faa，边框粗细为 0，单元格边距为 0，单元格间距为 0，表格宽度为 100%，表格背景颜色为#b5daec。设置表格第 1 行高为 60，输入内容"发布帖子"，居中显示，并对它使用样式 bigtitle。

2. 添加表单

把光标放在表格 faa 第 2 行，选择"插入"→"数据对象"→"插入记录"→"插入记录表单向导"菜单项，打开"插入记录表单"对话框，"连接"选择为 conn；"插入到表格"选择为 dbo.forum；"插入后，转到"文本框输入"forumindex.asp"；在表单字段中删除 id、stroke、reback_num、write_date 列（这些列内容为自动填充），把 writer 和 ip 列的"显示为"改为"隐藏域"，修改 content 列标签为"内容："、subject 列标签为"主题："，如图 2-10-1 所示。

单击"确定"按钮，在网页上添加了表单元素，如图 2-10-2 所示。

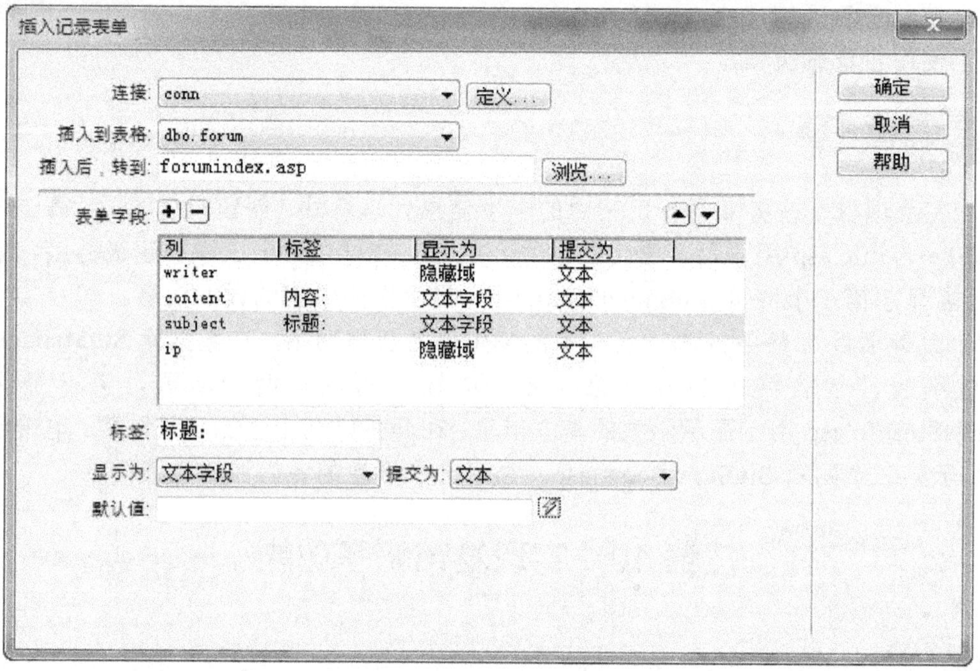

图 2-10-1　设置插入记录表单

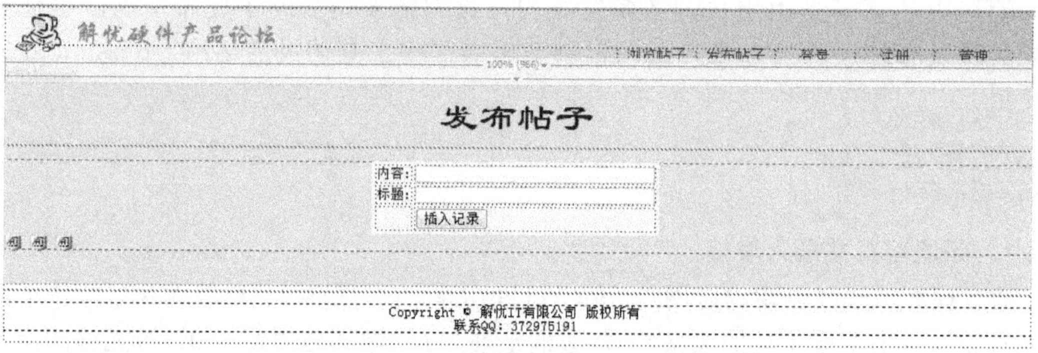

图 2-10-2　添加了表单元素的网页

3．设置隐藏域

转入代码视图，找到 writer 隐藏域标记，设置 value 的值为<%=Session ("MM_Username")%>，找到 ip 隐藏域标记，设置 value 值为<%=Request.Server-Variables ("REMOTE_ADDR")%>，如图 2-10-3 所示。

4．实现验证功能

本页面要求实现如下验证：

1）主题必须输入。

2）内容必须输入。

转入代码视图，参照注册网页的创建，实现此功能。

```
<form action="<%=MM_editAction%>" method="post" name="form1" id="form1">
  <table align="center">
    <tr valign="baseline">
      <td nowrap="nowrap" align="right">内容:</td>
      <td><input type="text" name="content" value="" size="32" /></td>
    </tr>
    <tr valign="baseline">
      <td nowrap="nowrap" align="right">标题:</td>
      <td><input type="text" name="subject" value="" size="32" /></td>
    </tr>
    <tr valign="baseline">
      <td nowrap="nowrap" align="right"> </td>
      <td><input type="submit" value="插入记录" /></td>
    </tr>
  </table>
  <input type="hidden" name="writer" value="<%=Session("MM_Username")%>" />
  <input type="hidden" name="ip" value="<%=Request.ServerVariables("REMOTE_ADDR")%>" />
  <input type="hidden" name="MM_insert" value="form1" />
</form>
```

图 2-10-3　设置隐藏域

5. 设置表格样式

设置新添加的表格样式，并添加一个重置按钮，如图 2-10-4 所示。

图 2-10-4　设置表格样式

根据论坛功能分析，只有注册用户登录后才能发布帖子，现在设置用户没有登录直接打开发布帖子网页时，会自动转到用户登录网页。选择“插入”→“数据对象”→“用户身份验证”→“限制对页的访问”菜单项，打开“限制对页的访问”对话框，参数设置如图 2-10-5 所示。

单击“确定”按钮，保存网页，完成发布帖子功能的实现。效果如图 2-10-6 所示。

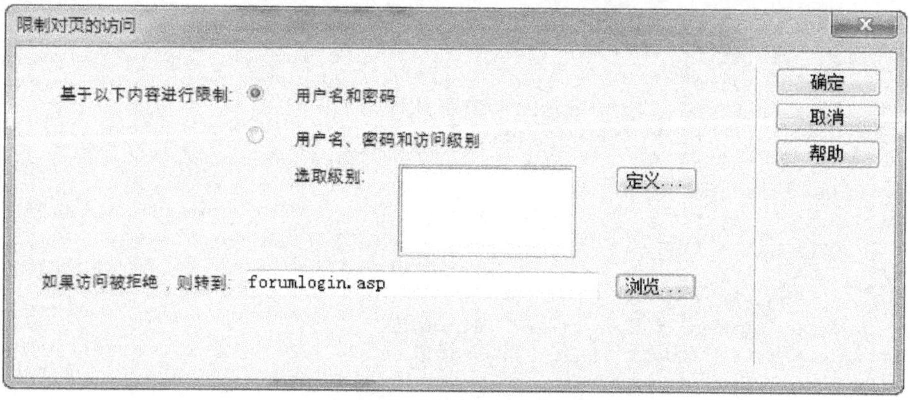

图 2-10-5　设置用户级别

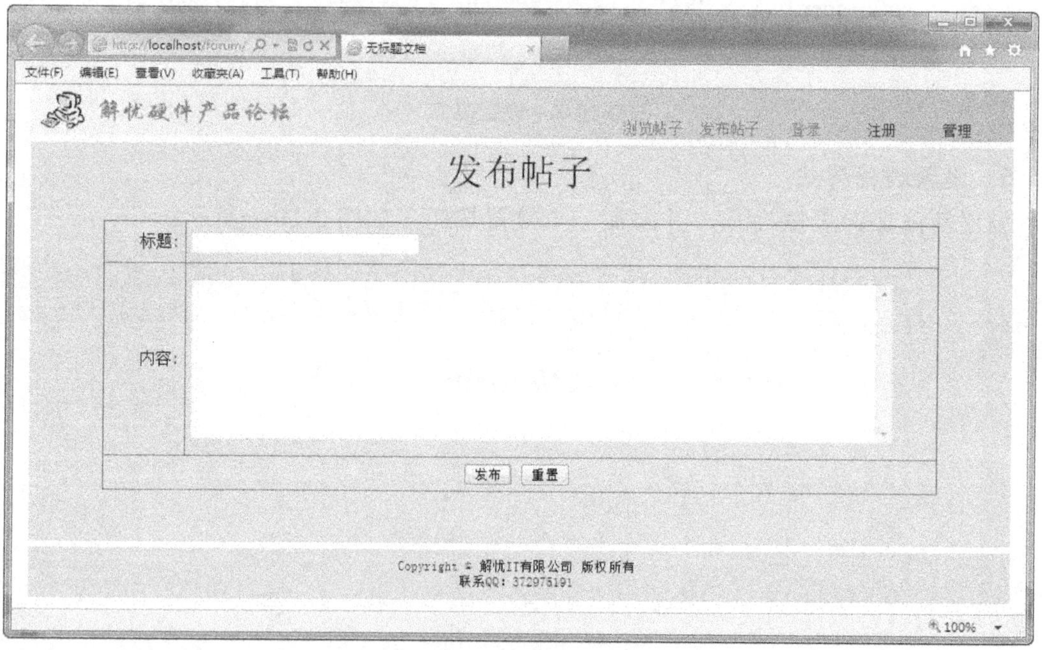

图 2-10-6　发布帖子页面

小知识

1. Dreamweaver 工具

1）更新记录按钮下有更新记录表单向导、更新记录。

更新记录表单向导：建立一个允许用户更新数据库中记录的页。

更新记录：弹出“更新记录”对话框，此对话框用于将服务器行为添加到包含HTML 表单的页，以便当用户单击表单上的“提交”按钮时可以在数据库表中更新记录。

2）删除记录：实现根据给定参数删除数据库中的记录。

2. 设置用户分级访问

通过“限制对页的访问”对话框，设置用户分级访问时，通常要设置“基于以下内容进行限制”项。其中用户名和密码选项为：只要登录正确就可以访问，用户没有分级。而用户名、密码和访问级别项为：对用户进行了分级，可以通过“定义”按钮弹出“定义访问级别”对话框，添加级别。在“选取级别”列表框中被选中的级别能访问此网页，没选中的级别将不能访问此网页。

3. ASP 内置对象：Session

由于网页是一种无状态程序，无法得知用户浏览状态。在 ASP 中，通过 Session 对象来记录使用者私有的数据变量，以便用户再次对服务器提出要求时进行确认，用户在程序的 Web 页面之间跳转时，存在 Session 对象中的变量将不会消失。这是很重要的功能，尤其是有会员的系统通常要用到的。像是会员的登录账号、时间、状态以及许多该记录的实时数据（如购物系统记录使用者的购物篮内的商品），这些信息属于各使用者私人所需要的，通常开发者都是使用 Session 记录处理。

常用属性介绍。

（1）SessionID

SessionID 属性返回用户的会话标识。在创建会话时，服务器会为每一个会话生成一个单独的标识，会话标识以长整型数据类型返回。在很多情况下 SessionID 可以用于 Web 页面注册统计。

通过用会员名（假设为 UserID，唯一）和 SessionID 可以实现网页权限控制。当会员登录时，给这个会员一个 Session 记录登录状态，如 Session("Status")="Logged"，同时把这个会员的 Session.SessionID 写入数据库。当要浏览此模块时，先判断其是否登录，若已经登录再判断其 SessionID 是否与数据库记录的相同，如果不同则不能访问。

（2）把变量数据或字符串存放在 session 对象中

session("变量名")=字符串或变量数据

例：session("username")="wangming"

（3）使用 session 对象中存放的变量数据或字符串

session("变量名")

例：
```
session("username")="wangming"
Response.write session("username")
Na=session("username")
```

任务小结

通过完成本任务需要掌握以下内容：

1）灵活运用插入记录表单向导。

2）能对用户录入的数据按给定要求进行验证。

3）ASP 内置对象为 Session。

举一反三

1）利用所学知识，分析 Dreamweaver 中更新记录工具的作用和用法。然后创建网页 UpdateTZ.asp，实现更新帖子的功能。

2）利用所学知识，分析 Dreamweaver 中删除记录工具的作用和用法。然后创建网页 DeleteTZ.asp，实现删除帖子的功能。

任务 11　实现记录点击次数和回复次数功能

任务描述

作为用户和网站都希望知道哪个帖子被浏览和被回复的次数多，或大多数用户都关注哪些内容。本任务就是实现记录某一帖子被浏览的次数和被其他用户回复信息的次数。

任务实施

1. 实现记录某一帖子被浏览的次数

（1）创建存储过程

在数据库 forumdata 中创建存储过程 queryforumdetail，实现记录某一帖子被点击的次数功能。

代码如下：

```
CREATE PROCEDURE queryforumdetail
(@fid int)
 AS
update forum set stroke=stroke+1 where id=@fid
select id, writer, content, subject, write_date, email, header_image from forum where id=@fid
GO
```

（2）修改页面代码

打开动态网页 forumindex.asp，转到代码视图，通过“编辑”菜单中的“查找和替换”功能找到以下代码：

```
rsforumdetail.Source = "SELECT subject, content, write_date, id, writer, Email, header_image FROM dbo.vi_forum WHERE id = " + Replace(rsforumdetail__MMColParam, "'", "''") + ""
```

然后改为下面代码：

```
rsforumdetail.Source = "dbo.queryforumdetail " & Replace(rsforumdetail__MMColParam, "'", "''")
```

2. 实现记录某一帖子被回复了多少次

（1）创建存储过程

在数据库 forumdata 中创建存储过程 addrebackartical，实现记录某一帖子被回复了多少次功能。

代码如下：

```
CREATE PROCEDURE  addrebackartical
(@reback_writer varchar(30),
@reback_content varchar(2000),
@reback_article_code int,
@ip char(15),
@reback_sex char(2),
@reback_email varchar(30),
@reback_header_image varchar(50))
AS
--实现添加回复帖子内容
insert into dbo.revertArtical
(reback_writer, reback_article_code, ip, reback_sex, reback_email, reback_header_image, reback
_content) values
(@reback_writer, @reback_article_code, @ip, @reback_sex, @reback_email, @reback_header
_image, @reback_content)
--更新帖子回复次数
declare @rebackco int
select @rebackco=count(*) from revertArtical where
reback_article_code=@reback_article_code
update forum set reback_num=@rebackco where  id=@reback_article_code
GO
```

注意：存储过程参数的顺序要和网页中以下代码中的字段顺序一致。

```
MM_fieldsStr  =
"reback_writer|value|reback_content|value|reback_article_code|value|ip
```

```
|value|reback_sex|val
    ue|reback_email|value|reback_header_image|value"
```

（2）修改页面代码

打开动态网页 forumindex.asp，转到代码视图，通过“编辑”菜单中的“查找和替换”功能找到以下代码：

```
    MM_editQuery = "insert into " & MM_editTable & " (" & MM_tableValues &
") values (" & MM_dbValues & ")"
```

然后改为以下代码：

```
    MM_editQuery = "addrebackartical " & MM_dbValues
```

至此，完成实现记录点击次数和回复次数功能。

任务小结

通过完成本任务需要掌握以下内容：

1）存储过程的作用。

2）创建存储过程。

3）使用存储过程。

举一反三

1）完善项目 2 任务 6 举一反三中的学生信息管理网站，创建两个网页，第一个网页 StuShowStuDe.asp 用于显示学生的学号、姓名，在学生姓名上添加超级链接。单击学生姓名调用第 2 个网页 StuDelStu.asp，删除选中的学生，删除完后回到第一个网页。

2）完善项目 2 任务 6 举一反三中的学生信息管理网站，创建两个网页，第一个网页 StuShowStuUp.asp 用于显示学生的学号、姓名，在学生姓名上添加超级链接。单击学生姓名显示第 2 个网页 StuUpdateStu.asp，显示并可以修改选中的学生，修改完后回到第一个网页。